普通高等教育"十二五"规划教材

CAXC

UG NX 8.0
数控加工
基础及应用

U0242173

全国计算机辅助技术认证管理办公室 ◎ 组编

韩伟 ◎ 主编　　张克义 魏志强 于国英 ◎ 副主编　　魏峥 ◎ 主审

教育部CAXC项目指定教材

人民邮电出版社

北 京

图书在版编目（CIP）数据

UG NX8.0数控加工基础及应用 / 韩伟主编. -- 北京：
人民邮电出版社，2014.3
教育部CAXC项目指定教材
ISBN 978-7-115-33768-9

Ⅰ．①U… Ⅱ．①韩… Ⅲ．①数控机床－程序设计－
应用软件－教材 Ⅳ．①TG659

中国版本图书馆CIP数据核字(2014)第015305号

内 容 提 要

本书以最新的 UG NX 8.0 中文版为讲解平台，从 UG 数控加工基础入手，结合作者多年应用和培训经验，采用传统教学和项目式教学相结合的教学模式，系统介绍了 UG NX 8.0 在计算机辅助加工方面的全部内容。本书结构严谨，内容详实，思路清晰，实用性和专业性强。内容安排由浅入深，从易到难，不但对抽象的概念、命令和功能进行了讲解，而且紧贴软件的实际操作界面，采用软件中真实的对话框、操控面板和按钮进行讲解，帮助读者及时、快捷、准确地掌握软件操作。

本书可以作为高等学校理工类机械相关专业的自动编程教学用书、UG NX 8.0 认证教材、初学入门教材，也可作为相关技术人员的参考工具书。

◆ 组　　编　全国计算机辅助技术认证管理办公室
　　主　　编　韩　伟
　　副 主 编　张克义　魏志强　于国英
　　主　　审　魏　峥
　　责任编辑　吴宏伟
　　执行编辑　刘　佳
　　责任印制　张佳莹　焦志炜

◆ 人民邮电出版社出版发行　　北京市丰台区成寿寺路 11 号
　　邮编　100164　　电子邮件　315@ptpress.com.cn
　　网址　http://www.ptpress.com.cn
　　廊坊市印艺阁数字科技有限公司印刷

◆ 开本：787×1092　1/16
　　印张：19.5　　　　　　　　　　2014 年 3 月第 1 版
　　字数：496 千字　　　　　　　　2025 年 1 月河北第 11 次印刷

定价：45.00 元
读者服务热线：(010)81055256　印装质量热线：(010)81055316
反盗版热线：(010)81055315
广告经营许可证：京东市监广登字 20170147 号

党的十八大报告明确提出"坚持走中国特色新型工业化、信息化、城镇化、农业现代化道路，推动信息化和工业化深度融合、工业化和城镇化良性互动、城镇化和农业现代化相互协调，促进工业化、信息化、城镇化、农业现代化同步发展"。

在我国经济发展处于由"工业经济模式"向"信息经济模式"快速转变时期的今天，计算机辅助技术（CAX）已经成为工业化和信息化深度融合的重要基础技术。对众多工业企业来说，以技术创新为核心，以工业信息化为手段，提高产品附加值已成为塑造企业核心竞争力的重要方式。

围绕提高产品创新能力，三维 CAD、并行工程与协同管理等技术迅速得到推广；柔性制造、异地制造与网络企业成为新的生产组织形态；基于网络的产品全生命周期管理（PLM）和电子商务（EC）成为重要发展方向。计算机辅助技术越来越深入地影响到工业企业的产品研发、设计、生产和管理等环节。

2010 年 3 月，为了满足国民经济和社会信息化发展对工业信息化人才的需求，教育部教育管理信息中心立项开展了"全国计算机辅助技术认证"项目，简称 CAXC 项目。该项目面向机械、建筑、服装等专业的在校学生和社会在职人员，旨在通过系统、规范的培训认证和实习实训等工作，培养学员系统化、工程化、标准化的理念和解决问题、分析问题的能力，使学员掌握 CAD/CAE/CAM/CAPP/PDM 等专业化的技术、技能，提升就业能力，培养适应社会发展需求的应用型工业信息化技术人才。

立项 3 年来，CAXC 项目得到了众多计算机辅助技术领域软硬件厂商的大力支持、合作院校的积极响应，也得到了用人企业的热情赞誉，以及院校师生的广泛好评，对促进合作院校相关专业的教学改革，培养学生的创新意识和自主学习能力起到了积极的作用。CAXC 证书正在逐步成为用人企业选聘人才的重要参考依据。

目前，CAXC 项目已经建立了涵盖机械、建筑、服装等专业的完整的人才培训与评价体系，课程内容涉及计算机辅助设计（CAD）、计算机辅助工程（CAE）、计算机辅助制造（CAM）、计算机辅助工艺计划（CAPP）、产品数据管理（PDM）等相关技术，并开发了与之配套的教学资源。本套教材就是其中一项重要的成果。

本套教材聘请了长期从事相关专业课程教学并具有丰富的项目工作经历的老师进行编写，案例素材大多来自支持厂商和用人企业提供的实际项目，力求科学系统地归纳学科知识点的相互联系与发展规律，并理论联系实际。

在设定本套教材的目标读者时，没有按照本科、高职的层次来进行区分，而是从企业的实际用人需要出发，突出实际工作中的必备技能，并保留必要的理论知识。结构的组织既反映企业的实际工作流程和技术的最新进展，又与教学实践相结合。体例的设计强调启发性、针对性和实用性，强调有利于激发学生的学习兴趣，有利于培养学生的学习能力、实践能力和创新能力。

　　希望广大读者多提宝贵意见，以便对本套教材不断改进和完善。也希望各院校老师能够通过本套教材了解并参与 CAXC 项目，与我们一起，为国家培养更多的实用型、创新型、技能型工业信息化人才！

教育部教育管理信息中心信息技术开发处处长

高级工程师　薛玉梅

2013 年 6 月

UG 是美国 UGS 公司推出的 CAD/CAM/CAE 一体化集成软件，广泛应用于航空、军事、机械、汽车、通用机械、数控加工、医疗器械、电子、家电等行业，是公认的世界一流的 CAD/CAM/CAE 软件之一。其内容涵盖了产品从概念设计、工业造型设计、三维模型设计、分析计算、动态模拟与仿真、工程图输出，到生产加工成产品的全过程。

本书介绍的是目前最新的版本 UG NX 8.0，其中融入了行业内最广泛的集成应用程序，全面、系统地介绍了 UG NX 8.0 数控加工技术和应用技巧。内容不但涵盖了平面铣、型腔铣、固定轴轮廓铣、等高轮廓铣、插铣、点位加工、车削等基本的 NX CAM 加工，而且对高级多轴加工进行了简单的介绍，同时介绍了后置处理和仿真技术。

本书的主编和参编人员多年来从事 UG NX 软件的教学、认证、科研及对外技术服务工作，结合多年的应用实践，按教育部人才培养模式改革的先进教学理念，以典型工作任务为基础，采用基于工作过程的任务驱动式、项目式教学与传统教学模式相结合的模式，取长补短，方便教学和学生学习能力的提高。

本书由韩伟主编，张克义、魏志强、于国英任副主编。第 1 章由河北机电职业技术学院张小丽编写；第 2 章的 2.1～2.3 节由河北机电职业技术学院于国英编写，第 2 章的 2.4～2.7 节由河北机电职业技术学院韩伟编写；第 2 章的 2.8、2.9 节和第 5 章由河北机电职业技术学院张涛编写；第 3 章 3.1 节由韩伟编写，3.2～3.10 节由东华理工大学张克义编写，3.11 和 3.12 节由张克义编写；第 4 章由河北机电职业技术学院魏志强编写；第 6 章由山东理工大学魏铮编写。全书由韩伟主编统稿，山东理工大学魏峥教授担任主审。由于作者水平有限，编写时间较短，书中错误之处在所难免，恳请读者能够及时批评指正。

编者

第1章 UG NX 8.0 数控加工基础

【教学提示】

本章主要讲解 UG NX 8.0 数控加工的基础知识。通过本部分内容的学习，应掌握数控加工的含义，熟悉各种数控机床的加工特点及主要功能，了解数控加工的基本知识、UG 数控加工模块的基本知识（主要包括 UG NX 8.0 数控加工工作环境、基本工作界面、父节点组的概念，以及刀具路径的生成、管理及仿真、UG NX 8.0 的后处理等）。

【教学要求】

- 了解数控加工的特点
- 掌握数控机床的组成及主要功能
- 掌握数控刀具的选择及参数设置
- 掌握数控加工工艺设计的步骤
- 掌握工序划分和工序顺序的确定方法
- 理解工艺文件的作用
- 掌握工序卡、刀具卡的填写方法
- 能够熟练对 UG NX 8.0 进行工作环境设置
- 了解 UG NX 8.0 基本工作界面
- 掌握 UG NX 8.0 的基本操作及快捷键使用
- 掌握加工的创建方法及步骤
- 掌握输出 NC 程序的方法

1.1 数控加工设备及刀具

对于数控加工，必须熟悉各种数控机床的加工特点及主要功能；数控刀具的选择和切削用量的确定是数控加工工艺中的重要内容，它不仅影响数控机床的加工效率，而且直接影响加工质量。数控加工中的刀具选择和切削用量确定是在人机交互状态下完成的，这与普通机床加工形成鲜明的对比，同时也要求编程人员必须掌握刀具选择和切削用量确定的基本原则，在编程时充分考虑数控加工的特点，能够正确选择刀具及切削用量。

1.1.1 数控加工的特点

先进的数控加工技术是一个国家制造业发达的标志。利用数控加工技术可以加工很多普通机床不能加工的复杂曲面零件和模具，并且加工的稳定性和精度都会得到很好的保证。总体上说，数控加工与传统加工相比具有以下优点。

（1）加工效率高。利用数字化的控制手段可以加工复杂的曲面，并且加工过程是由计算机控制的，所以零件的互换性强，加工的速度快。

（2）加工精度高。与传统的加工设备相比，数控系统优化了传动装置，提高了分辨率，减少了人为和机械误差，因此加工的效率得到很大的提高。

（3）劳动强度低。由于采用了自动控制方式，也就是说切削过程是由数控系统在数控程序的控制下完成的，不像传统加工那样利用手工操作机床完成加工，因此，在数控机床工作时，操作者只需要监视设备的运行状态，劳动强度低。

（4）适应能力强。数控机床在程序的控制下运行，通过改变程序即可改变所加工产品，产品的改型快且成本低，因此加工的柔性非常高，适应能力也强。

（5）加工环境好。数控加工机床是机械控制、强电控制、弱电控制为一体的高科技产物，通常都有很好的保护措施，工人的操作环境相对较好。

1.1.2　数控机床简介

数控机床是数字控制机床（Computer Numerical Control Machine Tools）的简称，是指利用数字代码形式的信息（程序指令），控制刀具按给定的工作程序、运动速度和轨迹进行自动加工的机床。

1．数控机床的工作原理

使用数控机床进行加工前，首先必须将工件的几何数据和工艺数据等加工信息按规定的代码和格式编制成数控加工程序，并用适当的方法将加工程序输入数控系统。数控系统对输入的加工程序进行处理，输出各种信号和指令，控制机床各部分按规定有序地动作。最基本的信号和指令包括各坐标轴的进给速度、进给方向和进给位移量、各状态控制的 I/O 信号等，其工作原理如图 1-1 所示。

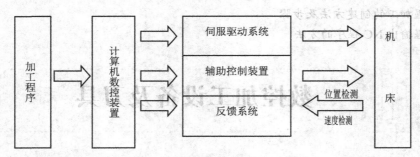

图 1-1　数控机床的工作原理

2．常用的数控设备

数控加工中，常用的数控设备有数控车床、数控铣床、加工中心（具备自动换刀功能的数控铣）、电火花机和线切割机等，如图 1-2 所示。

3．数控机床的组成

数控铣床由数控程序、输入\输出装置、数控装置、驱动装置和位置检测装置、辅助控制装置和机床本体组成。

（1）数控程序。

数控程序是数控机床自动加工零件的工作指令，目前常用的称作"G 代码"。数控程序是在对加工零件进行工艺分析的基础上，根据一定的规则编制的刀具运动轨迹信息。编制程序的工作可由人工进行。对于形状复杂的零件的程序，则需要用 CAD/CAM 进行编制。

数控铣床

加工中心

电火花机

线切割机

图 1-2　常用的数控设备

（2）输入\输出装置。

输入输出装置的主要作用是进行人机交互和通信。通过输入输出装置，操作者可以输入指令和信息，也可显示机床的信息。通过输入输出装置，也可以在计算机和数控机床之间传输数控代码、机床参数等。

零件加工程序的输入过程有两种不同的方式：一种是边读入边加工（DNC）；另一种是一次将零件加工程序全部读入数控装置内部的存储器，加工时再从内部存储器中逐段调出进行加工。

（3）数控装置。

数控装置是数控机床的核心部分。数控装置从内部存储器中读取或接收输入装置送来的一段或几段数控程序，经过数控装置进行编译、运算和逻辑处理后，输出各种控制信息和指令，控制机床各部分的工作。

（4）驱动装置和位置检测装置。

驱动装置接收来自数控装置的指令信息，经功率放大后，发送给伺服电机，伺服电机按照指令信息驱动机床移动部件，按一定的速度移动一定的距离。

位置检测装置检测数控机床运动部件的实际位移量，经反馈系统反馈至机床的数控装置，数控装置比较反馈回来的实际位移量值与设定值，如果出现误差，则控制驱动装置进行补偿。

（5）辅助控制装置。

辅助控制装置的主要作用是接收数控装置或传感器输出的开关量信号，经过逻辑运算，实现机床的机械、液压、气动等辅助装置完成指令规定的开关动作。这些控制主要包括主轴起停、换刀、冷却液和润滑装置的启动停止、工件和机床部件的松开与夹紧等。

（6）机床本体。

数控机床的机床本体与传统机床相似，由主轴传动装置、进给传动装置、床身、工作台，以及辅助运动装置、液压气动系统、润滑系统、冷却装置等组成。

4．数控机床的主要功能

（1）点定位。

点定位提供了机床钻孔、扩孔、镗孔和铰孔等加工能力。在孔加工中，一般会将典型的加工方式编制为固定的程序——称为固定循环，方便常用孔加工方法的使用。

（2）连续轮廓控制。

常见的数控系统均提供直线和圆弧插补，高档的数控系统还提供螺旋插补和样条插补，这样就可以使刀具沿着连续轨迹运动，加工出需要的形状。连续轮廓控制为机床提供了轮廓、箱体和曲面腔体等零件的加工。

图 1-3 所示的模具型腔是利用 3 轴联动数控铣加工的典型零件。但并非所有的模具都能由数控铣直接完全加工出来。图 1-4 所示的模具型腔的指示部位，由于刀具的限制，用数控铣无法加工，还需要使用电火花机或者线切割机加工。

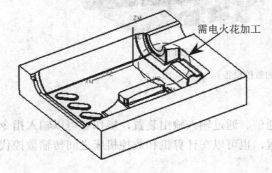

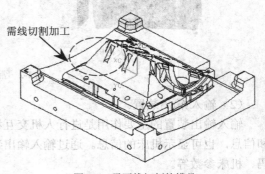

图 1-3　需要电火花的模具　　　　　　　　图 1-4　需要线切割的模具

（3）刀具补偿。

利用刀具补偿功能，可以简化数控程序编制和提供误差补偿等。

5．数控机床的适用范围

根据数控加工的优缺点及国内外大量应用实践，一般可按适用程度将零件分为两类。

（1）最适用类。

① 形状复杂，加工精度要求高，用通用机床无法加工，或是虽然能加工但很难保证产品质量的零件。

② 有难测量、难控制进给、难控制尺寸的不开敞内腔的壳体或盒形零件。

③ 必须在依次装夹中合并完成铣、镗、铰或螺纹等多工序的零件。

（2）不适用类。

① 生产批量大的零件。

② 装夹困难或完全靠找正定位来保证加工精度的零件。

③ 加工余量不稳定，且数控机床上无在线检测系统可自动调整零件坐标位置的零件。

④ 必须用特定的工艺装备协调加工的零件。

6. 数控机床的编程要点

（1）设置编程坐标系。

编程坐标系的位置以方便对刀为原则，毛坯上的任何位置均可。

（2）设置安全高度。

安全高度一定要高过装夹待加工工件的夹具高度，但也不应太高，以免浪费时间。

（3）刀具的选择。

在型腔尺寸允许的情况下尽可能选择直径较大及长度较短的刀具；优先选择镶嵌式刀具，对于精度要求高的部位可以考虑使用整体式合金刀具；尽量少用白钢刀具（因为白钢刀具磨损快，换刀的时间浪费严重，得不偿失）；对于很小的刀具才能加工到的区域，应该考虑使用电火花机或者线切割机加工。

（4）加工模型的准备。

设置合适的编程坐标系，创建毛坯，修补切削不到的区域（例如，很小的孔和腔、没有圆角的异型孔等）。

1.2 数控加工工艺

无论是手工编程还是自动编程，在编程前都要对所加工的零件进行工艺分析，拟定加工方案。在编程中，对一些工艺问题（如对刀点、加工路线等）也需做一些处理。因此，程序编制中的工艺分析是一项十分重要的工作。

1.2.1 数控加工工艺设计

（1）零件工艺分析。

① 分析产品的装配图和零件图。

② 零件的结构工艺性分析。

（2）毛坯的选择。

① 分析零件材料。

② 分析零件的力学性能。

③ 生产类型。

④ 零件的形状和尺寸。

⑤ 生成条件。

⑥ 充分考虑新技术、新材料、新工艺。

（3）加工路线的设计。

① 加工方法的选择。

② 加工阶段、工序、工步设计，加工顺序的安排。

（4）选择零件的定位基准，确定夹具、辅具方案，选择刀具及切削用量等。

（5）编程的相关计算。工件坐标系、编程坐标系的建立，对刀点和换刀点的选取，刀具补偿等。

（6）处理数控机床及数控系统的工艺指令。

（7）编制加工程序。

（8）首件试切加工，检验程序。

（9）工艺文件归档。

1.2.2　工序划分

数控加工受制于机床的功能。工序的划分是以在同一台机床上完成的工作为基础来划分的。例如，飞机结构件通常都具有一部分需要多坐标加工的内容，为了合理利用机床，在工序的划分上首先要考虑机床类型的选择，以此来确定工序的划分。划分工序时应注意以下要点。

1．工序集中原则

根据零件加工表面形状与所用数控机床的功能，应尽可能地集中多种加工内容（特别是加工中心机床）在一次装夹中完成，以减少工序。对于大型零件，更应尽可能在一次装夹中完成全部或主要表面的加工，以减少工序间的周转。

2．工序分散原则

工序分散是指将工件的加工分散在较多的工序内完成。每道工序的加工内容很少。工序分散使设备和工艺装备结构简单，调整和维修方便，操作简单，有利于选择合理的切削用量，生产辅助时间长。但工序数目多，工艺路线长，所需设备及工人人数多，占地面积大，生产组织工作复杂，且工件装夹次数多，工件的多次装夹会降低各表面间的相互位置精度。

3．加工部位的工序划分

一个零件的数控加工部位按工序集中的原则，一般而言，只要数控机床选择适当，可在一次装夹中完成。但在下列情况下可划分成几个数控加工工序。

（1）车间现有数控机床的功能不能满足一个零件的全部加工部位；批量特大时，可根据实际情况分散在几台数控机床上加工。

（2）当粗加工的热变形或力变形较大而影响零件精度时，只能将粗、精加工分开。

（3）如程序过长（如大型曲面），不仅容易出错，而且有可能超过系统内存容量，或在一个加工面的中途刀具磨损失效，此时应按刀具或加工表面划分工序。

1.2.3　数控加工顺序的确定

1．先粗后精

各个表面的加工顺序按照粗加工→半精加工→精加工→光整加工的顺序依次进行，这样才能逐步提高加工表面的精度和减小表面粗糙度。

2．先主后次

先考虑主要表面的加工，后考虑次要表面的加工。因为主要表面加工容易出废品，应放在前阶段进行，以减少工时的浪费。零件上的工作面及装配面精度要求较高，属于主要表面，应先加工。自由表面、键槽、紧固用的螺孔和光孔等表面，精度要求较低，属于次要表面，可穿插进行，一般安排在主要表面达到一定精度后、最终精加工之前加工。

3．基准先行

用作精基准的表面，应优先加工。因为定位基准的表面越精确，装夹误差就越小，所以任何零件的加工过程，总是首先对定位基准面进行粗加工和半精加工，必要时，还要进行精加工。

4．先面后孔

对于箱体类、支架类、机体类的零件，一般先加工平面，后加工孔。这样安排加工工序，因为平面一般面积较大，轮廓平整，先加工好平面，便于加工孔时的定位安装，利于保证孔与平面的位置精度，另一方面是在加工过的平面上加工孔比较容易，并能提高孔的加工精度。特别是钻孔，孔的轴线不易偏斜。

5．先内后外的原则

对于精密套筒，其外圆与孔同轴度要求较高，一般采用"先孔后外圆"的原则，即先以外圆定位加工孔，再以精度高的孔定位加工外圆，这样可以保证高的同轴度要求，并且使所用的夹具简单。

1.2.4 数控加工方法的选择

1．平面孔系零件的加工

这类零件的孔数较多，孔位精度要求较高，宜用点位直线控制的数控钻与镗床加工。在加工时，孔系的定位都用快速运动。在编制加工程序时，应尽可能应用子程序调用的方法来减少程序段的数量，以减小加工程序的长度和提高加工的可靠性。

2．旋转体类零件的加工

该类零件用数控车床或磨床来加工。由于车削零件毛坯多为棒料成锻坯，加工余量较大且不均匀，故编程中，粗车的加工线路往往是要考虑的主要问题。

3．平面轮廓零件的加工

这类零件的轮廓多由直线和圆弧组成，一般在两坐标联动的铣床上加工即可。

4．立体轮廓表面的加工

立体轮廓表面根据曲面形状、机床功能、刀具形状及零件的精度要求有不同的数控加工方法，根据零件加工表面的复杂程度和加工精度要求，可分别选择 2.5 轴、3 轴、4 轴和 5 轴加工。

1.3 数控加工文件

数控加工工序卡与普通加工工序卡有许多相似之处，但不同的是该卡中应反映使用的辅具、刀具切削参数、切削液等。它是操作人员配合数控程序进行数控加工的主要指导性工艺文件，工序卡应按已确定的工步顺序填写。

将工艺规程的内容填入一定格式的卡片中，用于生产准备、工艺管理和指导工人操作等的各种技术文件称为工艺文件。它是编制生产计划、调整劳动组织、安排物资供应、指导工人加工操作及进行技术检验等的重要依据。

　　工艺文件的种类和形式多种多样，应根据产品图样与技术要求，生产纲领、生产条件和国内外同行业的工艺技术状况等来编制。工艺文件的详细程度差异较大，主要根据生产类型而定。

1．数控编程任务书

　　它阐明了工艺人员对数控加工工序的技术要求和工序说明，以及数控加工前应保证的加工余量。它是编程人员和工艺人员协调工作和编制数控程序的重要依据之一，详见表 1-1。

表 1-1　　　　　　　　　　　　　　数控编程任务书

工艺处	数控编程任务书	产品零件图号		任务书编号	
		零件名称			
		使用数据设备		共　页第　页	
主要工序说明及技术要求：					
		编程收到日期	月　日	经手人	
编制	审核	编程	审核	批准	

2．数控加工工件安装和零点设定卡片（简称装夹图和零点设定卡）

　　现以图 1-5 所示零件的加工为例进行介绍，它应表示出数控加工零件的定位方法和夹紧方法，并应标明工件零点的设定位置和坐标方向、使用的夹具名称和编号等。假设该图中座架零件的下台阶面已在其他机床上加工过，现需要在数控机床上一次装夹后加工剩下的表面和各个孔，采用通用台钳作为夹具，其工件装夹和零点设定卡如表 1-2 所示。

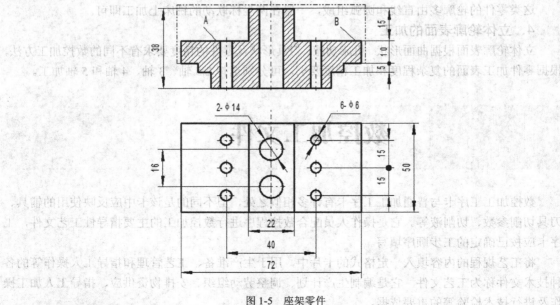

图 1-5　座架零件

表 1-2   工件装夹和零点设定卡

零件图号	WD—9901	数控加工工件安装和零点设定卡		工序号	
零件名称	座架			装夹次数	

				2	台钳	
编制	审核	批准	第 页	1	紧定螺栓	
			共 页	序号	夹具名称	夹具图号

3. 数控加工工序卡片

由编程员根据图纸和加工任务书编制数控加工工艺和作业内容，并反映使用的辅具、刃具和切削参数、切削液等，工序卡中应按已确定的工步顺序填写。如果在数控机床上只加工零件的一个工步，也可不填写工序卡。不同的数控机床，其工序卡也有差别。

上述座架零件在数控机床上的加工安排是：先用端面铣刀铣出上表面，再用立铣刀铣四周侧面及 A、B 工作面，最后用钻头分别钻 6 个小孔和 2 个大孔。填写工序卡如表 1-3 所示。

表 1-3   数控加工工序卡

×××厂	数据加工工序卡片		产品名称代码		零件名称	零件图号
					座架	WD—9901
工艺序号	程序编号	夹具名称	夹具编号		使用设备	车间
		台钳			ZJK 7532—1	数控
工步号	工步作业内容	加工面	刀具号	刀具规格	主轴转速	进给速度	切削深度	备注
1	ϕ50 面铣刀铣上表面	上表面	T01	ϕ50 面铣刀	1 000	200	+15	
2	ϕ20 立铣刀铣四周侧面	四侧面	T02	ϕ20 立铣刀	1 000	200	−11	
3	ϕ20 文铣刀铣 A、B 合侧面	A、B 面	T03	ϕ20 立铣刀	1 000	200	0	

续表

工步号	工步作业内容	加工面	刀具号	刀具规格	主轴转速	进给速度	切削深度	备注
4	$\phi6$ 钻头钻 6 个小孔	小孔 6	T04	$\phi6$ 钻头	300	100	−22	
5	$\phi14$ 钻头钻 2 个大孔	大孔 2	T05	$\phi14$ 钻头	500	80	−22	
编制		审核		批准		年　月　日	共　页	第　页

4．数控刀具调整单

数控刀具调整单主要包括数控刀具卡片和数控刀具明细表（简称刀具表）两部分。数控加工时，对刀具的要求十分严格，一般要在机外对刀仪上，事先调整好刀具直径和长度。刀具卡主要反映刀具编号、刀具结构、尾柄规格、组合件名称代号、刀片型号和材料等，它是组装刀具和调整刀具的依据。其格式如表 1-4 所示，刀具明细表如表 1-5 所示。

表 1-4　　　　　　　　　　　　数控刀具卡

零件图号	WD—9901	数控刀具卡片				使用设备	
刀具名称	立铣刀					ZJK7532?1	
刀具编号	T02	换刀方式	手动	程序编号			
刀具组成	序号	编号	刀具名称	规格	数量	备注	
	1	Vfd.17550 × 4	拉钉				
	2	GB 1106?85	刀柄				
	3		铣刀	$\phi20 \times 80$	1	切削液：柴油	
	4						

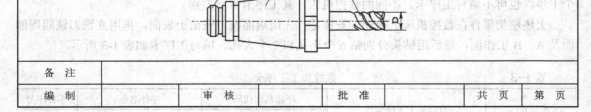

备　注						
编　制		审　核		批　准	共　页	第　页

表 1-5　　　　　　　　　　　数控刀具明细表

零件图号	零件名称	材料	数控刀具明细表		程序编号	车间	使用设备
WD—9901	座架	20#				数控	JZK7532?1
刀号	刀位号	刀具名称	刀具图号	刀具		刀补地址	换刀方式	加工部位

刀号	刀位号	刀具名称	刀具图号	直径（mm）		长度	刀补地址		换刀方式	加工部位
				设定	补偿	设定	直径	长度	自动/手动	
T01		面铣刀		$\phi50$		40	H01		手动	

续表

刀号	刀位号	刀具名称	刀具图号	刀具			刀补地址		换刀方式	加工部位
				直径（mm）		长度				
				设定	补偿	设定	直径	长度	自动/手动	
T02		立铣刀		$\phi 20$	$\phi 20$	75	D02	H02	手动	
T03		钻头		$\phi 6$		95		H03	手动	
T04		钻头		$\phi 14$		130		H04	手动	
编制		审核		批准		年　月　日	共　页		第　页	

5．数控加工程序单

数控加工程序单是编程人员根据工艺分析情况，经过数值计算，按照机床特点的指令代码编制的。它是记录数控加工工艺过程、工艺参数、位移数据的清单，以及手动数据输入实现数控加工的主要依据。不同的数控机床，不同的数控系统，程序单的格式不同。

不同的机床或不同的加工目的可能会需要不同形式的数控加工专用技术文件。在工作中，可根据具体情况设计文件格式。

1.4 数控加工实例

图 1-6 所示为某型航空发动机的上中介轴零件，现简要地介绍该零件在成批生产条件下工艺路线的制订方法。

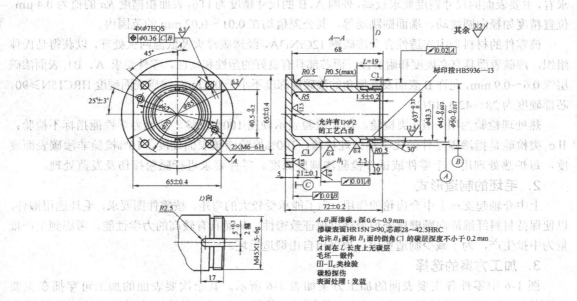

图 1-6 上中介轴

1．零件图的研究和工艺分析

（1）零件的结构特点和功能。

上中介轴是一个薄壁轴类零件，其结构形状属中等复杂零件，如图 1-6 所示。零件的外圆 B 及端面 C 安装到发动机上部附件机匣上，如图 1-7 所示，外圆 A 与滚动轴承内圈配合，端面 B1 用于支靠轴承内圈端面，外螺纹用于旋紧圆螺母以实现上中介齿轮的轴向固定，外螺纹上开有两个对称的槽，用于装锁紧垫片以防止螺母松动。4 个 ϕ7mm 的孔用于通过双头螺柱使上中介轴和机匣连接。437 mm 的孔用于减轻质量，两个 M6 的工艺螺孔用于拆卸时将该零件从机匣上顶出。

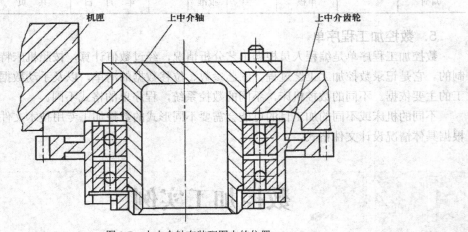

机匣　　　上中介轴　　　上中介齿轮

图 1-7　上中介轴在装配图中的位置

（2）零件的主要表面及技术要求。

根据零件的功用及精度要求可知，该零件的主要表面为外圆 A、B 及端面 B1、C。从精度要求看，主要表面的尺寸精度要求较高，外圆 A、B 的尺寸精度为 IT6，表面粗糙度 Ra 的值为 0.4 μm，位置精度如径向圆跳动、端面圆跳动等，其公差值均在 0.01～0.02 mm 的范围内。

该零件的材料为中淬透性合金渗碳钢 12CrNi3A，经渗碳淬火及低温回火处理，以获得马氏体组织，渗碳表面具有高硬度和耐磨性，而芯部具有良好的塑性和韧性。零件要求 A、B1 表面渗碳层深 0.6～0.9 mm，允许 B 表面及其倒角的渗碳层深度不小于 0.2 mm，渗碳表面硬度 HRC15N≥90，芯部硬度为 28～42.5 HRC。

热处理检验为Ⅲ－Ⅱc 类检验。Ⅲ类检验表示硬度 100%检验，其他力学性能指标不检验；Ⅱc 类检验是指渗碳零件的化学热处理检验，100%检验渗碳表面硬度，10%检验非渗碳表面硬度，每炉热处理用一个零件或试件检验渗碳层深度。零件要求进行磁粉探伤及发蓝处理。

2．毛坯的制造形式

上中介轴起支承上中介齿轮的作用。为了能承受较大的弯矩，按零件图要求，毛坯选用锻件，以便保持材料纤维流向顺壁厚外形流动以保证致密性，从而具有较高的力学性能。考虑到生产批量为中批生产，为了减少制造费用，故采用自由锻造毛坯。

3．加工方案的选择

图 1-6 中零件各主要表面的加工方案如表 1-6 所示。其余次要表面的加工可穿插在主要表面的加工工序之间进行。应该先加 4×ϕ7mm 的孔，然后以其中一个孔作角向定位铣四方

及两槽。

表 1-6 上中介轴表面加工方法

表面	精度	表面粗糙度	加工方法	选择理由
外圆 B	IT6	∇0.4	粗车→半精车→磨削	精度高，表面粗糙度值小，渗碳淬火后硬度高
外圆 A	IT6	∇0.4	粗车→半精车→磨削	精度高，表面粗糙度值小
外圆 C		∇0.8	粗车→半精车→磨削	表面粗糙度值小
外圆 B₁		∇0.8	粗车→半精车→磨削	表面粗糙度值小，渗碳淬火后硬度高

4．加工阶段的划分

上中介轴的精度要求较高，加工余量比较大并且又是一个薄壁零件，为了消除变形对精度的影响，以达到逐步提高加工精度的目的，在加工时划分为 3 个阶段。

（1）粗加工阶段，去除孔、外圆及端面的大部分余量，并为后续工序提供精度基准。

（2）半精加工阶段，为主要表面的精加工做准备，并完成一些次要表面的最终加工，如外螺纹、四方、4 个通孔、两个 M6 螺纹孔、两槽及涤 37 mm 孔的加工等。

（3）精加工阶段，磨削外圆 A、B 及端面 B1、C，保证主要表面的尺寸精度、形状位置精度和表面粗糙度达到图样要求。

5．工序的集中与分散

由于该零件的批量为中批生产，结构形状属中等复杂零件且尺寸不大，为了降低工人的劳动强度，在制订工艺路线时，可按工序分散原则。但零件的位置精度要求较高，为了在一次装夹中完成各主要表面的精加工，在精加工时工序可适当集中。所以，各表面在加工组合工序时，采用工序集中与分散相结合的原则，以利于保证位置精度和提高生产率。

6．定位基准的选择

定位基准选择恰当与否，不仅影响工序的内容，而且影响工序的先后顺序，即对制订工艺路线有很大的影响，所以要合理选择定位基准。

（1）粗基准的选择：该零件的毛坯为自由锻件，各表画均需加工。由于小端余量较小，为了保证小端有足够的余量，不使工件报废，因此应该选择小端作为粗基准。

（2）精基准的选择：由于上中介轴表面间的位置精度要求高，在加工过程中，首先考虑采用"基准统一"原则选择精基准。

① 在工件的左端留出工艺凸台，先加工出两端的中心孔，在以后的大多数工序中以中心孔定位，两顶尖装夹进行加工。这样可以减少夹具的数量，提高经济性，并且在一次装夹中加工较多的表面，容易保证较高的位置精度。在精加工完成后，将工件左端的工艺凸台切掉。

② 在钻孔、铣槽以及铣四方时，为了使定位夹紧方便，夹具结构简单，应选择外圆 B 及端面 C 作为定位基准。四方、槽与 4 个孔之间有角向位置要求，因此应先钻孔，在铣槽及铣四方时以其中一个孔作为角向定位基准。

7．热处理工序的安排

由于该零件材料的硬度低，粗加工时容易粘刀，因此毛坯采用正火作为预先热处理，适当提高硬度，改善切削加工性能。

B₁、B 面要求渗碳，渗碳应控制渗碳层深度均匀，因此渗碳前先进行半精加工。非渗碳表面采用镀铜保护，考虑到孔镀层质量较难控制，因此渗碳之后对孔进行车削加工，然后进行淬火加低温回火处理。

8．辅助工序的安排

工件要转换车间前，为了便于分析产生质量问题的原因，应安排中间检验工序。当零件全部加工结束后，应安排成品检验。

在容易产生毛刺的工序（如钻削、铣削等）之后、检验工序之前，应安排钳工去毛刺的工序。

为了检验磨削产生的表面裂纹，在磨削工序之后，必须安排磁粉探伤工序。

为了提高零件的抗蚀能力，在工艺路线的最后安排表面处理（如发蓝、氧化等）。

通过以上分析，可以得出上中介轴的工艺路线，如表 1-7 所示。

表 1-7　　　　　　　　上中介轴各加工工艺路线及工件图

工序号	0	工序名称	毛坯	工序号	5	工序名称	粗车大端
工序号	10	工序名称	粗车大端	工序号	15	工序名称	半精车小端
工序号	20	工序名称	车大端	工序号	35	工序名称	精车
工序号	25	工序名称	钳工去毛刺	工序号	40	工序名称	中间检验
工序号	30	工序名称	镀铜	工序号	45	工序名称	渗碳
工序号	50	工序名称	除铜	工序号	60	工序名称	淬火及低温文火
工序号	55	工序名称	车孔	工序号	65	工序名称	修研中心孔
				工序号	70	工序名称	车螺纹

续表

工序号	70	工序名称	磨外圆及端面	工序号	80	工序名称	钻孔

工序号	85	工序名称	钳工去毛刺	工序号	95	工序名称	铣甲方
工序号	90	工序名称	铣槽				

工序号	100	工序名称	钳工去毛刺攻螺纹	工序号	110	工序名称	磁粉探伤
工序号	105	工序名称	磨外圆及端面	工序号	115	工序名称	车大端

				工序号	125	工序名称	成品检验
工序号	120	工序名称	钳工去毛刺，校正 M6 螺纹	工序号	130	工序名称	发蓝

1.5　UG NX 8.0 简介

UG NX 8.0 系统提供了一个基于过程的产品设计环境，使产品开发从设计到加工真正实现了数据的无缝集成，从而优化了企业的产品设计和制造。UG NX 8.0 的面向过程驱动技术是虚拟产品开发的关键技术。在面向过程驱动技术的环境中，用户的全部产品以及精确的数据模型可以在产品开发全过程的各个环节保持相关，从而有效地实现了并行工程。UG NX 8.0 不仅具有强大的实体造型、曲面造型、虚拟装配以及产生工程图等设计功能，而且在设计过程中还可以进行有限元分析、机构运动分析和仿真模拟，大大提高了设计的可靠性。同时，可以用建立的三维模型直接生成数控代码，用于产品的加工，其后处理程序支持多种类型的数控机床。

1.5.1　UG NX 8.0 的工作环境

UG 加工环境是指弹出 UG 加工模块后进行编程操作的软件环境。在该环境中可以实现平面铣、型腔铣、固定轴曲面轮廓铣、多轴铣等不同的加工类型，并且提供了创建数控加工工艺、创建数控加工程序和车间工艺文件的完整的过程和工具，可以自动创建数控程序、检查、仿真等。

1. 环境的设置

在 UG 系统安装完毕后，同时也完成了系统默认的环境参数设置。虽然这样，但是仍不能与实际的运用相对应，所以很有必要对 UG 系统的环境变量参数进行重新设置。

（1）设置环境变量。

在此，以 Windows XP 为例说明如何设置系统的环境变量。XP 系统的注册表和环境变量根据 UG 系统的实际情况，会自动生成相关的工作路径。其中会自动生成一些与系统有关的环境变量，如"UGII_LICENSE_FILE"、"UGII_ROOT_DIR"、"UGII_BASE_DIR"等。根据实际需要，使用者可以增加相应的环境变量。

（2）设置默认参数。

在 UG 系统中存在着默认参数文件，在其中可以修改部分参数，如尺寸的单位、标注方式、字体格式、模型的颜色等。对于这些默认参数的调用始于 UG 系统的启动。而在这里谈到默认参数的修改，是因为这些参数是根据美国的标准和使用习惯来规定的。为此有必要将此修改成我们所熟悉的参数模式。

2. 进入 UG CAM 环境

在实际设计加工过程中，每个编程员面对的加工对象可能比较固定，不一定用到 UG CAM 的所有功能，比如一个 3 轴铣加工编程员，在日常编程中可能不会涉及数控车和电火花线切割的编程，那么那些编程功能就可以屏蔽。UG 提供了这样的功能，即可以定制和选择 UG 的编程环境，只将自己工作中用到的功能调用出来。这就需要首先掌握进入该模块的方法，尽快熟悉编程界面和加工环境。

3. 将当前模块切换至加工模块

CAM 会话配置用于选择加工所使用的机床类别。CAM 设置是在制造方式中指定加工设定的默认值文件，也就是要选择一个加工模板集。选择模板文件将决定加工环境初始化之后可以选用的操作类型，也决定在生成程序、刀具、方法、几何时可选择的父节点类型。

4．新建加工文件

进入 UG NX 8.0 操作环境后，除了在当前环境选择加工模板类型和单位，以及设置新加工文件的名称和保存路径进入加工外，还可通过指定加工所引用的部件，新建加工文件，同样可进行各种加工设计。

1.5.2 UG NX 8.0 的界面

当所使用的模块不同时，工作环境就会切换到不同的界面。单击 起始 按钮，然后选择其中的 加工 选项，可以进入 UG 的加工模块的工作环境，如图 1-8 所示。

在图 1-8 中，工作环境的相应位置标有号码，以做区别。

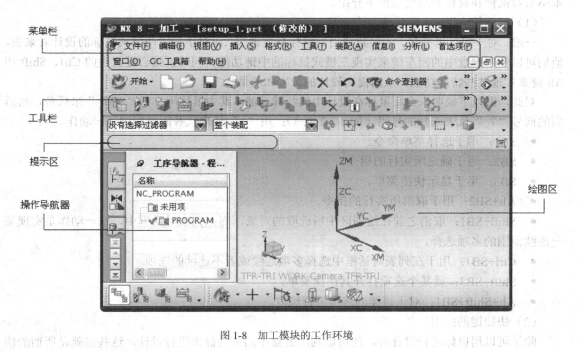

图 1-8　加工模块的工作环境

下面简要介绍几个界面区域，其他区域在后面会具体用到。

1．菜单栏

菜单栏中显示了 UG 所用到的菜单，和其他软件类似。

2．工具栏

工具栏以简单直观的按钮来表示每个工具的作用。单击相应按钮，即可启动相对应的 UG 软件功能，相当于从菜单区逐级选择到的最后命令。工具栏可以在屏幕上任意位置放置，并且，拖动至屏幕边缘时将自动吸附。工具栏按钮灰显，则表示该工具在当前工作环境中不能使用。

3．绘图区

正如其他三维造型系统那样，窗口形式是 UG 系统最主要的表现形式，可以最小化和最大化。同时这是系统的主要工作场所。作为输出端，它显示数控加工的结果，如刀轨路径、操作结果等。

4．提示区

位于绘图区上方的是提示区，主要作用是对未来操作的提示，指示操作者做出正确的操作和选择。

5．操作导航器

操作导航器是各加工模块的入口位置，是用户进行交互变换操作的图形界面，用于说明部件的组和操作之间的关系，以及管理当前部件的操作和操作参数。它用来显示当前所做的操作类型。当然，它会显示与操作类型相应设置的参数，这是树形罗列出来的，体现出操作与操作之间的级别关系和隶属关系。

1.5.3 UG NX 8.0 的基本操作

1．鼠标及快捷键的应用

对于 UG 系统来说，用户使用的工具是鼠标和键盘。对于系统，它们各有特殊的用法。就此，本小节对鼠标和键盘的功能做如下介绍。

（1）鼠标的应用。

一般，对于设计者来说，大多数使用的鼠标是三键式。而对于使用两键式鼠标的设计者来说，他们可以使用键盘中的回车键来实现三键式鼠标的中键功能。同时，结合键盘中的 Ctrl、Shift 和 Alt 键来实现某些特殊功能，从而提高设计的效率和质量。

对此，做以下说明来介绍鼠标在设计中的特殊功能。其中鼠标用字母"SB？"来代替，其后面的问号"？"代表未知的号码（如 1、2 或 3）；用"+"号来代替同时按键这一动作。

- SB1：用于选择菜单命令。
- SB2：用于确定所实行的指令。
- SB3：用于显示快捷菜单。
- Alt+SB2：用于取消所实行的指令。
- Shift+SB1：取消之前在绘图区中所选取的对象，而在列表对话框中，这一动作是实现某一连续范围的多项选择。
- Ctrl+SB1：用于在列表对话框中选择多项连续或者不连续的选项。
- Shift+SB3：就某个选项打开其快捷菜单。
- Alt+Shift+SB1：对于连续的选项进行选取。

（2）快捷键的应用。

除了可以用鼠标进行设计外，还可以利用键盘中的某些键来进行设计，这些键就是所谓的快捷键。利用它们可以与 UG 系统进行很好的人机交流。对于选项的设置，一般是将鼠标移至所要设置的选项之处。另外，可以利用键盘的某些键来进行设置。快捷键的运用，可参考有关菜单栏之下的选项后面的标识。就此，下面说明某些通用的快捷键。

- Tab：将鼠标在对话框中的选项之间进行切换。
- Shift+Tab：在多选对话框中，将单个显示栏目往下一级移动，当光标落在某个选项上时，该选项在绘图区中对应的对象便亮显，以便选择。
- 方向键：对于单选框中的选项，可以利用方向键来进行选择。
- Enter：其功能相当于对话框中的【确定】按钮。
- Ctrl+C：其功能相当于菜单选项中的复制功能。
- Ctrl+V：其功能相当于菜单选项中的粘贴功能。

- Ctrl+X：其功能相当于菜单选项中的剪切功能。

2．环境变量及默认参数的设置

（1）设置环境变量。

在此，以 Windows XP 为例说明如何设置系统的环境变量。将鼠标移至【我的电脑】图标，然后单击鼠标右键，便弹出计算机的快捷菜单。选择其中的【属性】选项，便可打开系统属性的对话框。在其中选择【高级】选项，对话框便切换到高级设置的界面。单击其中的 环境变量(N) 按钮，便弹出如图 1-9 所示的【环境变量】对话框。

图1-9 【环境变量】对话框

对于 UG 系统本身来说，它自带环境变量的设置文件"ugii_env.dat"。该文件用于运行系统的相关参数，例如，规定用户的工具菜单、加工数据的存放路径、默认参数文件、默认字、文件路径等。想要修改这些参数，方法是用记事本打开文件"ugii_env.dat"，然后就相应的参数进行修改。例如，想将默认文件参数修改为"ug_metric.def"，可以先打开"ugii_env.dat"文件，在其中找到"UGII_DEFAULTS_FILE"的位置。然后按照规定的格式进行修改，如下：UGII_DEFAULTS_FILE=${UGII_BASE_DIR}\ugii\ug_metric.def。

（2）设置默认参数。

加工模块的默认参数存放于文件"ug_cam.def"中。除此之外，对于其他参数，则由"ug_English.def"、"ug_metric.def"等文件所规定。这些文件的使用则由环境变量设置文件"ugii.env.dat"的"UGII_DEFAULTS_FILE"变量来控制。如前所说，想修改某个文件参数，就用记事本打开该文件。例如要修改默认文件"ug_metric.def"中的单位，将公制默认参数修改成米制，则打开该文件后，找到需要修改的地方进行修改即可。

3．菜单栏的使用

单击下拉菜单，便显示出与该菜单功能有关的指令选项。其中的选项后面括号加注的字母，表示当进入菜单后，按下括号中的字母，便可以选取相应的选项，如图 1-10 所示。除此之外，如图 1-10 所示，如果在选项右面显示有三角符号，则表示选项不是单一选项，其中还包括次功能。例如，图 1-10 中的曲线功能，它之下还包含直线、圆弧、矩形等功能。另一方面，如果选项的右面不是三角符号，而是省略号，那么，单击该选项就会弹出相应的功能对话框。例如，如图 1-10 所示，单击【刀具】选项，便会弹出如图 1-11 所示的【创建刀具】对话框。

最后还要提的是选项后面的功能符号（如变换选项右面的 Ctrl+N），表示在键盘上同时按 Ctrl 键和后面的字母键，便可实现该选项的快捷功能。

4．文件操作菜单

UG NX 8.0 系统的文件操作菜单包括了一些功能模块，如文件管理、文件导入以及文件导出等，下面分别说明。

对于大多数应用系统来说，离不开文件管理的操作指令，如【新建】、【打开】、【保存】等。对于这 3 个指令，它们的功能分别是新建一个操作文件、打开现成的文件以及对当前操作数据进行保存。就此，具体说明如下。

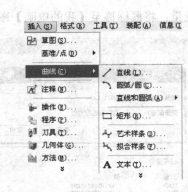

图 1-10　下拉菜单

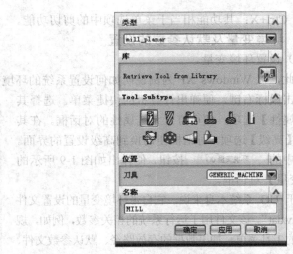

图 1-11　【创建刀具】对话框

（1）新建。

将鼠标移至主菜单的【文件】上，然后选择它，弹出下拉菜单，选择其中的【 新建(N)… Ctrl+N 】选项，即弹出【新建部件文件】对话框。在其中选择文件的保存路径、填写文件名称以及选择单位，这样即可完成文件的新建操作。另外，可以在工具栏中单击【新建】按钮，或者利用快捷键 Ctrl+N 同样可以完成如上的操作。

（2）打开。

将鼠标移至主菜单的【文件】上，然后选择它，弹出下拉菜单，选择其中的【 打开(O)… Ctrl+O 】选项，即弹出【打开部件文件】对话框。在其中选择文件的保存路径或者通过填写文件名称来进行文件的打开，这样即可完成文件的打开操作。另外，可以在工具栏中单击【打开】按钮，或者利用快捷键 Ctrl+O 亦可完成同样的操作。

（3）保存。

这一指令在模块环境中才能进行，如在加工模块中，将鼠标移至主菜单的【文件】上，然后选择它，弹出下拉菜单，选择其中的【 保存(S) Ctrl+S 】选项，即可完成当前操作文件的保存。另外，可以在工具栏中单击【打开】按钮，或者利用快捷键 Ctrl+S 来完成同样的操作。

5．文件导入

除了在 UG 环境下进行文件操作外，也可以从外部系统平台导入文件。对此，UG 提供了多个操作平台的接口，如 Pro/E、IGES、STL 和 CATIA 等。将鼠标移至主菜单的【文件】上，然后选择它，弹出下拉菜单，选择其中的【导入】选项。随即出现下一级菜单，如图 1-12 所示，其中罗列了多种文件格式可供选择。

（1）导入部件。

UG NX 8.0 允许导入不同格式的文件，即对已经存盘的现有文件，通过 UG 系统的文件转换功能，可将它们导入当前操作中。除此之外，还可以导入计算机辅助制造所生成的文件。如图 1-13 所示的操作，将鼠标移至主菜单，选择其中的【文件】，在其下拉菜单中选择【导入】选项，然后选择其中的【部件】选项，即可以打开如图 1-14 所示的导入部件对话框。在【导入部件】对话框中，可以设置多种选项，来指定导入文件的性质。

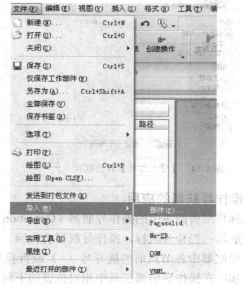

图 1-12   文件导入的子菜单   图 1-13   选择【部件】

① 比例：该选项的设置是为了定制导入零件的比例大小，使零件被导入后相对原来尺寸进行缩放。系统默认是"1"，该数值对于那些被导入文件是曲面时非常重要，因为系统只接受那些百分之百导入进来的曲面，一旦被导入进来的曲面不是百分之百，那么系统不给予导入。

② 创建命名的组：选中此复选框，系统将被导入进来的零件归为一个组，被导入进来的零件的属性要与该组的一致。

③ 导入视图：选中此复选框，系统在导入文件的同时，也将其在其他文件中设置的视图属性一并导入。此外，还可以将这些被导入的文件布局和视图的相关设置也导入。

④ 导入 CAM 对象：选中此复选框，系统也将导入文件中所含的计算机辅助制造的设置一并导入。

⑤ 图层：此设置是为了定制导入文件的图层形式，其中包括两个单选按钮，分别是"工作层"和"原先的"。如果选中"工作层"单选按钮，则定制当前操作中的层为导入文件的图层；如果选中"原先的"单选按钮，那么导入文件的图层就是原来所属的图层。

⑥ 目标坐标系：该设置是为了定制被导入文件的坐标位置。其中包括两个单选按钮，分别是"WCS"和"指定"。如果选中"WCS"单选按钮，则当前的工作坐标系就是导入文件的位置设定基准；如果选中"指定"单选按钮，那么，用户可以自定义一个坐标系作为被导入文件的定位基准。

（2）数据导入。

UG NX 8.0 支持多种格式文件的导入。各种格式文件的导入的步骤大体一样。在此，仅以最常用的"STL"格式文件的导入为例来说明数据导入的步骤。"STL"作为最常用的文字格式，适合于点、线、面等特征的数据转换，同时也支持三维文件的转换。如图 1-12 所示，选择其中的"STL"，便可打开【STL 导入】对话框，如图 1-15 所示。找到 STL 文件的存放路径并打开，当设置好该对话框中的选项后，单击 确定 按钮，便可以完成 STL 文件的导入。

图 1-14　【导入部件】对话框

图 1-15　【STL 导入】对话框

6．操作导航器的应用

将鼠标移至资源条中的操作导航器（Operation Navigator）选项卡 时，便弹出如图 1-16 所示的操作导航器；当移开鼠标，操作导航器会收回。

单击导航器中各节点前的展开号（+）或折叠号（–），可以展开或关闭各节点包含的对象。根据操作和组在操作导航器工具中相对位置的不同，一个组中的参数可以向另一组或操作中传递，同时也可以包含它的高一级组中的继承参数。高一级的组称为父组。

操作导航器的视图都用不同的图标来说明操作的各种信息。这些信息或者用文本显示，或者用图标显示，或者用图标与文本一起显示，如图 1-16 所示。

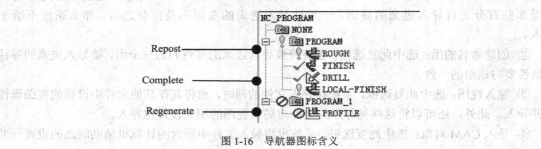

图 1-16　导航器图标含义

（1）导航器符号含义：

- 　完成：表示此操作已产生了刀具路径并且已经后处理或输出了 CLS 文档格式，此后再没有被编辑。

- 　重新后处理：表示刀轨从未输出，或者是刀轨自上次输出以来已经更改并且上一次输出已经过时。在操作导航器中，右击选择【对象】|【更新列表】选项，显示信息窗口，可以查看发生了哪些更改，以及是什么导致了出现"重新后处理"状态。

- 　重新生成：表示操作的刀轨从未生成或者是生成的刀轨已经过时。在操作导航器中，右击选择【对象】|【更新列表】选项，显示信息窗口，可以查看发生了哪些更改，以及是什么原因使刀轨处于"重新生成"状态。

在操作导航器工具中，组和操作的位置可通过剪切与粘贴以及直接拖动来改变。当一个组或操作被粘贴到某个组中时，参数继承关系也随之发生变化，会继承新组中的所有参数。该组下的所有操作将会受到影响，需要重新生成。

（2）导航器【编辑】菜单：

在操作导航器中可以对操作或组进行复制、剪切、粘贴、删除等操作，用户也可以使用相应的快捷菜单命令或工具栏上的图标命令进行编辑。熟练应用操作导航器的操作功能，不仅能提高编程速度，还能提高编程刀路的质量和链接性。

在操作导航器中任意选择某一对象并右击，系统将弹出【编辑】菜单。可以根据个人的需要选择对应的对象进行编辑和修改，如图 1-17 所示。

图 1-17 【编辑】菜单

（3）导航器视图切换：

在加工模块中，操作导航器提供 4 种视图，每个视图根据不同的主题组织相同的一系列操作。每个视图中操作与父级组之间的关系都是由视图特定的，但每次只能显示其中一个视图，分别通过【导航器】工具栏进行视图切换。

① 程序顺序视图 。

该视图模式管理操作决定操作输出的顺序，即按照刀具路径的执行顺序列出当前零件中的所有操作，显示每个操作所属的程序组和每个操作在机床上执行的顺序。每个操作的排列顺序决定了后处理的顺序和生成刀具位置源文件（CLSF）的顺序。如图 1-18 所示，NC_PROGRAM 是父节点，下面是一系列的继承节点。在节点下面又分布很多的操作，当需要改变从属关系时，就可以通过复制、剪切、内部粘贴等方法。

名称	换刀	刀轨	刀具	刀具号	几何体	方法
NC_PROGRAM						
未用项						
A00						
A000						
CAVI...			D20R5	0	WORKPIECE	METHOD
CAVL...			D20R5	0	WORKPIECE	METHOD
FAC...			D20R5	0	WORKPIECE	METHOD
A001						
CAVL...			D12R1	0	WORKPIECE	METHOD
CAVL...			D12R1	0	WORKPIECE	METHOD
A002						

图 1-18 程序顺序视图

总的输出规则是：如果通过选取程序节点输出，每次只能选择一个程序节点；如果通过直接选择操作输出，只能选取同一程序节点下的连续排列的操作，且一旦输出这些操作，系统即会自动为这些操作创建一个程序节点；如果通过选取程序节点输出，而这个程序节点下有程序子节点，同层次程序节点是先输出上面节点中的操作，后输出下面节点中的操作，不同层次的顺序节点是先输出父节点中的操作，后输出子节点中的操作；同一节点中操作的输出顺序是先输出上面的操作，后输出下面的操作。

在程序顺序视图中，每个操作名称后面显示该操作的相关信息。

① 换刀显示该操作相对以前操作是否更换刀具，如果更换则显示一个刀具样的图标。

② 刀轨显示该对应操作的刀具路径是否已经生成，如果是，将显示一个对号。

③ 刀具显示该操作使用的刀具，一般使用直径加底圆半径作为名称。

④ 在加工中心中如果刀具已经编号，则使用对应的刀具号，一般可以按顺序排号。如果不定义，则为空。

⑤ 几何体显示该操作所使用的几何体。

⑥ 方法显示加工的方法，包括精加工、粗加工和普通的加工方法。

提示：视图中的参数栏目，可通过右击导航器空白处，在打开的菜单中选择【列】、【配置】选项，然后在打开的【导航器属性】对话框中自定义列类型。

② 机床视图 。

机床视图是使用刀具来组织各个操作的。其中列出了当前部件中存在的各种刀具，以及对应的操作名称，并且在机床视图中列出了与当前刀具相关的描述信息，如图 1-19 所示。

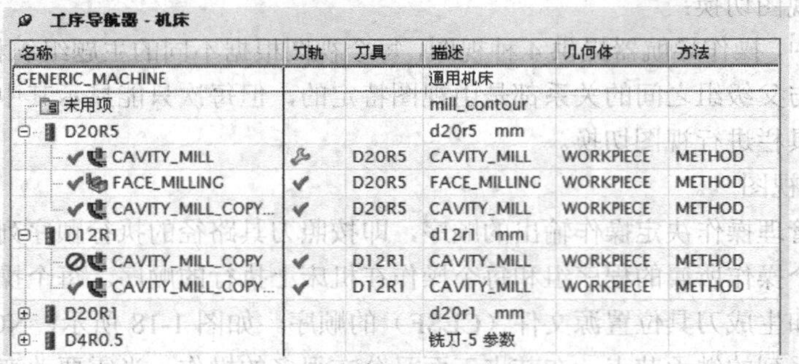

名称	刀轨	刀具	描述	几何体	方法
GENERIC_MACHINE			通用机床		
未用项			mill_contour		
⊟ D20R5			d20r5　mm		
✔ CAVITY_MILL	✔	D20R5	CAVITY_MILL	WORKPIECE	METHOD
✔ FACE_MILLING	✔	D20R5	FACE_MILLING	WORKPIECE	METHOD
✔ CAVITY_MILL_COPY...		D20R5	CAVITY_MILL	WORKPIECE	METHOD
⊟ D12R1			d12r1　mm		
⊘ CAVITY_MILL_COPY		D12R1	CAVITY_MILL	WORKPIECE	METHOD
✔ CAVITY_MILL_COPY...	✔	D12R1	CAVITY_MILL	WORKPIECE	METHOD
⊞ D20R1			d20r1　mm		
⊞ D4R0.5			铣刀-5 参数		

图 1-19　机床视图

刀具节点及其下面的操作都可以通过剪切和粘贴等来改变其在"树"中的位置。改变刀具的位置没有实际意义，仅仅是让同类刀具排在一起便于查看。一个操作只能对应一把刀具，因此将一个操作从一把刀具下移到另一把刀具下实际上就是改变了操作所使用的刀具。改变同一把刀具下的操作的排序没有实际意义。

提示：在机床视图中，可使用同一把刀的所有操作一次性进行后处理。但需要注意的是操作在刀具子节点下的排列顺序，并且后处理应当以排列顺序为基准。

③ 几何视图 。

几何视图是列出当前部件中存在的几何组和坐标系，以及使用这些几何组和坐标系的操作名称，加工几何节点以树状结构按层次组织起来，构成父子节点关系。每一个程序节点之上可以有父节点，其下可以有子节点，也可以有操作。如图 1-20 所示，父节点 MCS_MILL 下面有 WORKPIECE，而 WORKPIECE 下面有操作。每一个几何节点继承其父节点的数据，所以每一个几何节点继承其所有父节点的数据。位于同一个几何节点下的所有操作共享其父节点的几何数据。

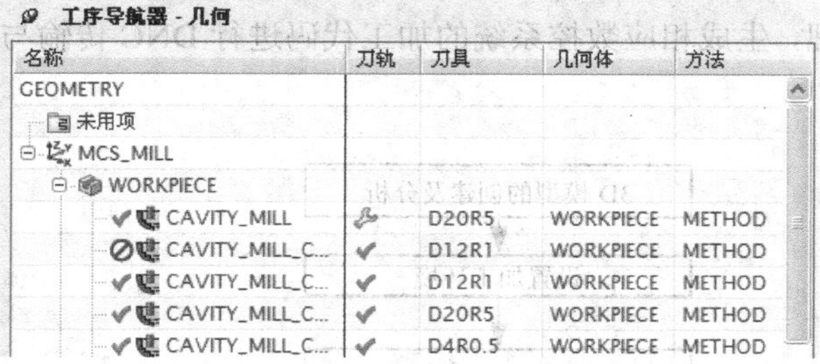

图 1-20　几何视图

从图 1-20 可以看出，每一个几何节点用一个独有的名称和特定图符标识，这些图符表示特定的几何类型。几何节点及其下面的操作都可以通过剪切和粘贴来改变它所拥有的加工几何参数。

④ 加工方法视图 。

加工方法视图是列出当前部件中存在的加工方法，如粗加工、半精加工和精加工等，以及使用这些加工方法的操作的名称，并列出相应的操作的描述，如图 1-21 所示。每一个加工方法节点用一个独有的名称标识。

图 1-21　加工方法视图

加工方法不是生成刀轨必须使用的参数，只有为了自动计算切削进给量和主轴转速，才有必要指定加工方法。系统可以根据刀具参数、刀具材料、被加工的工件材料、加工方法共同决定切削进给量和主轴转速。

加工方法节点以树状结构按层次组织起来，构成父子节点关系。每一个加工方法节点之上可以有父节点，其下可以有子节点，也可以有操作。每一个加工方法节点继承父节点的数据。位于一个加工方法节点下的所有操作共享父节点的加工方法数据，但是每一个操作的零件余量、内外公差也可以在操作对话框中个别调整，从而与加工方法中的这些参数可以不一致。

加工方法节点及其下面的操作都可以通过剪切和粘贴来改变它在"树"中的位置和顺序。对于一个操作而言，改变它的加工方法父节点，也就是改变了它的加工方法参数，如果执行自动计算，进给量和主轴转速将改变。

7．数控编程加工流程

数控编程加工的操作过程是指从加载毛坯，定义工序加工的对象，设计刀具，定义加工的方式并生成相应的加工程序；然后依据加工程序的内容，如加工对象的具体参数、刀具的导动方式、切削步距、主轴转速、进给量、切削角度、进退刀点、干涉面及安全平面等详细内容来确立刀具轨迹的生成方式；仿真加工后对刀具轨迹进行相应的编辑修改、复制等；待所有的刀具轨迹设计合格后，进行后处理，生成相应数控系统的加工代码进行 DNC 传输与数控加工，其具体流程如图 1-22 所示。

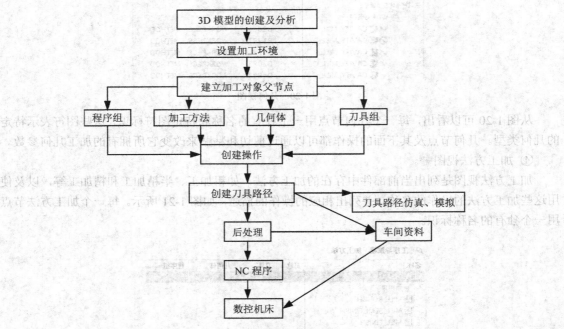

图 1-22　UG CAM 设计流程图

（1）分析图纸。

在数控机床上加工模具，编程人员拿到的原始资料是零件图。根据零件图，可以对零件的形状、尺寸精度、表面粗糙度、上件材料、毛坯种类和热处理状况等进行分析，然后选择机床和刀具，确定定位夹紧装置、加工方法、加工顺序及切削用量的大小。

在确定工艺过程中，应充分考虑所用数控机床的性能，充分发挥其功能，做到加工路线合理、换刀次数少和加工工时短等。此外，还应填写相关的工艺技术文件，如数控加工工序卡片、数控刀具卡片和走刀路线图等。

（2）创建父节点对象。

允许用户在不影响主模型的情况下插入加工信息，即创建加工装配文件；然后选择合适的加工类型进入加工环境；接着对于可能要重复使用的对象，以最少选择为原则，并且建立继承的概念，这样各节点数据才能在相关对象间传递。

（3）创建操作。

考虑模型的结构和其他因素的影响，允许用户分配指定的加工参数和加工模式，这些设置将直接影响刀位轨迹的生成。

（4）验证所生成的刀位轨迹。

该操作是对之前操作进行可视化验证，即可通过对刀位轨迹的可视化验证，最大限度地减少错误的发生。

（5）刀位轨迹的后置处理。

针对实际的机床和机床控制系统，生成相应的格式数据，并根据设计需要创建车间文档，努力减少车间人员的使用，以便有效地处理各个独立作业。

1.6 UG NX 8.0 数控加工模块基础知识

在 UG NX 8.0 加工模块下，用户可以在图形方式下通过观察刀具运动，用图形编辑刀具的运动轨迹，具有延伸、缩短和修改刀具轨迹等编辑功能，并能执行在曲面轮廓加工过程中的过切检查，还可格式化刀具路径文件，生成指定机床可以识别的 NC 程序，支持 2～5 轴铣削加工。其中，UG 后置处理器可以直接提取内部刀具路径进行后置处理，并支持用户自定义的后置处理命令。

1. UG NX 8.0 数控加工的主要加工方式

（1）车削加工。

提供为高质量生产车削零件需要的所有能力。UG NX8 实现了自动更新，在零件几何体与刀轨间是全相关的，它包括粗车、多刀路精车、车沟槽、车螺纹和中心钻等子程序；输出时可以直接被后处理，产生一个机床可读的输出源文件；用户控制的参数，如进给速度、主轴转速和零件间隙，除非改变参数保持模态，设置可以通过生成刀轨和要求它的图形显示进行测试。

（2）型腔铣。

型腔铣模块在加工模具中特别有用。它提供粗加工单个或多个型腔和围绕任意形状对象（有时称为模芯）移去大量毛坯材料的所有能力，这其中最好的功能是能够在很复杂的形状上生成轨迹和切削图样。容差型腔铣允许加工放松公差设计的形状，这些形状可以有间隙和重叠，当型腔铣检测到反常时，它可以纠正它们或在用户规定的公差内加工型腔，这个模块提供对模芯和模腔实际上的加工过程全自动化。

（3）平面铣。

平面铣用于平面轮廓或平面区域的粗精加工。刀具平行于工件底面进行多层铣削，每一切削层均与刀轴垂直，各加工部位的侧面与底面垂直。平面铣用边界定义加工区域，切除的材料是各边界投射到底面之间的部分。但是平面铣不能加工底面与侧面不垂直的部位。

（4）固定轴曲面轮廓铣。

固定轴曲面轮廓铣模块为产生 3 轴运动刀轨提供完全和综合差工具，实际上建模的任一曲面或实体都可以被加工，它非常方便地选取加工表面和零件部件。它提供了各种驱动方法和切削图样供选择，包括边界、径向切削、螺旋切削和用户定义。在边界驱动的方法中，多种切削图样是有效的，如同心和径向。此外，有特征对向上和向下切削控制方法和螺旋线啮入，未切削区或陡峭区可以方便地识别，固定轴曲面轮廓铣将仿真刀轨并生成文本输出到一刀轨中，用户可以接受刀轨，存储或拒绝它和按需要更改参数。

（5）可变轴曲面轮廓铣。

可变轴曲面轮廓铣模块支持在任一 UG NX 曲面上的固定和多轴铣功能，完全的 3～5 轴轮廓运动，刀具方位和曲面光洁度质量可以规定。利用曲面参数，投射刀轨到曲面上和用任一曲线或点，可以控制刀轨。

（6）顺序铣。

顺序铣模块在用户要求刀轨创建的每一步上完全进行控制的加工情况是有效的。顺序铣是完全相关的，它关注以前类似 APT 系统处理的市场，但是在更高的生产效率方式中工作。它允许用户构造一段接一段的刀轨，而保留在每一个过程步上的总控制，一个称为循环的功能允许用户通过定义内和外轨迹，在曲面上生成多个刀路，顺序铣生成中间步。

（7）线切割。

线切割方便地在 2 轴和 4 轴方式中切削零件。线切割支持线框或实体的 UG 模型。在编辑和模型更新中，所有操作是全相关的，多种类型的线切割操作是有效的，如多刀路轮廓、线反向和区域移去，也支持允许粘结线停止的轨迹和使用各种线尺寸和功率设置。用户可以使用通用的后处理器，对特定的后置开发一个加工机床数据文件。U 线切割模块也支持许多流行的 EDM 软件包，包括 AGIE Charmilles 和许多其他的工具。

（8）螺纹铣。

对于一些因为螺纹直径太大，不适合用攻丝加工的螺纹，都可以利用螺纹铣加工方法加上。螺纹铣利用特别的螺纹铣刀通过铣削的方式加工螺纹。

（9）点位加工。

点位加工可产生钻、扩、幢、铰和攻螺纹等操作的加工路径。该加工的特点是：用点作为驱动几何，可根据需要选择不同的固定循环。

2．UG NX CAM 专业术语

UG NX CAM 铣加工中有一系列的加工术语，理解这些术语对阅读本书和使用 UG NX 软件有着相当大的帮助。下面列举一些重要的术语及其定义。

（1）操作。

包含所有用于产生刀具路径的信息，例如几何体、刀具、加工余量、进给量、切削深度等，创建一个操作相当于产生一个工步。如图 1-23 所示，在 UG NX CAM 中创建多个操作的导航器视图。

（2）刀具路径。

刀具路径包括切削刀具在空间上（材料上）的移动轨迹线、进退刀运动轨迹线、进给速度、主轴转速及后置处理命令，可以包含在操作之内，也可以单独输出成刀具位置源文件（CLSF），如图 1-24 所示。

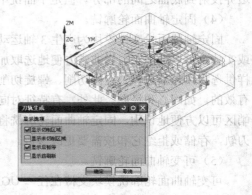

图 1-23　操作导航器　　　　　　　　　　　　　图 1-24　刀具路径

（3）模板文件。

模板文件是指包含刀具、加工方法和操作等相关信息，并能将其复制到其他零件中去的任何一个零件文件。引用模板文件，可以节省操作时间，提高加工效率。

（4）后置处理。

后置处理是在 UG NX 8.0 CAM 生成刀具路径后，根据机床控制器的格式，将标准的刀位文件转换成机床可以执行的 NC 程序。

（5）加工坐标系。

在 UG NX 8.0 CAM 参数设置中，常用的坐标系有工作坐标系和加工坐标系。工作坐标系的坐标轴用 XC、YC、ZC 表示，如图 1-25（a）所示。在加工过程中指定起刀点、切削开始点、安全平面的 Z 值，以及其他矢量数据，都是参照工作坐标系。

加工坐标系就是在 UG NX CAM 操作环境中，所有后续刀具路径输出点的基准位置，刀具路径中的所有数据相对于该坐标系进行设定。加工坐标系的坐标轴用 XM、YM、ZM 表示，如图 1-25（b）所示。

 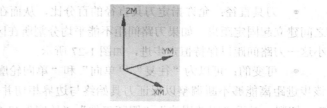

（a）工作坐标系　　　　　　　　　　（b）加工坐标系

图 1-25　坐标系

（6）几何体。

几何体用于定义加工的零件对象和加工工件，也可以通过指定边界、部件边界、毛坯边界和检查边界来定义几何体。

① 零件几何体：此为加工后所保留的材料，也就是产品的 CAD 模型，使用实体方式进行选取。

② 毛坯几何体：此为加工前尚未被切除的材料，使用实体方式进行选取。

③ 检查几何体：这是定义加工中刀具需要避开的区域或特征，即强制刀具不可穿透所选定的任何几何体或特征，指定检查几何体使用实体方式进行选取。

④ 指定边界：是限制刀具运动的直线或曲线，用于定义切削区域。边界可以是封闭的，也可以是开放的。

⑤ 部件边界：用于定义完成的部件对象，用来控制刀具的运动范围或切削范围。

⑥ 毛坯边界：用于指定被加工零件的材料范围，即原材料。设定加工前尚未被切除的材料边界，在此边界以下的材料视为毛坯。

⑦ 检查边界：用于刀具的避让几何。也就是指刀具不能到达的区域，用来避免工件与刀具或是刀柄相碰撞的情况。用于定义加工中刀具所避开的边界，即强制刀具不可穿透所选定的边界。

（7）自动编程中工艺参数设置。

① 切削步距。

切削步距指定切削刀路间的距离。可通过输入一个常数值或刀具直径的百分比，直接指定该距离；也可通过输入波峰高度并允许系统计算切削刀路间的距离，间接指定该距离，如图 1-26 所示。

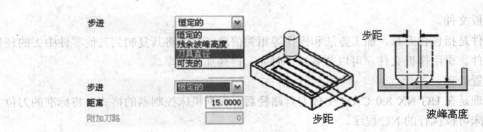

图 1-26　切削步距

- 恒定的：允许指定连续切削刀路间的固定距离。如果指定的刀路间距不能平均分割所在区域，系统将减小这一刀路间距以保持恒定步进。
- 残余波峰高度：允许指定残余波峰高度（两个刀路间剩余材料的高度），从而在连续切削刀路间建立起固定距离。系统将计算所需的步进距离，从而使刀路间剩余材料的高度不大于指定的残余波峰高度。由于边界形状不同，所计算出的每次切削的步进距离也不同。为保护刀具在切除材料时负载不至于过重，最大步进距离被限制在刀具直径长度的三分之二以内。

图 1-27　有效的刀具直径

- 刀具直径：允许指定刀具直径的百分比，从而在连续切削刀路之间建立起固定距离。如果刀路间距不能平均分割所在区域，系统将减小这一刀路间距以保持恒定步进，如图 1-27 所示。
- 可变的：可以为"往复"、"单向"和"单向轮廓"创建步进，该步进距离能够不断调整以保证刀具始终与边界相切并平行于 Zig 和 Zag 切削。对于"跟随周边"、"跟随工件"、"轮廓"和"标准驱动"模式，"可变"允许用户指定多个步进大小以及每个步进大小所对应的刀路数量，如图 1-28 所示。

图 1-28　可变步距

② 切削方式。

- 往复式切削 ≣ Zig-Zag：产生一系列平行连续的线性往复式刀轨，因此切削效率高。这种切削方法顺铣和逆铣并存。改变操作的顺铣和逆铣选项，不影响其切削行为。但是如果启用操作中的清壁，会影响清壁刀轨的方向以维持清壁是纯粹的顺铣和逆铣。
- 单向切削 ≣ Zig：产生一系列单向的平行线性刀轨，因此回程是快速横越运动。Zig 能够维持单纯的顺铣或逆铣。
- 跟随周边 ◙：产生一系列同心封闭的环行刀轨，这些刀轨的形状是通过偏移切削区的外轮廓获得的。

跟随周边的刀轨是连续切削的刀轨，且基本能够维持单纯的逆铣或顺铣，因此既有较高的切削效率，也能维持切削稳定和加工质量。

- 跟随工件 ◙：产生一系列由零件外轮廓和内部岛屿形状共同决定的刀轨。
- 配置文件 ◙：产生单一或指定数量的绕切削区轮廓的刀轨，主要是实现对侧面轮廓的精加工。

③ 进刀/退刀。

它是用来设置进/退刀参数的。它定义了刀具进刀/退刀距离和方向以及刀具运动的传送方式，如图 1-29 所示。

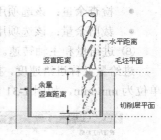

图 1-29　进刀/退刀

- 安全距离：安全距离是指当刀具转移到新的切削位置或者当刀具进刀到规定的深度时，刀具离工件表面的距离。它包含了水平距离、竖直距离和最小安全距离。图 1-29 很好地说明了安全距离选项的定义。
- 水平距离：水平距离是指刀具移动并趋近工件周壁的最大距离。它是围绕工件侧面的一个安全带，是刀具沿水平方向移动并接近工件侧面时，由接近速度转为进刀速度的位置。水平安全距离将刀具半径考虑进去，应当输入一个大于或等于零的值。
- 竖直距离：竖直距离是指从毛坯面或者前加工表面到零件面的竖直方向的距离。竖直距离同时也指定刀具在切削平面上的这个距离内将停止接近移动，并开始进刀移动。
- 传送方式：传送方式是指刀具从一个切削区域转移到另一个切削区域时，刀具先退到指定的平面，再水平移动到下一个切削区域的进刀点位。

④ 切削顺序的设置。

- 层优先：选择该下拉选项，指定刀具在切削零件时，切削完工件上所有区域的同一高度的切削层之后再进入下一层的切削。
- 深度优先：选择该下拉选项，指定刀具在切削零件时，将一个切削区域的所有层切削完毕后再进入下一个切削区域进行切削。

⑤ 切削方向的设置。

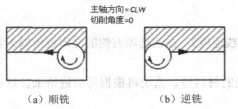

图 1-30　顺、逆铣切削方向

- 顺铣切削：顺铣是指刀具旋转时产生的切线方向与工件的进给方向相同，如图 1-30（a）所示。
- 逆铣切削：逆铣是指刀具旋转时产生的切线方向与工件的进给方向相反，如图 1-30（b）所示。
- 向外：向外是指刀具从里面下刀向外面切削。
- 向内：向内是指刀具从外面下刀往里面切削。

⑥ 切削角。

切削角指刀具切削轨迹和坐标系 X 轴的夹角。

⑦ 余量。

余量指定了切削加工后，工件上未切削的材料量。

● 部件侧面余量：该选项用来指定当完成切削加工后，工件侧壁上尚未切削的材料量。它一般用于粗加工中设置加工余量，以便后续精铣时切除。

● 部件底面余量：该选项用来指定完成切削加工后，工件底面或岛屿顶部尚未切削的材料量。

● 毛坯余量：系统在计算刀具轨迹的时候，需要知道零件与毛坯的差异，从而产生刀具轨迹以去除余量。设置了毛坯余量相当于把毛坯放大（或缩小）了，系统就会产生更多（或更少）的刀具轨迹以去除放大（或缩小）了的毛坯。

● 检查余量：该选项用来指定刀具与检查几何体之间的偏置距离。

● 裁剪余量：该选项用来指定刀具与裁剪几何体之间的偏置距离。

⑧ 进给量和主轴转速。

进给量又称进给速度，指工件对铣刀每分钟进给量（每分钟工件沿进给方向移动的距离），其单位为 mm/min，如图 1-31 所示。

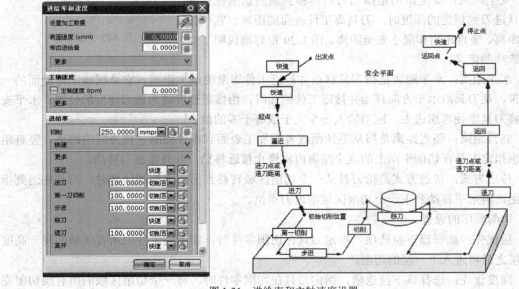

图 1-31　进给率和主轴速度设置

主轴转速指每分钟主轴转速，如图 1-31 所示。

● 表面速度：该选项用来指定刀具的切削速度（线速度）。在该选项右侧的文本框内输入数值即可指定刀具的切削速度，也就是 Vc。

● 每齿进给：该选项用来指定刀具的每一齿切削的材料量。系统将根据每齿进给来计算进给速度，相当于 fz。

● 主轴速度：根据表面速度和每齿进给，系统由公式 $n=1\,000*Vc(PI*D)$ 自动计算主轴转速。

式中，n 为主轴转速，Vc 为曲面速度，PI 为圆周率，D 为刀具直径。

1.6.1　加工前的准备工作

在应用 NX 进行加工编程之前，一般先要进行一些辅助准备工作，包括模型分析、创建毛坯和创建加工模型等，这些工作大多数也可以在创建操作时进行。

模型分析的目的：

① 测量模型外形的长、宽、高等尺寸，确定在机床上的装夹方式和加工方式（是一次加工或是分次加工、是先加工正面或是侧面等）。

② "定刀"是在编程中必不可少的工作，就是需要了解要用多大的刀具进行加工、多长的刀具（加工深度）、是用平刀还是球刀或是牛鼻刀等。

1．模型分析

模型分析主要分析模型的结构、大小和圆角的半径等。模型的大小决定了开粗使用多大的刀具，模型的结构决定了是否需要线切割加工等其他加工方式，圆角半径的大小决定了精加工时需要使用多大的刀清角。

（1）分析模型尺寸。

使用测量距离命令可以计算两对象之间的距离、曲线长度或圆弧、圆周边或圆柱面的半径。单击【分析】→【测量距离】，弹出【测量距离】对话框，直接点选两个点或点选两个面或点选两条直线，或者点选点与面、点与直线、直线与面等，都能直接测量出两者之间的最短距离，如图 1-32 所示。这里需注意的是，所测量的值与坐标系有关。

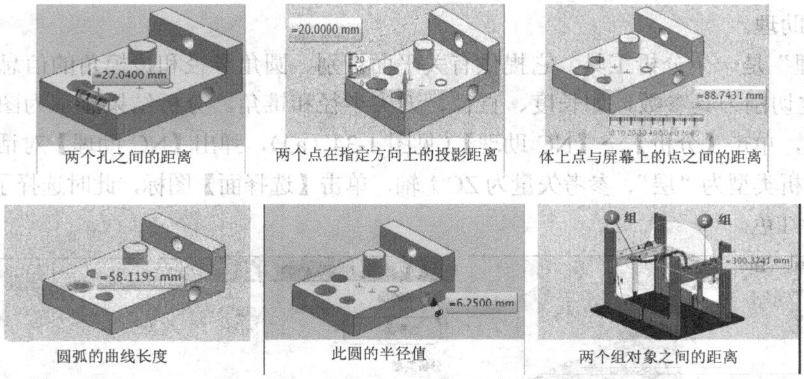

两个孔之间的距离　　　两个点在指定方向上的投影距离　　　体上点与屏幕上的点之间的距离

圆弧的曲线长度　　　此圆的半径值　　　两个组对象之间的距离

图 1-32　测量距离图示说明

① 距离：测量两个对象或点之间的在 X、Y、Z 三个方向上的最短距离。

② 投影距离：测量两个对象之间的在指定矢量方向上的投影距离，也可以说是在指定矢量方向上的最短距离。

③ 屏幕距离：测量屏幕上对象的距离。使用此选项可测量屏幕上两对象之间的近似 2D 距离。使用放大或缩小图形，结果则不同。

④ 长度：测量选定曲线的真实长度。

⑤ 半径：测量指定曲线的半径。

⑥ 组间距：测量两组对象之间每个组中的对象。

各个概念的图示说明如图 1-32 所示。

（2）分析圆角半径。

打开一个模型文件，并进入加工环境|单击主菜单栏中【分析】|【最小半径】（见图 1-33（a）），弹出【最小半径】对话框。框选整个工件后，单击确定或按下中键后退出对话框，显示为图 1-33（b）所示，在模型上显示出最小圆角部位，同时在【信息】对话框中显示出最小圆角半径值为 $R=2.5$。说明我们必须用小于直径 $D=5$ 的刀具才能完全加工干净此工件。

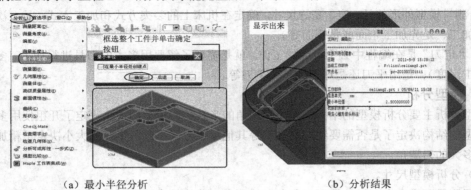

（a）最小半径分析　　　　　　　　　　　　（b）分析结果

图 1-33　最小半径分析

也可以不用框选的方法，而是用单选的方法去直接选择某些圆角部位，而显示出此部位的最小半径值。

注意：此工具仅能分析圆角部位，而对于曲面则不能分析。

（3）NC 助理。

"NC 助理"是一个分析工具，它提供有关平面级别、圆角半径和拔模角的信息。该信息可以帮助用户确定切削刀具参数，如长度、直径、刀尖半径和锥角。分析结果显示为图形和文本。

打开模型，单击【分析】→【NC 助理】（见图 1-34（a）），弹出【NC 助理】对话框（见图 1-34（b））。选择分析类型为"层"、参考矢量为 ZC↑轴，单击【选择面】图标，此时选择了整个工件，工件高亮显示为红色。

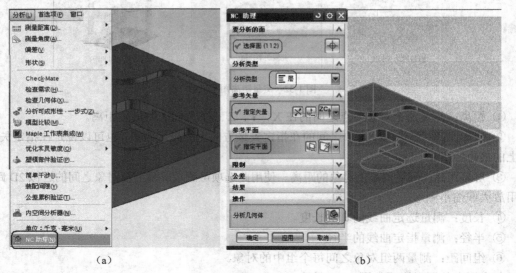

（a）　　　　　　　　　　　　　　（b）

图 1-34　NC 助理

单击【应用】按钮或单击分析几何体图标，工件模型变为图 1-35（a）所示形式，图中凡是变了颜色的面（相对于分析前）全部是平面。此工件中有 4 个（红、黄、蓝、绿）平面。如果单击，则退出对话框时依然会保持这些颜色标示。

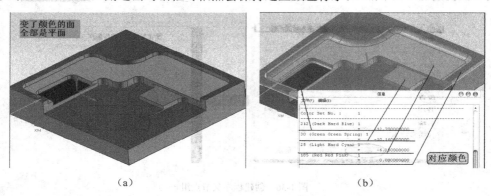

（a）　　　　　　　　　　　　　　　　（b）

图 1-35　NC 助理分析结果

如果在分析时指定了参考的平面，那么单击图标分析几何体后再单击，就会弹出【信息】对话框。在此对话框中列出了所有颜色的平面信息，而且有这些平面相对于参考平面的距离值——这从而确定最深平面的深度值，由此来确定所用刀具的最小深长度，如图 1-35（b）所示。

2. 创建毛坯

毛坯主要用于定义加工区域范围，便于控制加工区域，使系统生成简洁、高效的刀具轨迹，以及存模拟刀具路径时观察零件的成型过程。毛坯的类型包括线边界定义毛坯和实体定义毛坯。

在进入加工模块前，应该在建模环境下建立用于加工零件的毛坯模型。有时还需要绘制一些封闭曲线作为边界几何。创建毛坯可以采用以下几种方法。

（1）直接建模建立毛坯。打开待加工模型，按照和零件的位置关系，通过建模建立毛坯模型，是最为常用的方法。

（2）导入外部模型。打开所需要加工的零件模型，然后在该零件中通过 UG NX 的文件导入操作导入将要加工的零件毛坯。在加工零件的毛坯为铸件、锻件或半成品时，该方法较为常用。

（3）偏置零件模型。打开所需要加工的零件模型，然后通过偏置零件的表面来创建毛坯。

毛坯模型可以是独立模型，也可以与要加工的零件装配为一个整体。常用零件模型和毛坯模型分开并采用装配的方法组合进行加工，这样加工信息和零件主模型信息相互分开，一方面可以保护加工信息不被其他人员意外破坏，另一方面可以方便地添加定位元件、夹紧机构或夹具体等部件。

1.6.2　父节点组的创建

创建父节点组是执行数控编程的第一环节，也是非常关键的一个环节。这是因为在该操作环节中需要定义，父节点组包含程序、刀具、方法和几何体这 4 部分数据内容。凡是在父节点组中指定的信息都可以被操作所继承，因此这些参数决定加工起点、范围和成败。

1. 创建程序

程序组主要用来管理各加工操作和排列各操作的次序。在操作很多的情况下，用程序组来管理程序会比较方便。如果要对某个零件的所有操作进行后处理，可以直接选择这些操作所在的父节点组，系统就会按操作在程序组中的排列顺序进行后处理。

单击【导航器】工具栏中的【程序顺序视图】按钮，可将当前操作导航器切换至程序视图。然后单击【插入】工具栏中的【创建程序】按钮，打开【创建程序】对话框。此时按照如图 1-36 所示的步骤创建程序父节点组，新创建的节点 PROGRAM_1 将位于导航器中。

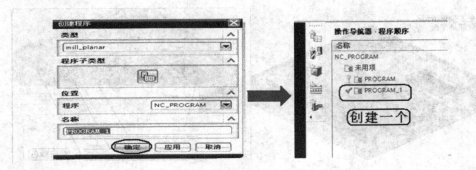

图 1-36　创建程序父节点组

在指定新创建的程序名称时，不能使用数字表示，只能使用字母表示，并且字母之间不能有空格。如果在创建时未指定父节点组，可以通过鼠标拖动其至某个想继承其参数的父节点组下面，来继承父节点组的所有参数。当然，若零件包括的操作较少，可以不创建程序组，而直接使用系统初始化默认的程序组。

2．创建刀具

NX CAM 在加工过程中，刀具是从毛坯上切除材料的工具，在创建铣削、车削或是孔加工操作时必须创建刀具或从刀具库中选择刀具。创建或选择刀具时，应考虑加工类型、加工表面形状和加工部位尺寸等因素。

各种类型的刀具创建步骤基本相同，只是参数设置有所不同。在【加工创建】工具条中单击（创建刀具）按钮，或在主菜单上选择【插入（S）】→【刀具（T）】命令，弹出【创建力具】对话框。选择不同的加工模板，【创建刀具】对话框会有所不同，在对话框的【类型】下拉列表框内选择模板零件后，对话框即变为对应的【创建刀具】对话框。在该对话框中设置刀具的有关参数，刀具参数设置好后，单击 确定 按钮即可完成刀具创建。

（1）创建铣刀。

铣刀是实际加工中最为常用的刀具类型。图 1-37 所示为创建铣削操作时的【创建刀具】对话框。在铣削加工中，铣刀的类型很多，有立铣刀、面铣刀、T 形铣刀、鼓形铣刀和螺纹铣刀等。

（2）创建孔加工刀具。

孔加工刀具包括麻花钻、铰刀和丝锥等。在【创建刀具】对话框中的【类型】选项中选择【drill】或【hole_making】时，对话框切换到如图 1-38 所示的【创建刀具】对话框。

【创建刀具】对话框的刀具子类型区域显示了各种孔加工刀具的模板，选择好子类型后，单击 确定 按钮，系统将弹出子类型对应的【刀具参数】对话框。图 1-39 所示的是选择（钻头）子类型时弹出的【钻刀】对话框。

（3）创建车刀。

车削刀具的创建主要在于车削刀片的定义。常见的车削刀片按 ISO/ANSI/DIN 或刀具厂商标准划分，NX 车削支持所有这些刀具。在【创建刀具】对话框中的【类型】选项中选择【turning】时，对话框切换到如图 1-40 所示的车削【创建刀具】对话框。通过它可以创建标准车刀、杯形车刀、螺纹车刀和成形车刀等。

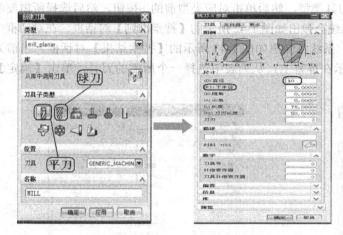

图 1-37　创建铣刀刀具父节点组

图 1-38　【创建刀具】对话框

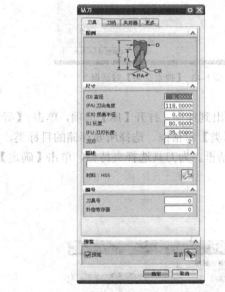
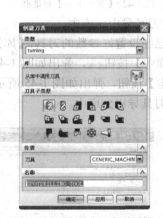

图 1-39　【钻刀】对话框

图 1-40　【创建车刀】对话框

【创建刀具】对话框的刀具子类型区域显示了各种车削刀具的模板,选择好子类型后,单击【确定】按钮,系统将弹出子类型对应的【刀具参数】对话框。

（4）刀具库。

NX 8.0 通过刀具库来管理常用的刀具。在创建刀具时,可以从刀具库中调用刀具,也可以将创建好的刀具存入刀具库中,方便以后调用。

① 从刀具库中调用刀具。

在【创建刀具】对话框中,【库】选项用来从刀具库中调用刀具。打开该选项,单击【从库中调用刀具】按钮,弹出如图 1-41

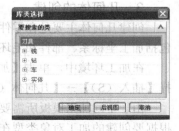

图 1-41　【库类选择】对话框

所示的【库类选择】对话框,可选的刀具选项包括【铣】、【钻】、【车】和【实体】。

选择刀具时,首先要确定加工刀具类型,然后单击对应类型前的⊞按钮,然后选择所需要的刀具子类型,单击【确定】按钮,系统会弹出如图 1-42 所示的【搜索准则】对话框。在对话框中输入查询条件,单击【确定】按钮,系统将弹出如图 1-43 所示的【搜索结果】对话框,当前刀具库中符合搜索条件的刀具列表显示在屏幕上,从列表中选择一个所需的刀具,单击【确定】按钮即可。

图 1-42　【搜索准则】对话框　　　　　　图 1-43　【搜索结果】对话框

② 将刀具导出到库中。

对于已经设置好参数的刀具,【库】选项用来将刀具导出到库中。打开【库】选项,单击 【导出刀具到库中】按钮，弹出如图 1-44 所示的【选择目标类】对话框。选择所要存储的目标类,单击【确定】按钮,弹出如图 1-45 所示的【模板属性】对话框。为刀具选择夹持器,单击【确定】按钮即将刀具导出到库中。

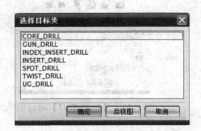

图 1-44　【选择目标类】对话框　　　　　　图 1-45　【模板属性】对话框

3. 几何体的创建

创建几何体主要是在零件上定义要加工的几何对象和指定零件在机床上的加工位置。几何体包括加工坐标系、部件和毛坯,其中,机床坐标属于父级,部件和毛坯属于子级。

在加工环境中,单击【加工创建】工具条中的 【创建几何体】按钮，或者在主菜单上选择【插入(S)】→【几何体(G)】命令,系统会弹出如图 1-46 所示的【创建几何体】对话框。

由于不同加工模板所需要创建的几何体不同,应当在【类型】下拉列表中选择不同的模板,根据要创建的加工对象类型在【几何体子类型】中选择要创建的几何体子类型,在【几何体】下拉式列表中选择父节点组，并在【名称】文本框中输入要创建的几何体名称后，单击【确定】按钮，系统根据所选择的几何模板类型，弹出相应的对话框，供用户进行几何对象的具体定义，如图 1-47 所示。

在各对话框中完成对象的选择和参数设置后，单击【确定】按钮，返回【创建几何体】对话框。在所选择的父节点组下创建指定名称的几何组，并显示在工序导航器的几何视图中。如图 1-48 所示，新建了名为 GEOMETRY 的几何体组，其父节点组为 MCS_MILL。在工序导航器中可以修改新建几何体组的名称，也可以通过右键对几何体组进行编辑、剪切、复制等操作。

图 1-46 【创建几何体】对话框　　　　图 1-47 【MCS】对话框　　　　图 1-48 工序导航器

在创建几何体时所选择的父节点组确定了新建几何体组与存在几何体组的参数继承关系，新建几何体组将继承其父节点组的所有参数。在操作导航器的几何视图中，几何体组的相对位置决定了它们之间的参数关系，下一级几何体组继承上一级几何体组的参数。当几何体组的位置关系发生改变时，其继承的参数会随位置变化而改变。可以在操作导航器中通过剪切和粘贴的方式，或者直接拖动方式改变其位置，从而改变几何体组的参数继承关系。

（1）创建机床坐标。

首先，在编程界面的左侧单击【操作导航器】按钮 ，使操作导航器显示在界面中。在操作导航器中的空白处单击鼠标右键，然后在弹出的快捷菜单中选择【几何视图】命令，如图 1-49 所示。

（2）在操作导航器中双击 MCS_MILL 图标，如图 1-50 所示，弹出【Mill Orient】对话框；接着设置安全距离，如图 1-51 所示；然后单击按钮 ，弹出【CSYS】对话框，如图 1-52 所示；再选择当前坐标为机床坐标或重新创建坐标；最后单击 确定 按钮两次。

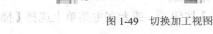

图 1-49 切换加工视图　　　　　　　　　　　　图 1-50 双击图标

图 1-51　设置安全距离

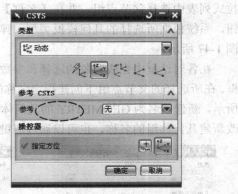

图 1-52　选择或设置坐标

机床坐标一般在工件顶面的中心位置，所以创建机床坐标时，最好先设置好当前坐标，然后在【CSYS】对话框中设置【参考】为 WCS。

（3）指定部件几何体。

双击 WORKPIECE 图标，弹出【Mill Geom】对话框，如图 1-53 所示；在【Mill Geom】对话框中单击【指定部件】按钮，弹出 【部件几何体】对话框，如图 1-54 所示；然后选择部件或单击【全选】按钮；最后单击【确定】按钮。

图 1-53　【Mill Geom】对话框

图 1-54　【部件几何体】对话框

（4）指定毛坯几何体。

在【Mill Geom】对话框中单击【指定毛坯】按钮，如图 1-55 所示；弹出【部件几何体】对话框，如图 1-56 所示；然后选择部件或单击【全选】按钮；最后单击【确定】按钮两次。

4．加工方法的创建

通常情况下，为了保证加工的精度，零件加工过程中需要进行粗加工、半精加工和精加工等几个步骤，它们的主要差异在于加工余量、公差和表面加工质量等。创建加工方法就是为粗加工、半精加工和精加工指定统一的加工公差、加工余量、进给量等参数。

在加工环境中，单击【加工创建】工具条中的【创建方法】按钮，或者在主菜单上选择【插入（S）】→【方法（M）】命令，系统将会弹出如图 1-57 所示的【创建方法】对话框。

图 1-55 【Mill Geom】对话框

图 1-56 【部件几何体】对话框

根据加工类型，在【类型】下拉列表中选择不同的模板，在【方法子类型】列表中选择已经存在的加工方法作为父节点组，并在【名称】文本框中输入要创建的方法名称后，单击【确定】按钮，系统根据所选择的操作类型，弹出相应的创建方法对话框，用于具体指定加工方法的参数值，在对应的文本框中输入部件余量、公差，设置好切削方法及进给等参数后，单击【确定】按钮，完成加工方法的创建，返回【创建方法】对话框。

下面以铣削为例说明了加工方法的创建步骤及其参数设置。车、钻、线切割等加工方法将在相关章节进行详细的说明。

图 1-58 所示的是【铣削方法】对话框，主要包括【余量】、【公差】、【刀轨设置】和【选项】4 项需要设置的参数。

图 1-57 【创建方法】对话框

图 1-58 【铣削方法】对话框

（1）余量。

设置部件余量为当前所创建的加工方法指定加工余量，即零件加工后剩余的材料。这些材料在后续加工操作中被切除。余量的大小应根据加工精度要求来确定，一般粗加工余量大，半精加工余量小，精加工余量为 0。余量参数还可以单击【继承】按钮，沿用其他数值，引用后，余量参数与原引用处数值保持相关性，并且引用该加工方法的所有操作都有相同的余量。

（2）公差。

内、外公差指定了在加工过程中刀具偏离零件表面的最大跟离，其值越小则表示加工精度越高。其中，内公差限制刀具在加工过程中越过零件表面的最大过切量；外公差显示刀具在加工过程中没有切至零件表面的最大间隙量。

（3）刀轨设置。

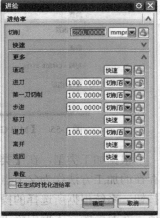

在该面板中可设置进给量和切削方式，其中单击【切削方法】按钮▦，可在打开的对话框中选择加工方式作为当前加工方法的切削方式；单击【进给】按钮▐▗，即可在打开的对话框中设置切削深度、进刀和退刀等参数值，如图 1-59 所示。此外，还可根据需要定义对象颜色和显示方式，其方式与以上两种工具的定义方法完全相同，这里不再赘述。

5．创建操作

创建操作包括创建加工方法、设置刀具、设置加工方法和参数等。当用户根据零件加工要求建立程序组、刀具组、几何组和加工方法组之后，就可以利用以上父节点组创建操作。当然，在没有建立程序组、刀具组、几何组和加工方法组的情况下，也可以通过引

图 1-59 【进给】对话框

用模板提供的默认对象创建操作，在进入对话框以后再进行几何体、刀具、加工方法等的创建或选择。在【加工创建】工具条中单击【创建操作】按钮▐▗，弹出【创建操作】对话框，如图 1-60 所示。首先在【创建操作】对话框中选择类型，接着选择操作子类型，然后选择程序名称、刀具、几何体和方法。

图 1-60   【创建操作】对话框

在【创建操作】对话框中单击【确定】按钮即可弹出新的对话框，从而进一步设置加工参数。

下面以图形的方式详细介绍最常用的几种操作子类型，如表 1-8 所示。

表 1-8   常用的操作子类型及说明

序号	操作子类型	加工范畴	图解
1	面铣加工（face-mill）	适用于平面区域的精加工，使用的刀具多为平底刀	
2	表面加工（planar-mill）	适用于加工阶梯平面区域，使用的刀具多为平底刀	
3	型腔铣（cavity-mill）	适用于模坯的开粗和二次开粗加工，使用的刀具多为飞刀（圆鼻刀）	
4	等高轮廓铣（zlevel-profile）	适用于模具中陡峭区域的半精加工和精加工，使用的刀具多为飞刀（圆鼻刀），有时也会使用合金刀或白钢刀等	
5	固定轴区域轮廓铣（contour-area）	适用于模具中平缓区域的半精加工和精加工，使用的刀具多为球刀	

1.6.3　刀具路径的管理

刀具路径管理包括生成刀具路径、编辑刀具路径、重显刀具路径、模拟显示刀具路径和输出刀具路径，以及编辑刀具位置源文件等工作。

在 UG NXS 加工环境中，可在多个位置进行刀具路径管理工作。

（1）在各加工类型操作对话框中，单击对话框中的【操作】选项组中的按钮。

（2）选择【工具】→【操作导航器】→【刀轨】子菜单中的命令。

（3）单击【加工操作】工具条中的按钮。

（4）在操作导航器选择某一操作，单击鼠标右键，在弹出的菜单上选择【刀轨】子菜单中的命令。

1．生成刀具路径

生成刀具路径时，首先在操作导航器中选择一个或多个需要生成刀具路径的操作，或者选择包含操作的程序组，然后单击【加工操作】工具条中的按钮 ，或选择【工具】→【操作导航器】→【刀轨】→【生成】命令，或在操作导航器的快捷菜单中选择【生成】命令，或单击操作对话框中的按钮 ，则生成第一个操作的刀具路径后，弹出如图 1-61 所示的【刀轨生成】对话框。设置各项参数后，单击【确定】按钮，可依次生成其他操作的刀具路径。【显示选项】列表中有 3 个复选框，说明如下。

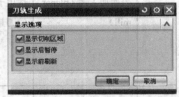

图 1-61　【刀轨生成】对话框

（1）显示切削区域：选中后，在每个切削层显示刀具路径前显示切削区域的轮廓。

（2）显示后暂停：选中后，在每个切削层上显示刀具路径后暂定。清除该复选框，则在各切削层上连续生产刀具路径。

（3）显示前刷新：选中后，在每个切削层上显示刀具路径前刷新图形窗口。

2．刀具路径重播

刀具路径重播在图形窗口中显示已生成的刀具路径。通过重播刀具路径，可以验证刀具路径的切削区域、切削方式、切削行距等参数。当生成一个刀具路径后，需要通过不同的角度进行观察，或者对不同部位进行观察。设定了窗口显示范围后，进行重播，可以从不同角度查看刀具路径。在默认情况下，UG NX 8.0 所产生的刀具路径是不显示在绘图区域的，当需要进行刀具路径的确认、检验时，可以通过以下 4 种方式进行刀具路径回放。

（1）在操作导航器中选择所需重播的刀具路径，单击工具条中的按钮 。

（2）在操作导航器中选择所需重播的刀具路径，单击鼠标右键，在弹出的快捷菜单中选择【重播】命令。

（3）在操作导航器中选择所需重播的刀具路径，在主菜单上依次选择【工具】→【操作导航器】→【刀轨】→【重播】命令。

（4）在操作对话框下部单击 按钮，可对已生成的当前刀具路径进行重播。

如果选项选择的操作经过参数修改，而没有重新生成，进行重播时，显示的将是原先已生成的刀具路径；如果没有已生成的刀具路径，则不做显示。

3．列出刀具路径信息

对于已生成的刀具路径的操作，可查看各操作所包含的刀具路径信息。将在屏幕上弹出信息窗口，列出 CLSF 文件，其中列出了操作所包含的刀具路径信息，如 GOTO 命令、进给量、机床控制、路径显示控制以及辅助说明等。

通过单击【加工操作】工具条中的【列出刀轨】按钮，或选择【工具】→【操作导航器】→【刀轨】→【列表】命令，或在操作导航器的快捷菜单中选择【刀轨】→【列表】命令，或单击操作对话框中的图标，系统均可弹出如图 1-62 所示的【信息】窗口。

图 1-62 【信息】对话框

4. 刀具路径模拟

对于已生成的刀具，可在图形窗口中以线框形式或实体形式模拟刀具路径，让用户在图形方式下更直观地观察刀具的运动过程，以验证各操作参数定义的合理性。实体模拟切削可对工件进行比较逼真的模拟切削，通过切削模拟可以提高程序的安全性和合理性。切削模拟以实际加工 1%的时间并且在不造成任何损失的情况下检查零件过切或者未铣削到的现象，通过实体切削模拟可以发现在实际加工时存在的某些问题，以便编程人员及时修正，避免工件报废。通过实体模拟切削还可以反映加工后的实际形状，为后面的程序编制提供直观参考，但切削模拟占用编程人员和计算机的时间。

模拟刀具路径时，应先在操作导航器中选择一个或多个已生成刀具路径的操作，或者选择程序组（其中各操作都已生成刀具路径）；再单击【加工操作】工具条中的【校验刀轨】按钮或选择【工具】→【操作导航器】→【刀轨】→【确认】命令，或在操作导航器的快捷菜单中选择【刀轨】→【确认】命令，或单击操作对话框中的图标，弹出如图 1-63 所示的【刀轨可视化】对话框。选择刀具路径显示模式后，再单击该对话框底部的按钮，即可模拟刀具的切削运动。

图 1-63 【刀轨可视化】对话框

以下为【刀轨可视化】对话框中一些选项的说明。

（1）动画速度：用于改变动画的速度。调整速度时，可移动其下方滑块的位置。越靠近 1，动画速度越慢；越靠近 10，动画速度越快。

（2）播放控制区域：共有 7 个按钮，其中前 6 个按钮用于控制播放，具体介绍如下。

：该按钮有两个作用，如果刀具位于刀具路径的起始点，单击该按钮，则跳到前一个操作对应的刀具路径；如果刀具不是位于刀具路径的开始位置，单击该按钮，则跳到当前刀具路径的起始点。

：单击该按钮，反向单步播放。

：单击该按钮，反向播放。

：单击该按钮，正常播放。

：单击该按钮，正向单步播放。

：该按钮用于选择后一个操作对应的刀具路径。

：该按钮用于停止当前播放的刀具路径。

5. 刀具路径编辑

对于已经生成的刀具路径，可在图形方式下用刀具路径编辑器对其进行编辑，并在图形窗口中观察编辑结果。

　　编辑刀具路径时，应先在操作导航器中选择一个或多个已生成刀具路径的操作，再单击【加工操作】工具条中的【编辑刀轨】按钮，或选择【工具】→【工序导航器】→【刀轨】→【编辑】命令，或在操作导航器的快捷菜单中选择【刀轨】→【编辑】命令，弹出如图 1-64 所示的【子操作】对话框。在对话框上部的刀具路径列表框中，列出了当前操作包含的刀具路径命令，同时在图形窗口中显示当前所选操作的刀具路径。

　　在【刀轨编辑器】对话框中编辑刀具路径的步骤是：首先选择要编辑的刀具路径段，然后选择编辑类型，再指定编辑参数。

　　选择刀具路径时，可在【刀具路径】下拉列表框中选择。当下拉列表框中选择某刀具移动命令时，在图形窗口中将高亮显示对应的刀具路径，单击刀具自动移到相应的刀位点。如果用鼠标在图形窗口中选择刀具路径，则所选刀具路径以高亮显示，并且刀具自动移到刀位点上，同时【刀具路径】下拉列表框中对应的命令也以高亮显示。

　　（1）编辑。

　　刀轨生成以后，在【操作导航器】上单击【程序顺序视图】，选取需要进行编辑的刀轨。单击鼠标右键，打开快捷菜单，选

图 1-64　【子操作】对话框

择【刀轨】→【编辑】命令，如图 1-65 所示。编辑选项的主要功能是编辑现行刀具的各种参数值，包括刀具的直径、长度及编号等，其参数设置表与新建刀具相同。其中包括这时候系统将打开如图 1-66 所示的【刀轨生成】对话框。在其中可以设置刀轨的生成参数。

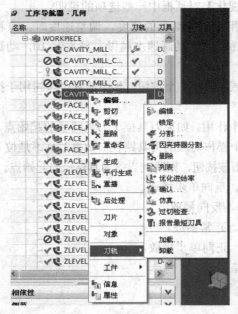

图 1-65　刀轨编辑

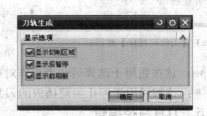

图 1-66　【刀轨生成】对话框

提示：当刀具编辑后，已建立的使用该刀具的所有刀具轨迹都将失效，需要进行重新计算。

（2）剪切。

剪切选项的主要功能是将指定的刀具剪切出来，粘贴到不同的位置。

提示：剪切时将同时剪切下使用该刀具的所有刀具轨迹。

（3）复制。

复制选项的主要功能是复制现行刀具，产生另一个不同名称的同型刀具。

（4）粘贴。

粘贴选项的主要功能是将已复制或剪切的刀具粘贴在当前位置，产生另一个不同名称的同型刀具。

（5）删除。

删除选项将删除在列表刀具资料区中指定的刀具。删除时将同时删除使用该刀具的刀具轨迹。

（6）重命名。

重命名选项用于对刀具进行重新命名，即将现行刀具的名称变更。

1.6.4 数控程序的后处理

1．数控程序的后处理系统

数控机床的所有运动和操作都是执行指定的数控指令的结果，完成一个零件的数控加工一般需要连续执行一连串的数控指令，即数控程序。手工编程方法根据零件的加工要求与所选数控机床的数控指令集编写数控程序，直接输入数控机床的数控系统。这种方法对于简单二维零件的数控加工是非常有效的，一般熟练的数控机床操作者根据工艺要求便能完成。

数控编程方法则不同，经过刀具轨迹计算产生的是刀位原文件，而不是数控程序。因此，这时需要设法把刀位原文件转换成指定数控机床能执行的数控程序，采用通信的方式或 DNC 方式输入数控机床的数控系统，才能进行零件的数控加工。

把刀位源文件转换成数控机床能执行的数控程序的过程称为后置处理（Post Processing）。后置处理过程原则上是解释执行，即每读出原文件中的一个完整的记录，便分析该记录的类型，根据记录类型确定是进行坐标变换还是进行文件代码转换，然后根据所选数控机床进行坐标变换或文件代码转换，生成一个完整的数控程序段，并写到数控程序文件中去，直到刀位源文件结束。

2．通用后处理系统

（1）通用后处理系统的原理。

后处理系统分为专用后处理系统和通用后处理系统。前者一般是针对专用数控编程系统和特定数控机床开发的专用后处理系统，通常直接读取刀位源文件中的刀位数据，根据特定的数控机床指令集及代码格式将其转换成数控程序输出。这类后处理系统在一些专用（非商品化）数控编程系统中比较常见，这是因为其刀位源文件格式简单，不受 IGES 标准的过程的约束，机床特性一般直接编入后处理程序之中，而不要求输入数控系统特性文件，后处理过程的针对性很强，一般只用到数控机床的部分指令，程序的结构比较简单，实现起来也比较容易。

通用后处理系统一般是指后处理程序功能的通用化，要求能针对不同类型的数控系统对刀位源文件进行后处理，输出数控程序。一般情况下，通用后处理系统要求输入标准格式的刀位源文件和数控系统数据文件或机床数据文件，输出的是符合该数控系统指令集及格式的数控程序。

（2）通用后处理系统设计的前提条件。

尽管不同类型的数控机床（主要是指数控系统）的指令和程序段格式不尽相同，彼此之间有一定的差异，但仍然可以找出它们之间的共同性，主要体现在以下几个方面。

① 数控程序都由字符组成。

② 地址字符意义基本相同。

③ 准备功能 G 代码和辅助功能 M 代码功能的标准化。

④ 文字地址加数字的指令结合方式基本相同，如 G01、M03、X103、Y46、S600 等。

⑤ 数控机床坐标轴的运动方式种类有限。

⑥ 同类型数控机床的这些共同性是通用后处理系统设计的前提条件。

（3）通用后处理系统的应用。

一般来说，一个通用后处理系统是某个数控编程系统的一个子系统，要求刀位源文件是由该数控编程系统刀位计算之后生成的，对数控系统特性文件的格式有严格的要求。

如果某数控编程系统输出的刀位源文件格式符合 IGES 标准，那么只要其他某个数控编程系统输出的刀位源文件也符合 IGES 标准，该通用后处理系统便能处理其输出的刀位源文件，即后处理系统在不同的数控编程系统之间具有通用性。目前，国际上流行的商品化 CAD/CAM 集成系统中，数控编程系统的刀位源文件格式都符合 IGES 标准，它们所带的通用后处理系统一般可以通用。

数控系统特性文件的格式说明附属于通用后处理系统说明之中。一般情况下，软件商提供给用户的是应用较为广泛的用 ASCII 码编写的数控系统文件，如 MasterCAM 系统中就提供了市场上常见的各种数控系统的数据文件（.pst）。如果用户在使用过程中还有其他数控系统，可以根据数控系统特性文件的格式说明，在已有数控系统特性文件的基础上生成所需的数控系统特性文件。

也有的软件商提供给用户一个生成数控系统数据文件的交互式对话程序，用户只需要运行该程序，一一回答其中的问题，便能生成一个所需数控机床的数控系统数据文件。如 Pro/E CAM 系统中的后处理就采用了这种模式，一方面提供给用户一个典型的默认机床数据文件（ncpost.pdf），另一方面还提供给用户一个生成数控系统的机床数据文件的交互式对话程序，用户运行该程序，一一回答问题，生成特定的后处理器。

（4）通用后处理程序的编制方法。

后处理程序一般由数控软件开发商根据不同的控制系统、不同的数控机床结构，编辑大量的专用后处理软件，用户可选购。用户自己编制，目前有 3 种方法。

第 1 种方法：利用高级语言编写，缺点是工作量大，编制困难，对设计好的编制程序修改很困难，需要有经验的专门的软件人员。

第 2 种方法：数控软件厂商提供一个通用后处理软件，同时用户可以通过人机对话的形式，回答提出的一些问题，用来确定一些具体的参数，用户回答后，就形成了针对具体数控机床的后处理软件。优点是简单方便，缺点是灵活性差，当用户遇到一些特殊的问题时，常因无法修改源程序而无法解决问题。

数控软件厂家提供一个后处理软件编制工具包，它提供了一套语法规则，由用户编制针对具体数控机床的专用后处理程序，特点是既提高了程序格式的灵活性，又使程序编制方法比较简单。

第 3 种方法：它提供了一个通用的后处理软件包，用宏程序语言编制出针对相应数控机床的专用后处理程序（里面要假设一些 POST 的专业命令）。后处理在 POST 的统一管理调度之下，首先调入专用后处理及刀位数据文件，每读入一个完整的记录，按具体功能去调用专用后处理文件中响应的宏程序，该宏程序用来将刀位数据文件记录转换成相应数控机床指令格式并进行必要的计算，以产生一个程序字或程序段。

3．生成 NC 程序的操作步骤

用 Post Builder 建立特定机床定义文件和事件处理文件后，可以使用 NX/Post 进行后置处理，将刀具路径生成为适合指定机床的 NC 代码。用 NX/Post 进行后置处理后，可以在 NX 加工环境中进行加工，也可以在操作系统环境下进行加工。

在【操作导航器】中选中一个操作或者一个程序组，单击【后处理】按钮，打开如图 1-67 所示的【后处理】对话框。该对话框的下部列出了各种可用机床，除了铣削加工所用的 3～5 轴铣床外，还有 2 轴车床、电火花线切割机等。如果所列机床不适用，还可以单击"浏览查找后处理器"后的按钮，打开新的后处理器。

图 1-67　【后处理】对话框

当初学者既不能从其他途径获得适用的机床后处理器，也不能自己创建机床后处理器时，可以先使用相近的机床生成 NC 文件，再通过文本编辑器对 NC 文件的每一个刀轨的起始和结束部分的命令做一些修改，一般可以解决问题。

输出 NC 程序的一般操作步骤如下。

（1）将要输出的程序节点下的操作的排列顺序重新检查一遍，保证符合加工工艺规程。

（2）从【操作导航器】中选取要输出的程序。

（3）单击【后处理】按钮，打开【后处理】对话框。

（4）选取符合工艺规程的机床。

（5）单击【输出文件】选项组中的【浏览查找输出文件】按钮，打开【指定 NC 输出路径】。

（6）单击【单位】下拉按钮，选择公制，单击【确定】按钮即可。

1.6.5　加工仿真

UG NX 8.0 数控加工提供了完整的工具，用于对整套加工流程进行模拟和确认。UG NX 8.0 拥有一系列可扩展的模拟仿真方案，从机床刀路显示到动态切削模拟以及完全的机床运动仿真。

刀具路径仿真功能可查看以不同方式进行动画模拟的刀轨。在刀具路径仿真中可查看正要移除的路径和材料，控制刀具的移动、显示并确认在刀轨生成过程中刀具是否正确切削原材料，是否过切等。

1．3D 动态加工仿真

3D 动态显示刀具切削过程，是显示刀具沿刀具路径切除工件材料的过程。它以二维实体方式仿真刀具的切削过程，非常直观。图 1-68 所示的为动态显示的示例。

3D 动态显示的操作可参见【刀轨可视化】对话框，如图 1-69 所示。对话框中有关刀位点的选择、仿真速度的设置、播放控制等选项与回放方式是相同的。而在动态显示中，增加了有关 IPW 的选项，包括 Generate IPW、小面体等选项。可将一个操作完成后材料没有切除的部分生成一个过程工件 IPW。

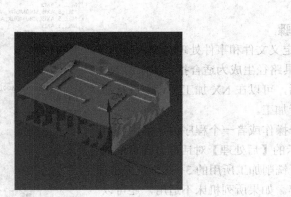

图 1-68 3D 动态显示示例

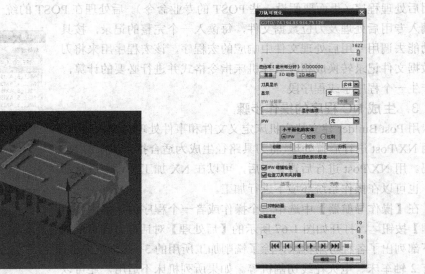

图 1-69 【刀轨可视化】对话框

以 3D 动态方式显示刀具切削过程时，需要指定用于加工成零件的毛坯。如果在创新操作时没有指定毛坯几何体，那么在选择播放时，系统将弹出一个警告窗口，如图 1-70 所示，提醒当前没有毛坯可用于验证。单击【OK】按钮，系统会弹出如图 1-71 所示的【毛坯几何体】对话框。可以在对话框中指定毛坯类型为【自动块】，自动创建一个箱体作为零件毛坯。选择该项时，可以在图形中拖动零件上的方向箭头控制毛坯尺寸，也可在对话框中直接输入 X、Y、Z 正负方向的偏置值。设置完后，单击【确定】按钮，则系统会创建一个毛坯。

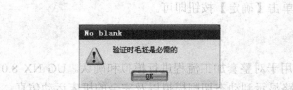

图 1-70 警告窗口

图 1-71 【毛坯几何体】对话框

在开始进行切削模拟前，要先通过视角的旋转，选择一个最佳的观察角度，并设定最合适的尺寸。因为在开始进行切削模拟以及切削模拟完成后，就只能保持这一角度，而不能进行其他视角的察看，也不能进行缩放。如有必要，可进行多个角度的切削模拟。

2．2D 动态加工仿真

2D 动态显示刀具沿一条或几条刀具路径，并从毛坯或半成品上切削材料后获得的工件形状，主要反映执行刀具路径的结果。静态显示的内容包括 IPW、过切区域和残余区域。静态显示时，需要指定用于成形零件的毛坯。如果在创建几何对象时没有指定毛坯，弹出一个警告窗口，如图 1-70 所示，提醒当前没有毛坯可用于验证。单击【OK】按钮，系统会弹出如图 1-71 所示的【毛坏几何体】对话框。

2D 动态与 3D 动态基本相同，区别如下。

（1）【显示】按钮：3D 动态用于在绘图区显示零件加工后的形状，并以不同颜色显示加工区域和没有切削的工件部位。而且，使用不同刀具时将显示不同的颜色，如果刀具与工件发生过切，将在过切部位以红色显示，提示用户刀具路径存在错误。

（2）【比较】按钮：3D 动态对加工后的形状与要求的形状做对比，在图形区中显示工件加工后的形状，并以不同颜色表示加工部位材料的切除情况，其中绿色表示该面已达到加工要求，而白色表示该面还有部分材料没有切除，红色表示加工该表面时发生过切。

习题

1. 简述数控加工的特点。
2. 数控加工工艺设计包括哪些内容？
3. 简述数控加工顺序的确定原则。
4. 数控加工文件包括哪些？
5. 根据图 1-8 指出操作界面所有区域的名称及功能。
6. 简体 UG NX 8.0 CAM 中后处理的作用。

第2章　数控铣削编程与操作

【教学提示】

本章主要讲解数控铣削工艺、铣削编程以及 UG NX 8.0 多种铣削操作。数控铣加工是机械加工中最常用的加工方法之一，数控铣削工艺分析主要包括铣削加工对象及工艺的制定。铣削工艺的制定又包含了零件工艺分析、装夹方式的选择、加工刀具的选择、走到路线的确定以及切削用量的选择等。UG NX 8.0 中数控铣编程与操作主要包括平面铣削和轮廓铣削，还可以对零件进行钻、扩、铰、镗、锪加工及攻螺纹等。

【教学要求】

- 掌握铣削对象的确定
- 掌握零件的工艺分析
- 掌握装夹方式、加工刀具和切削用量的选择
- 掌握走到路线的确定
- 理解 UG NX 8.0 中创建各种铣削加工的基本理念
- 掌握创建各种铣削加工的基本步骤与操作方法
- 掌握几何体的类型及其创建
- 掌握切削层、切削参数、非移动切削参数、进给率和速度的设置

2.1　数控铣削工艺

数控铣削工艺分析是铣削编程前的重要工艺准备工作之一。它主要包括铣削加工对象及工艺的制定。铣削工艺的制定又包含了零件工艺分析、装夹方式的选择、加工刀具的选择、走到路线的确定以及切削用量的选择等。

2.1.1　数控铣削主要加工对象

数控铣床加工工艺以普通铣床加工工艺为基础，数控加工中心从结构上看是带刀库的镗铣床，除铣削加工外，也可以对零件进行钻、扩、铰、镗、锪加工及攻螺纹等，因此数控铣床与数控加工中心工艺相似，主要适用于下面几类零件的加工。

1．平面类零件

平面类零件是指加工面平行、垂直于水平面或其加工面与水平面的夹角为定角的零件。这类

零件的特点是，各个加工表面是平面，或展开为平面。图 2-1 所示的三个零件都属于平面类零件，其中的曲线轮廓面 M 和正圆台面 N，展开后均为平面。

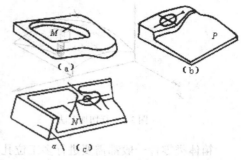

2. 变斜角类零件

加工面与水平面的夹角呈连续变化的零件称为变斜角类零件。图 2-2 是飞机上的一种变斜角梁缘条，该零件在第②肋至第⑤肋的斜角 α 从 3°10′均匀变化为 2°32′，从第⑤肋至第⑨肋再均匀变化为 1°20′，最后到第⑫肋又均匀变化至 0°。变斜角类零件的变斜角加工面不能展开为平面，但在加工中，加工面与铣刀圆周接触的瞬间为一条直线。加工变斜角类零件最好采用四坐标和五坐标数控铣床摆角加工，在没有上述机床时，也可在三坐标数控铣床上进行二轴半控制的近似加工。

图 2-1 平面类零件

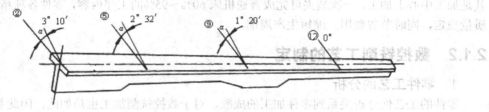

图 2-2 变斜角类零件

3. 曲面类零件

加工面为空间曲面的零件称为曲面类零件。曲面类零件的加工面不仅不能展开为平面，而且它的加工面与铣刀始终为点接触。加工曲面类零件一般采用③坐标数控铣床。加工曲面类零件的刀具一般使用球头刀具，因为其他刀具加工曲面时更容易产生干涉而过切邻近表面。

加工立体曲面类零件一般使用③坐标数控铣床，采用以下两种加工方法。

（1）行切加工法。

采用③坐标数控铣床进行（3 轴，2.5 轴）控制加工，即行切加工法。如图 2-3 所示，球头铣刀沿 XZ 平面的曲线进行直线插补加工，当一段曲线加工完后，沿 Y 方向进给 ΔY 再加工相邻的另一曲线，如此依次用平面曲线来逼近整个曲面。相邻两曲线间的距离 ΔY 应根据表面粗糙度的要求及球头铣刀的半径选取。球头铣刀的球半径应尽可能选取大一些，以增加刀具刚度，提高散热性，降低表面粗糙度值。加工凹圆弧时的铣刀球头半径必须小于被加工曲面的最小曲率半径。

（2）③坐标联动加工。

采用③坐标数控铣床③轴联动加工，即进行空间直线插补。如半球形，可用行切加工法加工，也可用③坐标联动的方法加工。这时，数控铣床用 X、Y、Z 三坐标联动的空间直线插补，实现球面加工，如图 2-4 所示。

4. 箱体类零件

孔及孔系的加工可以在数控铣床上进行，如钻、扩、铰与镗削等加工。由于加工多采用定尺寸刀具，需要频繁换刀。当加工孔的数量较多时，就不如用加工中心加工方便、快捷。

箱体类零件一般是指具有一个以上孔系，内部有不同型腔或空腔，在长、宽、高方向有一定比例的零件。

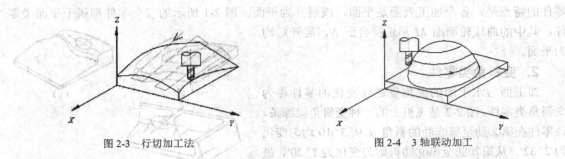

图 2-3 行切加工法　　　　　　　　　图 2-4 3 轴联动加工

箱体类零件一般都需要进行多工位孔系、轮廓及平面加工,公差要求较高,特别是形位公差要求较为严格,通常要经过铣、钻、扩、镗、铰、锪、攻螺纹等加工工序,需要刀具较多,在普通机床上加工难度大,工装套数多,费用高,加工周期长,需多次装夹、找正,手工测量次数多,加工时必须频繁地更换刀具,工艺难以制定,更重要的是精度难以保证。这类零件在数控铣床尤其是加工中心上加工,一次装夹可完成普通机床 60%~95%的工序内容,零件各项精度一致性好,质量稳定,同时节省费用,缩短生产周期。

2.1.2 数控铣削工艺的制定

1. 零件工艺的分析

零件的工艺性分析关系到零件加工的成败,对于数控铣削加工也是如此,因此数控铣削加工的工艺性分析是编程前的重要准备工作。根据实践,数控铣削加工工艺分析所要解决的主要问题大致可归纳为以下几个方面。

(1) 零件图样的工艺性分析。

根据数控铣削加工的特点,下面列举出一些经常遇到的工艺性问题,作为对零件图样进行工艺性分析的要点来加以分析与考虑。

① 零件图样尺寸的正确标注。

由于加工程序是以准确的坐标点来编制的,因此,各图形几何要素间的相互关系(如相切、相交、垂直和平行等)应明确,各种几何要素的条件要充分,应无引起矛盾的多余尺寸或影响工序安排的封闭尺寸等。

② 保证获得要求的加工精度。

虽然数控机床精度很高,但对一些特殊情况,例如过薄的底板与肋板,因为加工时产生的切削拉力及薄板的弹性退让极易产生切削面的震动,使薄板厚度尺寸公差难以保证,其表面粗糙度值也将提高。根据实践经验,当面积较大的薄板厚度小于 3 mm 时,就应充分重视这一问题。

③ 尽量统一零件轮廓内圆弧的有关尺寸。

轮廓内圆弧半径 R 常常限制刀具的直径。如图 2-5 (a) 所示,如工件的被加工轮廓高度低,转接圆弧半径也大,可以采用较大直径的铣刀来加工,加工其底板面时,走刀次数也相应减少,表面加工质量也会好一些,因此工艺性较好;反之,数控铣削工艺性较差。一般来说,当 $R < 0.2H$(被加工轮廓面的最大高度)时,可以判定为零件该部位的工艺性不好。

铣削面的槽底面圆角或底板与肋板相交处的圆角半径 r(见图 2-5 (b))越大,铣刀端刃铣削平面的能力越差,效率也越低。当 r 大到一定程度时,甚至必须用球头铣刀加工,这是应当避免的。因为铣刀与铣削平面接触的最大直径 $d=D-2r$(D 为铣刀直径),当 D 越大而 r 越小时,铣刀端刃铣削平面的面积越大，加工平面的能力越强，铣削工艺性当然也越好。有时候，当铣削的底面面积较大，底部圆弧 r 也较大时，我们只能用两把圆弧半径 r 不同的铣刀（一把刀的圆弧半径 r 小些，另一把刀的圆弧半径 r 符合零件图样的要求）进行两次切削。

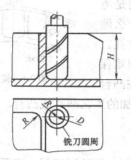
（a）肋板的高度与内转接圆

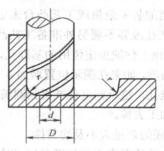
（b）底板与肋板的转接圆

图 2-5　统一零件内圆弧尺寸

零件上这种凹圆弧半径在数值上的一致性问题对数控铣削的工艺性显得相当重要。一般来说，即使不能寻求完全统一，也要力求将数值相近的圆弧半径分组靠拢，达到局部统一，以尽量减少铣刀规格与换刀次数，并避免因频繁换刀增加了工件加工面上的接刀阶差而降低了表面质量。

④ 保证基准统一的原则。

有些工件需要在铣完一面后再重新安装铣削另一面，往往会因为工件的重新安装而接不好刀。这时，最好采用统一基准定位，因此零件上应有合适的孔作为定位基准孔。如果零件上没有基准孔，也可以专门设置工艺孔作为定位基准（如在毛坯上增加工艺凸台或在后继工序要铣去的余量上设置基准孔）。

⑤ 分析零件的变形情况。

数控铣削工件在加工时的变形，不仅影响加工质量，而且当变形较大时，将使加工不能继续进行下去。这时就应当考虑采取一些必要的工艺措施进行预防，如对钢件进行调质处理，对铸铝件进行退火处理，对不能用热处理方法解决的，也可考虑粗、精加工及对称去余量等常规方法。此外，还要分析加工后的变形问题，采取什么工艺措施来解决。

总之，加工工艺取决于产品零件的结构形状、尺寸和技术要求。

（2）零件毛坯的工艺性分析。

进行零件铣削加工时，由于加工过程的自动化，余量的大小、如何定位装夹等问题在设计毛坯时就要仔细考虑好；否则，如果毛坯不适合数控铣削，加工将很难进行下去。根据经验，下列几方面应作为毛坯工艺性分析的要点。

① 毛坯应有充分、稳定的加工余量。

毛坯主要指锻、铸件，因模锻时的欠压量与允许的错模量会造成余量不均匀，铸造时也会因砂型误差、收缩量及金属液体的流动性差不能充满型腔等造成余量不均匀。此外，锻、铸后，毛坯的挠曲与扭曲变形量的不同也会造成加工余量不均匀。因此，除板料外，不管是锻件、铸件还是型材，只要准备采用数控铣削加工，其加工面均应有较充分的余量。经验表明，数控铣削中最难保证的是加工面与非加工面之间的尺寸，这一点应该引起特别重视。在这种情况下，如果已确定或准备采用数控铣削，就应事先对毛坯的设计进行必要的更改或在设计时就加以充分考虑，即在零件图样注明的非加工面处也增加适当的余量。

② 分析毛坯在装夹定位方面的适应性。

应考虑毛坯在加工时的装夹定位方面的可靠性与方便性，以便使数控铣床在一次安装中加工出更多的待加工面。主要是考虑要不要另外增加装夹余量或工艺凸台来定位与夹紧，什么地方可以制出工艺孔或要不要另外准备工艺凸耳来特制工艺孔。如图 2-6 所示，该工件缺少定位用的基准孔，用其他方法很难保证工件的定位精度，如果在图示位置增加 4 个工艺凸台，在凸台

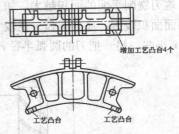

图 2-6　提高定位精度

上制出定位基准孔，这一问题就能得到圆满解决。对于增加的工艺凸耳或凸台，可以在它们完成作用后通过补加工去掉。

③ 分析毛坯的余量大小及均匀性。

大小与均匀性的考虑主要是指在加工时是否要分层切削，分几层切削，也要分析加工中与加工后的变形程度，考虑是否应采取预防性措施与补救措施。如对于热轧的中、厚铝板，经淬火时效后很容易在加工中与加工后变形，最好采用经预拉伸处理的淬火板坯。

2．装夹方式的选择

在数控铣床或加工中心上常用的夹具类型有通用夹具、组合夹具、专用夹具、成组夹具等，在选择时通常需要考虑产品的生产批量、生产效率、质量保证及经济性。选用时可参考下列原则：在小批量或研制生产时，应广泛采用万能组合夹具，只有在组合夹具无法解决时才考虑采用其他夹具；小批量或成批生产时可考虑采用专用夹具；在生产较大的批量时，可考虑采用多工位夹具和气动、液压夹具。数控铣削加工常用的夹具大致有以下几种。

① 通用铣削夹具。

有通用螺钉压板、平口钳、分度头和三爪卡盘等。

机用平口钳（又称虎钳）形状比较规则的零件铣削时常用平口钳装夹，方便灵活，适应性广。当加工一般精度要求和夹紧力要求的零件时常用机械式平口钳（见图 2-7（a）），靠丝杠/螺母的相对运动来夹紧工件；当加工精度要求较高，需要较大的夹紧力时，可采用较高精度的液压式平口钳，如图 2-7（b）所示。8 个工件装在心轴的固定钳口的活动钳口上，当压力油从油路底盘进入油缸后，推动活塞的活动钳身移动，活塞拉动活动钳口向右移动夹紧工件。当油路底盘在换向阀的作用下回油时，活塞和活动钳口在弹簧的作用下左移松开工件。

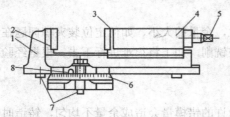

1—钳体　2—固定钳口　3—活动钳口　4—活动钳身
5—丝杠方头　6—底座　7—定位键　8—钳体零线

1—活动钳口　2—心轴　3—钳口　4—活塞
5—弹簧　6—油路

（a）机械式平口钳　　　　　　　　　　（b）液压式平口钳

图 2-7　机用平口钳

平口钳在数控铣床工作台上的安装要根据加工精度要求控制钳口与 X 或 Y 轴的平等度，零件

夹紧时要注意控制工件变形和一端钳口上翘。

当需要在数控铣床上加工回转体零件时，可以采用三爪卡盘装夹（见图2-8）；对于非回转零件，可采用四爪卡盘装夹。铣床用卡盘的使用方法与车床卡盘相似，使用T形槽螺栓将卡盘固定在工作台上即可。

图2-8　铣床用卡盘

② 专用铣削夹具。

这是特别为某一项或类似的几项工件设计制造的夹具，一般在产量较大或研制需要时采用。其结构固定，仅使用于一个具体零件的具体工序。这类夹具设计应力求简化，目的是使制造时间尽量缩短。图2-9表示铣削某一零件上表面时无法采用常规夹具，故用V形槽结合压板做成的一个专用夹具。

③ 多工位夹具。

可以同时装夹多个工件，可减少换刀次数，以便于一面加工，一面装卸工件，有利于缩短辅助加工时间，提高生产率，较适合中小批量生产，如图2-10所示。

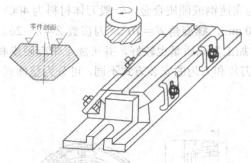
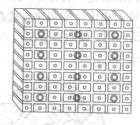
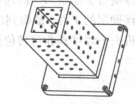

图2-9　铣平面专用夹具　　　　　　　　　　图2-10　多工位夹具

④ 气动或液压夹具。

适合生产批量较大，采用其他夹具又特别费工、费力的场合，能减轻工人的劳动强度和提高生产率，但此类夹具结构较复杂，造价往往很高，而且制造周期较长。

⑤ 回转工作台。

为了扩大数控机床的工艺范围，数控机床除了沿X、Y、Z三个坐标轴做直线进给外，往往还需要有绕Y轴或Z轴的圆周进给运动。数控机床的进给运动一般由回转工作台来实现。对于加工中心，回转工作台已成为一个不可缺少的部件。

数控机床中常用的回转工作台有分度工作台和数控回转工作台。

分度工作台只能完成分度运动,不能实现圆周进给。它是按照数控系统的指令,在需要分度时将工作台连同工件回转一定的角度。分度时也可以采用手动分度,分度工作台一般只能回转规定的角度(如90°、60°和45°等)。

数控回转工作台外观上与分度工作台相似,但内部结构和功用却大不相同。数控回转工作台的主要作用是根据数控装置发出的指令脉冲信号,完成圆周进给运动,进行各种圆弧加工或曲面加工。它也可以进行分度工作。数控回转工作台可以使数控铣床增加一个或两个回转坐标,通过数控系统实现④坐标(轴)或⑤坐标(轴)联动,可有效地扩大工艺范围,加工复杂的工件。数控卧式铣床一般采用方形回转工作台,实现 A、B 或 C 坐标运动,但圆形回转工作台占据的机床运动空间也较大,如图 2-11 所示。

图 2-11 数控回转工作台

3. 铣削加工刀具

数控铣床或加工中心用刀具种类很多,其中面加工、轮廓加工、孔加工等刀具为常见刀具。

(1)面加工、轮廓加工刀具。

① 面铣刀。

面铣刀的圆周表面和端面上都有切削刃,端部切削刃为副切削刃,常用于端铣较大的平面。面铣刀多制成套式镶齿结构,如图 2-12 所示,刀齿为高速钢或硬质合金,一般刀体材料为 40Cr。

高速钢面铣刀按国家标准规定,直径 $d=80\sim250$ mm,螺旋角 $\beta=10°$,刀齿数 $Z=8\sim26$。硬质合金面铣刀与高速钢铣刀相比,铣削速度较高、加工表面质量也较好,并可加工带有硬皮和淬硬层的工件,故得到广泛应用。硬质合金面铣刀按刀片和刀齿的安装方式不同,可分为整体式、机夹—焊接式和可转位式三种。

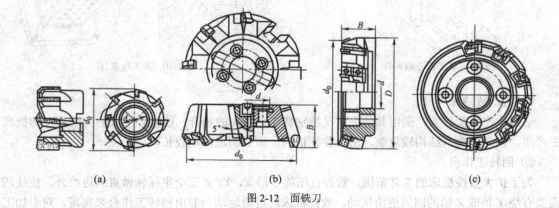

图 2-12 面铣刀

② 立铣刀。

立铣刀是铣削加工中最常用的一种刀具,其结构如图 2-13 所示。立铣刀的圆柱表面和端面上都有切削刃，圆柱表面的切削刃为主切削刃，端面上的切削刃为副切削刃。主切削刃一般为螺旋齿，这样可以增加切削平稳性，提高加工精度。由于普通立铣刀端面中心处无切削刃，所以立铣刀不能作轴向进给，端面刃主要用来加工与侧面相垂直的底平面。

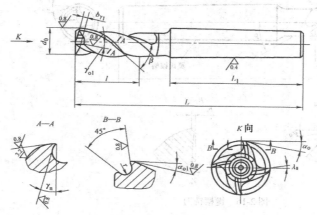

图 2-13　立铣刀

　　为了改善切屑卷曲情况，增大容屑空间，防止切屑堵塞，减少刀齿数，可增大容屑槽圆弧半径。一般粗齿立铣刀齿数 $Z = 3 \sim 4$，细齿立铣刀齿数 $Z = 5 \sim 8$，套式结构 $Z = 10 \sim 20$，容屑槽圆弧半径 $r = 2 \sim 5\text{mm}$。当立铣刀直径较大时，还可制成不等齿距结构，以增强抗震作用，使切削过程平稳。

　　③ 模具铣刀。

　　模具铣刀由立铣刀发展而成，适用于加工空间曲面，有时也用于平面类零件上有较大转接凹圆弧的过渡加工。模具铣刀可分为圆锥形立铣刀（圆锥半角 $\dfrac{\alpha}{2}$ 为 3°、5°、7°、10°）、圆柱形球头立铣刀和圆锥形球头立铣刀三种，其柄部有直柄、削平型直柄和莫氏锥柄。它的结构特点是球头或端面上布满了切削刃，圆周刃与球头刃圆弧连接，可以作径向和轴向进给。铣刀工作部用高速钢或硬质合金制造，如图 2-14 所示。国家标准规定直径 $d = 4 \sim 63\ \text{mm}$。

　　④ 键槽铣刀。

　　键槽铣刀有两个刀齿，圆柱面和端面都有切削刃，端面刃延至中心，既像立铣刀，又像钻头，如图 2-15 所示。加工时先轴向进给达到槽深，然后沿键槽方向铣出键槽全长。

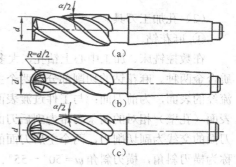

图 2-14　高速钢模具铣刀

　　国家标准规定直柄键槽铣刀直径 $d = 2 \sim 22\ \text{mm}$，锥柄键精铣刀直径 $d = 14 \sim 50\ \text{mm}$。键槽铣刀直径的偏差有 e8 和 d8 两种。键槽铣刀的圆周切削刃仅在靠近端面的一小段长度内发生磨损。重磨时，只需刃磨端面切削刃，因此重磨后铣刀直径不变。

　　⑤ 鼓形铣刀。

　　主要用于对变斜角类零件的变斜角面的近似加工。它的切削刃分布在半径为 R 的圆弧面上，端面无切削刃，如图 2-16 所示。加工时控制刀具上下位置，相应改变刀刃的切削部位，可在工件上切出从负到正的不同斜角。R 越小，加工的斜角范围越大，这种刀具刃磨困难，切削条件差，不适于加工有底的轮廓表面。

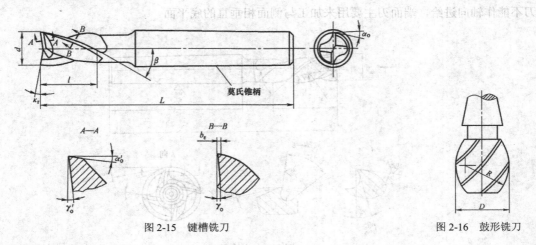

图 2-15　键槽铣刀　　　　　　图 2-16　鼓形铣刀

⑥ 成形铣刀。

图 2-17 是几种成型铣刀。成型铣刀是为特定的加工内容专门设计制造的，如角度面、凹槽、特形孔等。

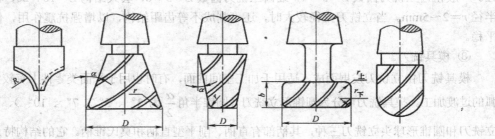

图 2-17　成型铣刀

（2）孔加工刀具。

① 麻花钻。

在数控铣床、加工中心上钻孔，大多采用普通麻花钻，如图 2-18 所示。麻花钻有高速钢和硬质合金两种。麻花钻的切削部分有两个主切削刃、两个副切削刃和一个横刃。两个螺旋槽是切屑流经的表面，为前刀面；与工件过渡表面（孔底）相对的端部两曲面为主后刀面；与工件已加工表面（孔壁）相对的两条刃带为副后刀面。前刀面与主后刀面的交线为主切削刃，前刀面与副后刀面的交线为副切削刃，两个主后刀面的交线为横刃。横刃与主切削刃在端面上投影之间的夹角称为横刃斜角，横刃斜角 $\psi = 50° \sim 55°$；主切削刃上各点的前角、后角是变化的，外缘处前角约为 $30°$，钻心处前角接近 $0°$，甚至是负值；两条主切削刃在与其平行的平面内的投影之间的夹角为顶角，标准麻花钻的顶角 $2\phi = 118°$。

根据柄部不同，麻花钻有莫氏锥柄和圆柱柄两种。直径为 $8 \sim 80$ mm 的麻花钻多为莫氏锥柄，可直接装在带有莫氏锥孔的刀柄内，刀具长度不能调节。直径为 $0.1 \sim 20$ mm 的麻花钻多为圆柱柄，可装在钻夹头刀柄上。在数控铣床、加工中心上钻孔，因无夹具钻模导向，受两切削刃上切削力不对称的影响，容易引起钻孔偏斜，故钻孔前一般先用中心钻打定位孔。

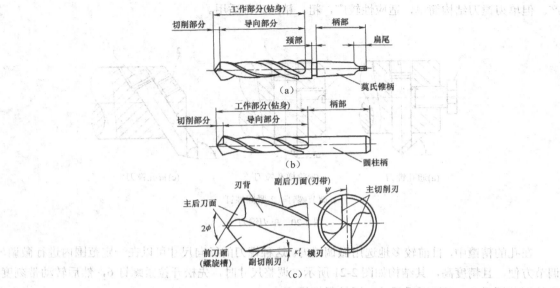

图 2-18　麻花钻

② 扩孔刀具。

标准扩孔钻一般有 3～4 条主切削刃，如图 2-19 所示，切削部分的材料为高速钢或硬质合金，结构形式有直柄式、锥柄式和套式等。扩孔直径较小时，可选用直柄式扩孔钻；扩孔直径中等时，可选用锥柄式扩孔钻；扩孔直径较大时，可选用套式扩孔钻。扩孔钻的加工余量较小，容屑槽浅、刀体的强度和刚度较好。它无麻花钻的横刃，加之刀齿多，所以导向性好，切削平稳，加工质量和生产率都比麻花钻高。

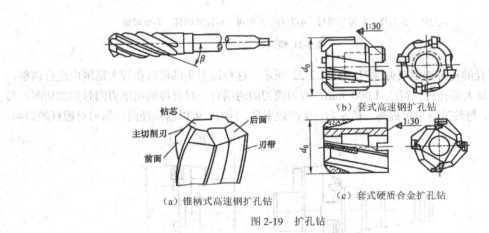

图 2-19　扩孔钻

③ 镗孔刀具。

镗孔所用刀具为镗刀。镗刀种类很多，按切削刃数量可分为单刃镗刀和双刃镗刀。

单刃镗刀（见图 2-20）刚性差，切削时易引起震动，所以镗刀的主偏角选得较大，以减小径向力。镗铸铁孔或精镗时，一般取 $k_r = 90°$；粗镗钢件孔时，取 $k_r = 60° \sim 75°$，以提高刀具的耐用度。镗孔径的大小要靠调整刀具的悬伸长度来保证，调整麻烦，效率低，只能用于单件小批生产。但单刃镗刀结构简单，适应性较广，粗、精加工都适用。

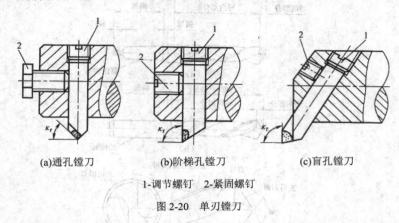

(a)通孔镗刀　　　　(b)阶梯孔镗刀　　　　(c)盲孔镗刀

1-调节螺钉　2-紧固螺钉

图 2-20　单刃镗刀

在孔的精镗中，目前较多地选用微调镗刀。这种镗刀的径向尺寸可以在一定范围内进行微调，调节方便，且精度高，其结构如图 2-21 所示。调整尺寸时，先松开拉紧螺钉 6，然后转动带刻度盘的调节螺母 3，调至所需尺寸，再拧紧螺钉 6。

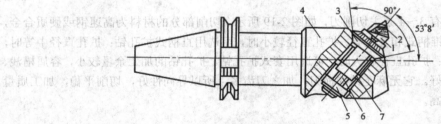

1-刀体　2-刀片　3-调节螺母　4-刀杆　5-螺母　6-拉紧螺钉　7-导向键

图 2-21　微调镗刀

镗削大直径的孔可选用双刃镗刀，如图 2-22 所示。这种镗刀头部可以在较大范围内进行调整，且调整方便，最大镗孔直径可达 1 000 mm。双刃镗刀的两端有一对对称的切削刃同时参加切削，与单刃镗刀相比，每转进给量可提高一倍左右，生产效率高。同时，可以消除径向切削刃对镗杆的影响。

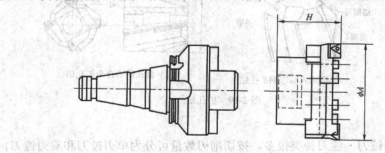

图 2-22　大直径双刃镗刀

④ 铰刀。

数控铣床或加工中心上使用的铰刀大多是通用标准铰刀，如图 2-23 所示。加工精度为 IT 7～

*IT*10 级、表面粗糙度 *Ra* 为 0.8～1.6 μm 的孔时，通用标准铰刀。标准铰刀有直柄、锥柄和套式三种。锥柄铰刀直径为 10～32 mm，直柄铰刀直径为 6～20 mm，小孔直柄铰刀直径为 1～6 mm，套式铰刀直径为 25～80 mm。铰刀工作部分包括切削部分与校准部分。切削部分为锥形，担负主要切削工作，切削部分的主偏角为 5°～15°，前角一般为 0°，后角一般为 5°～8°。校准部分的作用是校正孔径、修光孔壁和导向。为此，这部分带有很窄的刃带（$\gamma_o=0°$，$\alpha_o=0°$）。校准部分包括圆柱部分和倒锥部分。圆柱部分保证铰刀直径和便于测量，倒锥部分可减少铰刀与孔壁的摩擦和减小孔径扩大量。

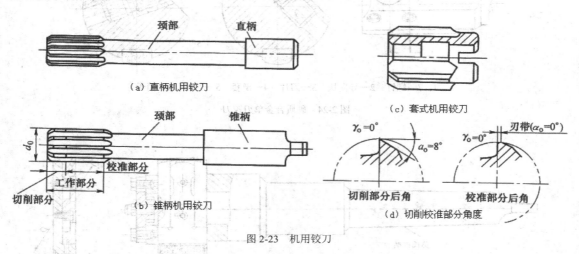

图 2-23　机用铰刀

标准铰刀有 4～12 齿。铰刀的齿数除与铰刀直径有关外，主要根据加工精度的要求选择。齿数过多，刀具的制造重磨都比较麻烦，而且会因齿间容屑槽减小，而造成切屑堵塞和划伤孔壁以致使铰刀折断的后果。齿数过少，则铰削时的稳定性差，刀齿的切削负荷增大，且容易产生几何形状误差。铰刀齿数可参照表 2-1 选择。

表 2-1　　　　　　　　　　　　　　　　铰刀齿数选择

铰刀直径/mm		1.5～3	3～14	14～40	>40
齿数	一般加工精度	4	4	6	8
	高加工精度	4	6	8	10～12

此外，还有机夹硬质合金刀片单刃铰刀（见图 2-24）、浮动铰刀（见图 2-25）等。加工 IT 5～IT 7 级、表面粗糙度 *Ra* 为 0.7 μm 的孔时，可采用机夹硬质合金刀片的单刃铰刀。这种铰刀的刀片 3 通过楔套 4 用螺钉 1 固定在刀体上，通过螺钉 7、销子 6 可调节铰刀尺寸。导向块 2 可采用粘结和铜焊固定。机夹单刃铰刀应有很高的刃磨质量。因为精密铰削时，半径上的铰削余量是在 10 μm 以下，所以刀片的切削刃口要磨得异常锋利。

铰削精度为 IT 6～IT 7 级、表面粗糙度 Ra 为 0.8～1.6 μm 的大直径通孔时，可选用专为加工中心设计的浮动铰刀，如图 2-25 所示。

（3）镗铣类工具系统。

数控铣床、加工中心加工内容的多样性，使其配备的刀具和装夹工具种类也很多，并且要求刀具更换迅速。因此，把通用性较强的刀具和配套装夹工具系列化、标准化就成为通常所说的工具系统。采用工具系统进行刀具的装夹，虽然工具的成本高了一些，但它能可靠地保证加工质量，最大限度地提高生产率，使加工中心效能得到充分发挥，从而可以使工艺成本下降。

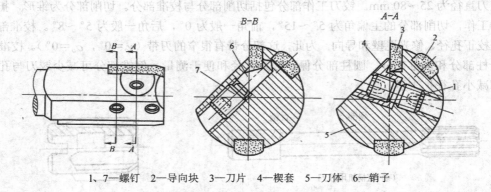

1、7—螺钉　2—导向块　3—刀片　4—楔套　5—刀体　6—销子

图 2-24　硬质合金单刃铰刀

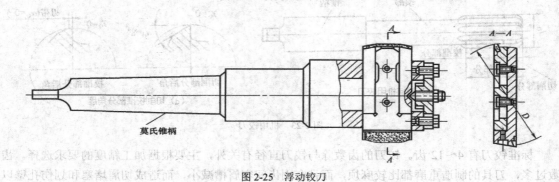

图 2-25　浮动铰刀

我国目前建立的工具系统是镗铣类工具系统，如图 2-26 所示。这种工具系统一般由与机床主轴连接的锥柄、延伸部分的接杆和工作部分的刀具组成。它们经组合后可完成钻孔、扩孔、铰孔、镗孔、攻螺纹等加工工艺。镗铣类工具系统分为整体式结构和模块式结构两大类。

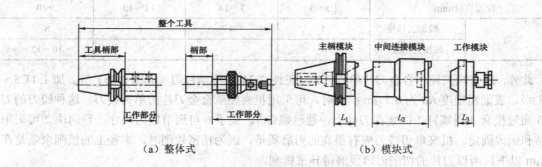

（a）整体式　　　　　　　　　　　　　　（b）模块式

图 2-26　数控镗铣类刀具

① 整体式结构。

我国 TSG82 工具系统就属于整体式结构的工具系统。它的特点是将锥柄和接杆连成一体，不同品种和规格的工作部分都必须带有与机床主轴相连的柄部。其优点是结构简单、使用方便可靠、更换迅速等，缺点是锥柄的品种规格和数量较多。图 2-27 所示的是 TSG82 整体式工具系统，选

用时需要按图进行配置，其代号含义及尺寸可查阅相应标准。

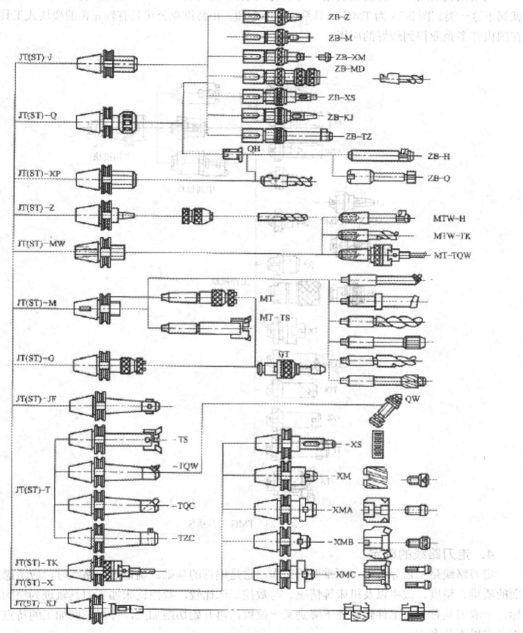

图 2-27 TSG82 整体式工具系统

②模块式结构。

模块式结构是把工具的柄部和工作部分分开，制成系统化的主柄模块、中间模块和工作模块，每类模块中又分为若干小类和规格，然后用不同规格的模块组装成不同用途、不同规格的模块式刀具，这样方便了制造、使用和保管，减少了工具的规格、品种和数量的储备，对加工中心较多的企业具有很高的实用价值。目前，模块式工具系统已成为数控加工刀具发展的方向。国际上有许多应用比较成熟和广泛的模块化工具系统。例如，国内的 TMG10 工具系统和 TMG21 工具系统就属于这一类。图 2-28 为 TMG 工具系统的示意图。山特维克公司具有较完善的模块式工具系统，在国内许多企业得到较好的应用。

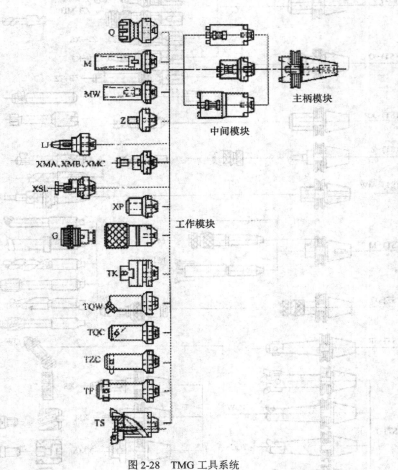

图 2-28　TMG 工具系统

4．走刀路线的确定

走刀路线是工艺分析中一项重要的工作，它是编程的基础。确定走刀路线时，应考虑加工表面的质量、精度、效率以及机床等情况。与数控车床比较，数控铣床加工刀具轨迹为空间三维坐标，一般刀具首先在工件轮廓外下降到某一位置，再开始切削加工，针对不同加工的特点，应着重考虑以下几个方面。

（1）顺铣和逆铣的选择。

铣削有顺铣和逆铣两种方式（见图 2-29）。当工件表面无硬皮，机床进给机构无间隙时，应选用顺铣，按照顺铣安排进给路线。因为采用顺铣加工后，零件已加工表面质量好，刀齿磨损小。精铣时，尤其是零件材料为铝镁合金、钛合金或耐热合金时，应尽量采用顺铣。当工件表面有硬皮，机床的进给机构有间隙时，应选用逆铣，按照逆铣安排进给路线。因为逆铣时，刀齿是从已加工表面切入，不会崩刀；机床进给机构的间隙不会引起震动和爬行。

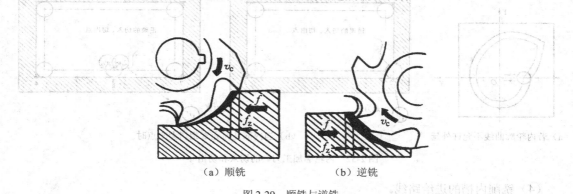

（a）顺铣　　　　　　（b）逆铣

图 2-29　顺铣与逆铣

（2）铣削外轮廓的进给路线。

① 铣削平面零件外轮廓时，一般采用立铣刀侧刃切削。刀具切入工件时，应避免沿零件外轮廓的法向切入，而应沿切削起始点的延伸线逐渐切入工件，保证零件曲线的平滑过渡。同理，在切离工件时，也应避免在切削终点处直接抬刀，要沿着切削终点延伸线逐渐切离工件，如图 2-30 所示。

② 当用圆弧插补方式铣削外整圆时，如图 2-31 所示，要安排刀具从切向进入圆周铣削加工。当整圆加工完毕后，不要在切点处直接退刀，而应让刀具沿切线方向多运动一段距离，以免取消刀补时，刀具与工件表面相碰，造成工件报废。

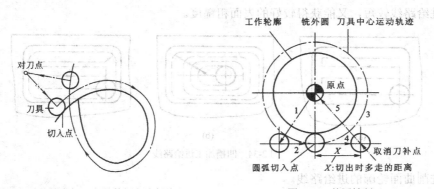

图 2-30　外轮廓加工刀具的切入和切出　　　　图 2-31　外圆铣削

（3）铣削内轮廓的进给路线。

若内轮廓曲线不允许外延（见图 2-32（a）），刀具只能沿内轮廓曲线的法向切入、切出，此时刀具的切入、切出点应尽量选在内轮廓曲线两几何元素的交点处。当内部几何元素相切无交点时（见图 2-32（b）），为防止刀补取消时在轮廓拐角处留下凹口，刀具切入、切出点应远离拐角。

当用圆弧插补铣削内圆弧时，也要遵循从切向切入、切出的原则，最好安排从圆弧过渡到圆弧的加工路线（见图 2-33），提高内孔表面的加工精度和质量。

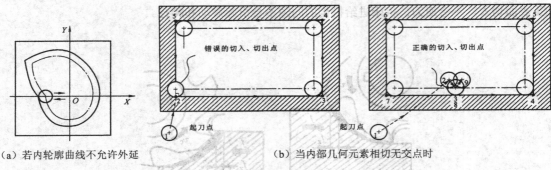

（a）若内轮廓曲线不允许外延　　　　　　　（b）当内部几何元素相切无交点时

图 2-32　内轮廓加工刀具的切入和切出

（4）铣削内槽的进给路线。

所谓内槽，是指以封闭曲线为边界的平底凹槽。一律用平底
立铣刀加工，刀具圆角半径应符合内槽的图纸要求。图 2-34 所示
的为加工内槽的三种进给路线。图 2-34（a）和图 2-34（b）分别
为用行切法和环切法加工内槽。两种进给路线的共同点是都能切
净内腔中的全部面积，不留死角，不伤轮廓，同时尽量减少重复进
给的搭接量。不同点是行切法的进给路线比环切法短，但行切法将
在每两次进给的起点与终点间留下残留面积，而达不到所要求的表
面粗糙度；用环切法获得的表面粗糙度要好于行切法，但环切法需
要逐次向外扩展轮廓线，刀位点计算稍微复杂一些。采用图 2-34

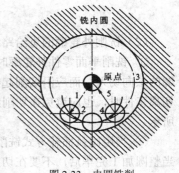

图 2-33　内圆铣削

（c）所示的进给路线，即先用行切法切去中间部分余量，再用环切法环切一刀光整轮廓表面，既
能使总的进给路线较短，又能获得较好的表面粗糙度。

（a）　　　　　　　　　　（b）　　　　　　　　　　（c）

图 2-34　凹槽加工进给路线

（5）铣削曲面轮廓的进给路线。

铣削曲面时，常用球头刀采用"行切法"进行加工。所谓行切法，是指刀具与零件轮廓的切
点轨迹是一行一行的，而行间的距离是按零件加工精度的要求确定的。

对于边界敞开的曲面加工，可采用两种加工路线。如图 2-35 所示的发动机大叶片，当采用图
（a）所示的加工方案时，每次沿直线加工，刀位点计算简单，程序少，加工过程符合直纹面的形
成，可以准确保证母线的直线度。当采用图（b）所示的加工方案时，符合这类零件数据给出情况，
便于加工后检验，叶形的准确度较高，但程序较多。由于曲面零件的边界是敞开的，没有其他表
面限制，所以曲面边界可以延伸，球头刀应由边界外开始加工。

（6）孔加工走刀路线。

对于位置度要求较高的孔加工，精加工时一定要注意各孔的定位方向要一致，即采用单向趋

近定位点的方法，以避免传动系统反向间隙误差或测量系统的误差对定位精度的影响。如图 2-36（a）所示的孔系加工路线，在加工孔 D 时，x 轴的反向间隙将会影响 C、D 两孔的孔距精度。如改为图 2-36（b）所示的孔系加工路线，可使各孔的定位方向一致，提高孔距精度。

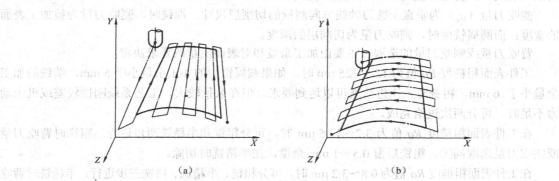

图 2-35　曲面加工的进给路线

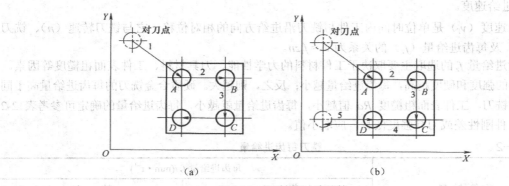

图 2-36　孔系加工方案比较

5. 切削用量的选择（面、轮廓、钻孔、镗孔刀具等刀具的切削用量）

（1）面、轮廓加工切削用量的选择。

如图 2-37 所示，数控铣床的切削用量包括切削速度、进给速度、背吃刀量和侧吃刀量。从刀具耐用度出发，切削用量的选择方法是：首先选取背吃刀量或侧吃刀量，然后确定进给速度，最后确定切削速度。

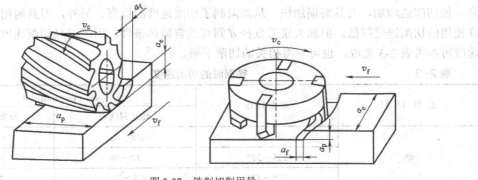

图 2-37　铣削切削用量

① 端铣背吃刀量（或周铣侧吃刀量）的选择。

吃刀量（a_p）为平行于铣刀轴线方向测量的切削层尺寸。端铣时，背吃刀量为切削层的深度；而圆周铣削时，背吃刀量为被加工表面的宽度。

侧吃刀量（a_e）为垂直于铣刀轴线方向测量的切削层尺寸。端铣时，侧吃刀量为被加工表面的宽度；而圆周铣削时，侧吃刀量为切削层的深度。

背吃刀量或侧吃刀量的选取，主要由加工余量和对表面质量的要求决定。

工件表面粗糙度 Ra 值为 12.5～25 μm 时，如果圆周铣削的加工余量小于 5 mm，端铣的加工余量小于 6 mm，粗铣时一次进给就可以达到要求。但在余量较大，工艺系统刚性较差或机床动力不足时，可分两次进给完成。

在工件表面粗糙度 Ra 值为 3.2～12.5 μm 时，可分粗铣和半精铣两步进行。粗铣时背吃刀量或侧吃刀量选取同①。粗铣后留 0.5～1 mm 余量，在半精铣时切除。

在工件表面粗糙度 Ra 值为 0.8～3.2 μm 时，可分粗铣、半精铣、精铣三步进行。半精铣时背吃刀量或侧吃刀量取 1.5～2 mm；精铣时，圆周铣侧吃刀量取 0.3～0.5mm，端铣背吃刀量取 0.5～1 mm。

② 进给速度。

进给速度（v_f）是单位时间内工件与铣刀沿进给方向的相对位移，它与铣刀转速（n）、铣刀齿数（z）及每齿进给量（f_z）的关系为 $v_f = f_z z n$。

每齿进给量 f_z 的选取主要取决于工件材料的力学性能、刀具材料、工件表面粗糙度等因素。工件材料的强度和硬度越高，每齿进给量越小；反之，则越大。硬质合金铣刀的每齿进给量高于同类高速钢铣刀。工件表面粗糙度 Ra 值越小，每齿进给量就越小，每齿进给量的确定可参考表 2-2 选取。工件刚性差或刀具强度低时，应取小值。

表 2-2　　　　　　　　　　　　　铣刀每齿进给量

工 件 材 料	每齿进给量 f_z/(mm·r^{-1})			
	粗　　　铣		精　　　铣	
	高速钢铣刀	硬质合金铣刀	高速钢铣刀	硬质合金铣刀
钢	0.10～0.15	0.10～0.25	0.02~0.05	0.10~0.15
铸 铁	0.12～0.20	0.15～0.30		

③ 切削速度。

铣削的切削速度与刀具耐用度 T、每齿进给量 f_z、背吃刀量 a_p、侧吃刀量 a_e、铣刀齿数 z 成反比，而与铣刀直径成正比。其原因是当 f_z、a_p、a_e、和 z 增大时，刀刃负荷增加，工作齿数也增多，使切削热增加，刀具磨损加快，从而限制了切削速度的提高。另外，刀具耐用度的提高使允许使用的切削速度降低。但加大铣刀直径 d 则可改善散热条件，因而提高切削速度。铣削的切削速度可参考表 2-3 选取，也可参考相关的切削手册。

表 2-3　　　　　　　　　　　　　铣削时的切削速度

工 件 材 料	硬度/HBS	v_c/（m·min^{-1}）	
		高速钢铣刀	硬质合金铣刀
钢	<225	18～42	66～150
	225～325	12～36	54～120
	325～425	6～21	36～75

续表

| 工 件 材 料 | 硬度/HBS | v_c/（m·min^{-1}） | |
		高速钢铣刀	硬质合金铣刀
铸铁	<190	21～36	66～150
	190～260	9～18	45～90
	260～320	4.5～10	21～30

（2）孔加工切削用量的选择。

孔加工为定尺寸加工，切削用量的选择应在机床允许的范围之内选择，查阅手册并结合经验确定。表 2-4 至表 2-8 中列出了部分孔加工的切削用量，供参考。

表 2-4　　　　　　　　　　　高速钢钻头加工钢件时的切削用量

| 材料强度 \ 钻头直径/mm | σ_b=520～700 MPa（35、45 钢） | | σ_b=700～900 MPa（15Cr、20Cr） | | σ_b=1 000～1 100 MPa（合金钢） | |
	u_c/(m·min^{-1})	f/(mm·r^{-1})	u_c/(m·min^{-1})	f/(mm·r^{-1})	u_c/(m·min^{-1})	f/(mm·r^{-1})
1～6	8～25	0.05～0.1	12～30	0.05～0.1	8～15	0.03～0.08
6～12	8～25	0.1～0.2	12～30	0.1～0.2	8～15	0.08～0.15
12～22	8～25	0.2～0.3	12～30	0.2～0.3	8～15	0.15～0.25
22～50	8～25	0.3～0.45	12～30	0.3～0.45	8～15	0.25～0.35

表 2-5　　　　　　　　　　　高速钢钻头加工铸铁时的切削用量

| 硬度 \ 切削用量 \ 钻头直径/mm | 160～220 HBS | | 200～400 HBS | | 300～400 HBS | |
	v_c/(m·min^{-1})	f/(mm·r^{-1})	v_c/(m·min^{-1})	f/(mm·r^{-1})	v_c/(m·min^{-1})	f/(mm·r^{-1})
1～6	8～25	0.07～0.12	10～18	0.05～0.1	5～12	0.03～0.68
6～12	8～25	0.12～0.2	10～18	0.1～0.18	4～12	0.08～0.15
12～22	8～25	0.2～0.4	10～18	0.18～0.25	5～12	0.15～0.25
22～50	8～25	0.4～0.8	10～18	0.25～0.4	5～12	0.25～0.35

表 2-6　　　　　　　　　　　高速钢铰刀铰孔的切削用量

| 工件材料 \ 切削用量 \ 钻头直径/mm | 铸铁 | | 钢及合金钢 | | 铝铜及其合金 | |
	v_c/(m·min^{-1})	f/(mm·r^{-1})	v_c/(m·min^{-1})	f/(mm·r^{-1})	v_c/(m·min^{-1})	f/(mm·r^{-1})
6～10	2～6	0.3～0.5	1.2～5	0.3～0.4	8～12	0.3～0.5
10～15	2～6	0.5～1	1.2～5	0.4～0.5	8～12	0.5～1
15～20	2～6	0.8～1.5	1.2～5	0.5～0.6	8～12	0.8～1.5
20～40	2～6	0.8～1.5	1.2～5	0.4～0.6	8～12	0.8～1.5
40～60	2～6	1.2～1.8	1.2～5	0.5～0.6	8～12	1.5～2

注：采用硬质合金铰刀铰铸铁时 v_c=8～10 m/min，铰铝时 v_c=12～15 m/min。

表 2-7　　　　　　　　　　　　　　　镗孔切削用量

工序	刀具材料	铸铁 v_c/(m·min^{-1})	铸铁 f/(mm·r^{-1})	铜 v_c/(m·min^{-1})	铜 f/(mm·r^{-1})	铝及其合金 v_c/(m·min^{-1})	铝及其合金 f/(mm·r^{-1})
粗镗	高速铜	20~25	0.4~1.5	15~30	0.35~0.7	100~150	0.5~1.5
	硬质合金	35~50		50~70		100~250	
半精镗	高速铜	20~35	0.15~1.5	0.15~0.45	0.15~0.45	100~200	0.2~0.5
	硬质合金	50~70					
精镗	高速铜	70~90	DI 级<0.08 D 级 0.12~0.15	0.12~0.15	0.12~0.15	150~400	0.06~0.1
	硬质合金						

表 2-8　　　　　　　　　　　　　　　攻螺纹切削用量

加工材料	铸　铁	钢及其合金	铝及其合金
切削用量 v_c/(m·min^{-1})	2.5~5	1.5~5	5~15

① 孔加工时的主轴转速 n (r/min)，根据选定的切削速度 v_c (m/min)和加工直径或刀具直径计算。

② 孔加工时的进给速度，根据选择的进给量和主轴转速计算。

③ 攻螺纹时进给量的选择决定于螺纹的导程。由于使用了带有浮动功能的攻螺纹夹头，攻螺纹时工作进给速度 v_f (mm/min)可略小于理论计算值，即 $v_f \leq Pn$（P 为导程）。

在确定进给速度时，要注意一些特殊情况。例如，在高速进给的轮廓加工中，由于工艺系统的惯性在拐角处易产生"超程"和"过切"现象，如图 2-38 所示，因此，在拐角处应选择变化的进给速度，接近拐角时减速，过了拐角后加速。

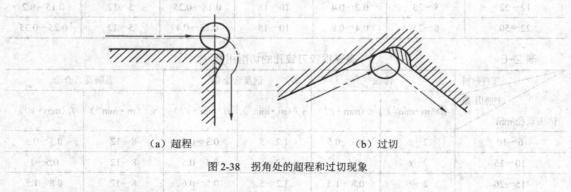

（a）超程　　　　　　　　　　　　（b）过切

图 2-38　拐角处的超程和过切现象

2.1.3　数控铣削工艺分析实例

盖板加工表面主要是平面和孔，需经铣平面、钻孔、扩孔、镗孔、铰孔及攻螺纹等工步才能完成。下面以图 2-39 所示的盖板为例介绍工艺分析。

地不稳定性，以致影响加工过程。精铣所用刀具直径要大一些，因铣削宽度大，要求铣刀（端铣刀）有合适的齿数及刀体结构，合理分布切削刃，以提高切削效率，其值可以根据经验公式直径=1.6宽度，其值应由工件加工尺寸为依据从刀具系统中选取。

（5）确定切削用量。

M16孔，钻底孔用刀具直径、切削速度和进给量可由有关切削用量手册中查得，其余规格刀具切削用量（见图2-39）都可从机床操作说明书中查得。一般铣平面时，因切削宽度较大，切削速度可低一些；攻螺纹时速度宜低，如有自动攻螺纹功能则更好。

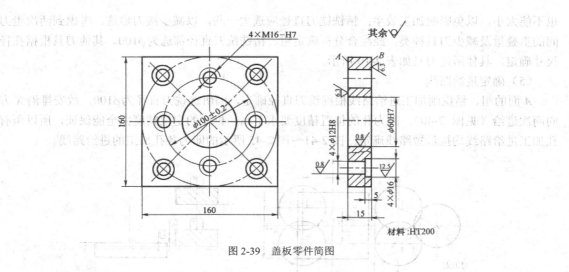

图 2-39　盖板零件简图

1. 零件工艺分析

由图 2-39 可知，该盖板的材料为铸铁，毛坯为铸件。盖板加工内容为平面、孔和螺纹，且都集中在 A、B 面上，其四个侧面已加工，其中最高精度为 IT 7 级。从定位和加工两个方面考虑，以 A 面为主要定位基准，并在前道工序中先加工好，选择 B 面及位于 B 面上的全部孔在加工中心上加工。

2. 选择机床

由于 B 面及位于 B 面上的全部孔，只需单工位加工即可完成，只有粗铣、精铣、粗镗、半精镗、精镗、钻、扩、锪、铰及攻螺纹等工步所需刀具较多，加工表面不多。故选择立式加工中心。工件一次装夹后可自动完成铣、钻、镗、铰及攻螺纹等工步的加工。

3. 工艺设计

（1）选择加工方案。

B 面粗糙度 Ra 为 6.3μm，采用粗铣—精铣方案即可；$\phi60$ H7 孔尺寸精度要求为 IT 7 级，已铸出毛坯孔，粗糙度 Ra 为 0.8 μm，故采用粗镗—半精镗—精镗方案；$\phi28$H8 孔尺寸精度要求为 IT 8 级，粗糙度 Ra 为 0.8 μm，为防止钻偏，按钻中心孔—钻孔—扩孔—铰孔方案进行；$\phi16$ mm 沉头孔在 $\phi12$ 孔基础上锪至尺寸即可；M16 螺纹孔在 M6 和 M20 之间，故采用先钻底孔后攻螺纹的加工方法，即按钻中心孔—钻底孔—倒角—攻螺纹方案加工。

（2）确定加工顺序。

按照先粗后精、先面后孔的原则及为了减少换刀次数不划分加工阶段来确定加工顺序。具体加工路线为：粗、精铣 B 面—粗、半精、精镗 $\phi60$ H7 孔—钻各光孔和螺纹孔的中心孔—钻、扩、锪、铰 $\phi28$ H8—钻 M16 螺纹底孔、倒角和攻螺纹，具体顺序如表 2-9 所示。

（3）确定装夹方案和选择夹具。

该盖板零件形状较简单、尺寸较小，四个侧面较光整，加工面与非加工面之间的位置精度要求不高，故可选通用平口钳，以盖板底面 A 和两个侧面定位。

（4）选择刀具。

根据加工内容，所需刀具有面铣刀、镗刀、中心钻、麻花钻、铰刀、立铣刀（锪 $\phi16$ 孔）及丝锥等，其规格根据加工尺寸选择。一般来说，粗铣铣刀直径应选小一些，以减小切削力矩，但也不能太小，以免影响加工效率；精铣铣刀直径应选大一些，以减少接刀痕迹。考虑到两次走刀间的重叠量及减少刀具种类，经综合分析确定粗、精铣铣刀直径都选为φ100。其他刀具根据孔径尺寸确定。具体所选刀具如表 2-10 所示。

（5）确定进给路线。

A 面的粗、精铣削加工进给路线根据铣刀直径确定，因所选铣刀直径为φ100，故安排沿 X 方向两次进给（见图 2-40）。因为孔的位置精度要求不高，机床的定位精度完全能保证，所以所有孔加工进给路线均按最短路线确定。图 2-41～图 2-45 所示的即为各孔加工的进给路线。

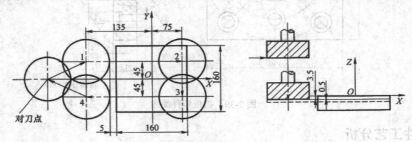

图 2-40　铣削 B 面进给路线

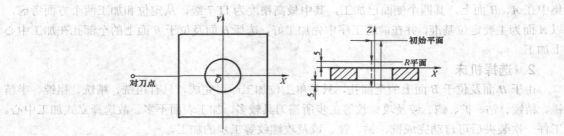

图 2-41　镗φ60H7 孔进给路线

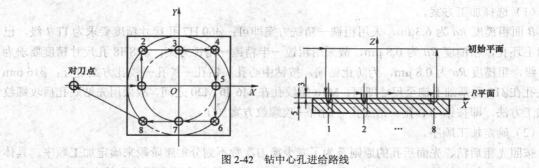

图 2-42　钻中心孔进给路线

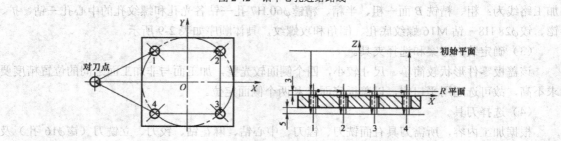

图 2-43　钻、扩、铰φ12H8 孔进给路线

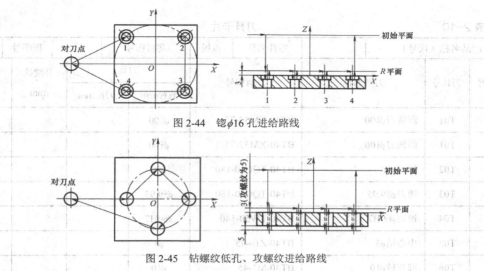

图 2-44 镗 ϕ16 孔进给路线

图 2-45 钻螺纹低孔、攻螺纹进给路线

（6）选择切削用量。

查表确定切削速度和进给量，然后计算出机床主轴转速和机床进给速度，详见表 2-9。

表 2-9   数控加工工序卡片

（工厂）	数控加工工序卡片		产品名称（代号）		零件名称		材料		零件图号
					盖板		HT200		
工序号	程序编号	夹具名称	夹具编号		使用设备				车间
		台虎钳			XH714				
工步号	工步内容		加工面	刀具号	刀具规格 /mm	主轴转数/ (r·min⁻¹)	进给速度/ (mm·min⁻¹)	背吃刀量/ (mm)	备注
1	粗铣 B 平面留余量 0.5 mm			T01	ϕ100	300	70	3.5	
2	精铣 B 平面至尺寸			T01	ϕ100	350	50	0.5	
3	精镗 ϕ60H7 孔至 ϕ58 mm			T02	ϕ58	400	60		
4	半精镗 ϕ60H7 至 ϕ59.95 mm			T03	ϕ59.95	450	50		
5	精镗 ϕ60H7 至尺寸			T04	ϕ60H7	500	40		
6	钻 4×ϕ12H8 及 4×M16 中心孔			T05	ϕ3	1000	50		
7	钻 4×ϕ12H8 至 ϕ10 mm			T06	ϕ10	600	60		
8	扩 4×ϕ12H8 至 ϕ11.85 mm			T07	ϕ11.85	300	40		
9	镗 4×ϕ16 mm 至尺寸			T08	ϕ16	150	30		
10	铰 4×ϕ12HB 至尺寸			T09	ϕ12HB	100	40		
11	钻 4×M16 螺纹底孔至 ϕ14 mm			T10	ϕ14	450	60		
12	倒 4×M16 底孔端角			T11	ϕ18	300	40		
13	攻 4×M16 螺纹			T12	M16	100	200		
编制		审核			批准			共1页	第1页

表 2-10　　　　　　　　　　　刀具卡片

产品名称（代号）			零件名称	盖板	零件图号		程序号	
工步号	刀具号	刀具名称	刀柄型号	刀具			补偿量 /mm	备注
				直径/mm	刀长/mm			
1	T01	面铣刀ϕ100	BT40-XM32-75	ϕ100				
2	T01	面铣刀ϕ100	BT40-XM32-75	ϕ100				
3	T02	镗刀ϕ58	BT40-TQC50-180	ϕ58				
4	T03	镗刀ϕ59.95	BT40-TQC50-180	ϕ59.95				
5	T04	镗刀ϕ60H7	BT40-TW50-140	ϕ60H7				
6	T05	中心钻ϕ3	BT40-Z10-45	ϕ3				
7	T06	麻花钻ϕ10	BT40-M1-45	ϕ10				
8	T07	扩孔钻ϕ11.85	BT40-M1-45	ϕ11.85				
9	T08	阶梯铣刀ϕ16	BT40-MW2-55	ϕ16				
10	T09	铰刀ϕ12H8	BT40-M1-45	ϕ12H8				
11	T10	麻花钻ϕ14	BT40-M1-45	ϕ14				
12	T11	麻花钻ϕ18	BT40-M2-50	ϕ18				
13	T12	机用丝锥 M16	BT40-G12-130	M16				
编制		审核		批准			共 1 页	第 1 页

2.2　数控铣削编程基础

数控铣削编程基础是数控铣削加工自动编程后处理设置的一个基础，同时也是能够读懂数控程序的一个前提。数控铣削编程基础通过对数控铣床主要编程功能的讲解，让读者了解常用的 G 准备工能代码及功能；铣床坐标系主要对机械原点、编程原点和加工原点分别进行了阐述；铣床编程基本模式分析了一个完整的程序应该包含三个部分：开始、加工和结束。

2.2.1　数控铣床主要编程功能

不同档次的数控铣床的功能有较大的差别，但都具备以下主要编程功能：直线与圆弧插补、孔与螺纹加工、刀具半径补偿、刀具长度补偿、固定循环编程、镜像编程、旋转编程和子程序编程等功能。可以根据需加工的零件的特征，选用相应的功能来实现零件的编程。

常用 G 代码如表 2-11 所示（以 FANUC－0i－Mate－MC 数控系统为例）。

表 2-11 常用 G 代码及功能

G 代码	组别	功 能	G 代码	组别	功 能
G00		快速点定位	G54		选择第一工件坐标系
G01		直线插补（进给速度）	G55		选择第二工件坐标系
G02	01	圆弧/螺旋线插补（顺圆）	G56		选择第三工件坐标系
G03		圆弧/螺旋线插补（逆圆）	G57	14	选择第四工件坐标系
G04	00	暂停	G58		选择第五工件坐标系
G17		选择 XY 平面	G59		选择第六工件坐标系
G18	02	选择 ZY 平面	G65		宏程序及宏程序调用指令
G19		选择 YZ 平面	G66	12	宏程序模式调用指令
G20		用英制尺寸输入	G67		宏程序模式调用取消
G21	06	用公制尺寸输入	G68	16	坐标旋转指令
G28		返回参考点	G69		坐标旋转撤销
G30	00	返回第二参考点	G73		深孔钻削循环
G31		跳步功能	G74		攻螺纹循环
G40		刀具半径补偿撤销	G80		撤销固定循环
G41	07	刀具半径左偏补偿	G81	09	钻孔循环
G42		刀具半径右偏补偿	G85		镗孔循环
G43		刀具长度正补偿	G86		镗孔循环
G44	08	刀具长度负补偿	G90	03	绝对方式编程
G49		刀具长度补偿撤销	G91		增量方式编程
G50	11	比例功能撤销	G92	00	设定工件坐标系
G51		比例功能	G98	04	在固定循环中，Z 轴返回起始点
G53	00	选择机床坐标系	G99		在固定循环中，Z 轴返回 R 平面

注：① G 代码分为两类：一类 G 代码仅在被指定的程序段中有效，称为一般 G 代码，例如 G04 等；另一类称为模态代码，一经指定，一直有效，直到被新的模态 G 代码取代，如 G00、G01 等。

② 同一组的 G 代码，在一个程序段中，只能有一个被指定。如果同组的几个 G 代码同时出现在一个程序段中，那么最后输入的那个 G 代码有效。

③ 在固定循环中，如遇有 01 组的 G 代码时，固定循环将被自动撤销；相反，01 组的 G 代码却不受固定循环的影响。

2.2.2 数控铣床坐标系

数控铣床坐标系遵循原机械工业部 1982 年颁布的 JB3052—1982 标准中制订的原则，数控铣床各坐标轴方向如图 2-46 所示。

1. 坐标系原点

在数控铣床上，机床原点一般由机床导轨上一固定点作参考点来确定，如图 2-47（a）所示。图中 O_1 即为立式数控铣床的机床原点，O_1 点位于 X、Y、Z 三轴正向移动的极限位置。

2. 工件坐标系原点（编程原点）

在零件上选定一特定点为原点建立坐标系，该坐标系为工件坐标系。坐标原点是确定工件轮廓的编程和接点计算的原点，称为工件原点，也叫编程原点。工件坐标系也叫编程坐标系，如图 2-47（b）中所示的 O_2 点。编程原点应尽量选择在零件的设计基准或工艺基准上，并考虑到编程的方便性，编程坐标系中各轴的方向应该与所使用数控机床相应的坐标轴方向一致。

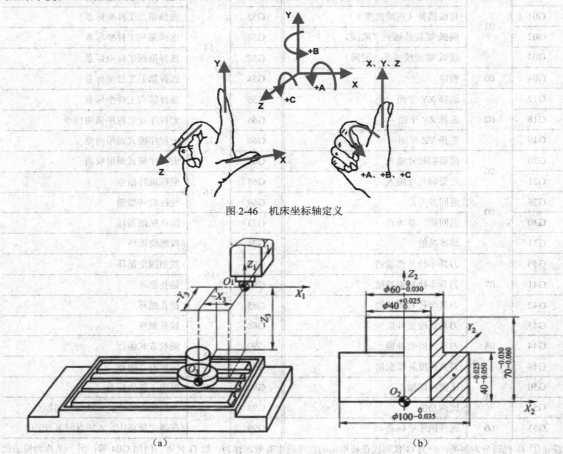

图 2-46　机床坐标轴定义

图 2-47　铣床的机床原点

3．加工原点

加工原点也称程序原点，是指零件被装夹好后，相应的编程原点在机床坐标系中的位置。在加工过程中，数控机床是按照工件装夹好后的加工原点及程序要求进行自动加工的。加工原点如图 2-47（a）中的 O_3 所示。加工坐标系原点在机床坐标系下的坐标值 X_3、Y_3、Z_3，即为系统需要设定的加工原点的设置值。

因此，编程人员在编制程序时，只要根据零件图样确定编程原点，建立编程坐标系，计算坐标数值，而不必考虑工件毛坯装卡的实际位置。对加工人员来说，则应在装卡工件、调试程序时确定加工原点的位置，并在数控系统中给予设定（给出原点设定值），这样数控机床才能按照准确的加工坐标系位置开始加工。

2.2.3　铣床编程基本模式

以立式数控铣床编程为例，其程序模式一般由三部分组成，即开始部分、加工部分、结束部分。

1. 开始部分

这部分由 4～5 条程序段组成，主要内容如下。

（1）命名程序名。这是必须有的内容，一般用 "OXXXX" 在第一条程序段建立。

（2）建立工件坐标系。这是每个程序必须有的内容，一般用 G54～G59、G92 指令在第二条程序段里建立。

（3）建立长度刀具补偿。在用多把刀具进行加工时，必须建立长度刀具补偿。如果只用一把刀，可以建立长度刀具补偿，也可以不建立长度刀具补偿；若不建立长度刀具补偿，在数控机床刀具补偿设置中将其刀具补偿值设为零即可。一般用 DXX 指令在第三条程序段里建立。

（4）建立径向刀具补偿。在加工平面轮廓零件时，需要建立径向刀具补偿。一般用 G41、G42 指令，在第四条程序段中建立。

（5）设置切削用量和启动主轴。要设置转速和进给速度，才能启动主轴进行进合切削。用 S、F 设定转速和进给速度（第三、四条程序段），用 M03、M08 指令启动主轴并开冷却液（第三、四条程序段）。

（6）设定绝对或相对（增量）坐标。根据加工零件的需要，选择是用绝对坐标还是相对增量坐标。用 GgO、Gg1 指令在第一条程序段中设定，也可以根据需要在程序中随寸设定。

（7）刀具定位。确定刀具在设置部分的运动路线，一般用 GOO 指令平移至下刀点（第二、三条程序段），用 GOO 或 GOl 指令下刀至切削深度，用 GOl 指令开始切削（第四、五条程序段）。

2. 加工部分

这部分主要是刀具的切削轨迹，是程序的主体部分，从程序的第五或六程序段至倒数第四或五程序段。铣削加工为 G01、G02、G03 指令与基点、节点的 X、Y、Z 坐标组成的运动轨迹；钻孔为 G81～G89 指令与孔的 X、Y、Z 坐标组成的加工固定循环。这部分的工作量主要是基点、节点的坐标计算。

3. 结束部分

这部分的重要作用是取消刀具长度、径向补偿，主轴停止、抬刀、关冷却液。

（1）取消刀具径向补偿。轮廓加工完毕后，必须取消径向刀具补偿，防止在后续运行中出现错误，用 G40 在倒数第三、四程序段取消。

（2）取消刀具长度补偿。为防止在后续运行中出现错误，加工完毕后，必须取消长度刀具补偿，用 G49 在倒数第二、三程序段取消。

（3）确定刀具结束部分的运动路线。刀具在结束部分主要是退刀，一般先移出、切出工件，抬刀至安全位置，再平移到工件装卸位置，在倒数第三、四程序段。

（4）主轴停止、抬刀、关冷却液。G09 关冷却液，G05 停止主轴，在倒数第二、三程序段。

（5）孔加工循环用 G80 取消，在倒数第二、三程序段。

（6）程序结束。用 M30 在最后结束程序。

以图 2-48 为例做简单介绍，A 点为编程原点。

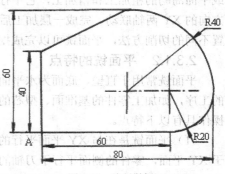

图 2-48 编程举例

```
O0001;                          /程序名；
N10 G40 G80 G17 G90 G69;        /程序保护头；
N20 G54 X0. Y-30.;              /建立工件坐标系；
N30 G43 G00 Z200. H01;          /刀具长度补偿；
N40 M03 S800;                   /主轴正转；
N50 Z10.;                       /刀具下刀到安全位置；
N60 G01 Z-3.F100;               /刀具下刀，切入工件 3 mm；
N70 G41 Y-10. D01 F400;         /在切入轮廓的延长线上加刀补；
N80 Y40. F200;
N90 X40. Y60.;
N100 G02 X80. Y20. R40. F150;   /程序主体的零件轮廓加工部分
N110 G02 X60. Y0. R20.;
N120 G01 X-8.F200;
N130 G40 X-30. F400;            /刀具半径补偿取消；
N140 Z10.;                      /抬刀；
N150 G00 Z200.;                 /刀具移动到安全位置；
N160 M05;                       /主轴停转；
N170 M30;                       /程序结束；
其中：D01=5
```

程序主体的开头准备部分

程序主体的抬刀结束部分

2.3　平面铣加工

平面铣是一种 2.5 轴的加工方法，其加工的过程是分层的，先在水平方向上完成 XY 轴的联动，Z 轴在一层加工完成后进入下一层的加工，从而完成整个零件的加工。通过设置不同的切削方法，平面铣可以完成挖槽或轮廓外形的加工。

2.3.1　平面铣

2.3.1.1　平面铣的定义

平面铣是一种常用的加工方法，主要用来加工平底直壁的零件，可用于平面轮廓、平面区域或平面岛屿的粗加工和精加工，它平行于零件底面进行多层铣削。在加工过程中，首先进行水平方向的 XY 两轴联动，完成一层加工后再进行 Z 轴下切进入下一层，逐层完成零件加工。通过设置不同的切削方法，平面铣可以完成挖槽或者轮廓外形的加工。

2.3.1.2　平面铣的特点

平面铣常用于直壁、底面为水平面的零件，常常选择平面铣加工作为零件的粗加工和精加工的工序，如加工零件的基准面、型芯的顶面、水平分型面、型腔的底面和敞开的外形轮廓等。其操作具有以下特点。

（1）平面铣是在与 XY 平面平行的切削层上创建刀具的切削轨迹，其刀具轴是固定的，垂直于 XY 平面，零件的侧面平行于刀轴的矢量。

（2）采用边界定义刀具切削运动的区域，平面铣建立的平面边界定义了零件几何体的切削区域，并且一直切削到指定的底平面上。

（3）平面铣的刀位轨迹生成速度快、调整方便，能很好地控制刀具在边界上的位置。

（4）平面铣既可用于粗加工，也可用于精加工。

2.3.1.3　平面铣操作的步骤

创建平面铣的主要步骤如图 2-49 所示。

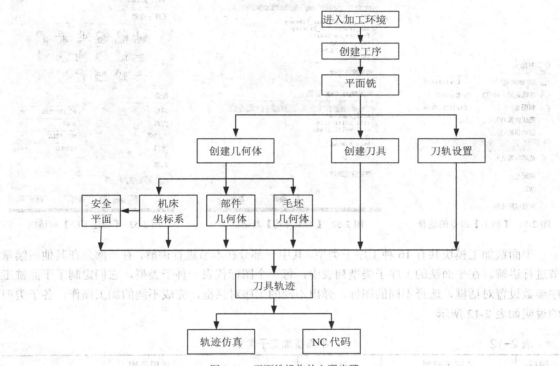

图 2-49　平面铣操作的主要步骤

2.3.1.4　平面铣的创建

本小节以一个型腔零件模型底平面铣粗加工操作为例，讲解平面铣操作的一般步骤和操作方法，帮助读者了解平面铣加工操作的实际应用。零件模型如图 2-50 所示。

1．零件加工工艺分析

通过分析可知，该零件直壁平底，可采用平面铣对其进行粗加工。为了便于对刀，将加工坐标原点选在毛坯上表面的中心。为了提高加工效率，粗加工使用直径为 16 mm 的平底刀。

2．进入加工环境

（1）打开模型零件。

在 UG NX 8.0 中，打开模型文件 model3.1.prt。

（2）进入加工环境。

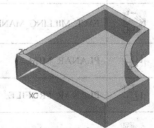

图 2-50　平面铣加工零件模型

在【开始】菜单中选择【加工】命令，如图 2-51 所示。弹出【加工环境】对话框，在【CAM 会话配置】中选择【cam_general】，在【要创建的 CAM 设置】中选择【mill_planar】，如图 2-52 所示。单击【确定】按钮，完成加工环境初始化，进入加工环境。

3. 创建工序

进入加工环境，首先创建加工工序，在【加工创建】工具条上单击【创建工序】按钮 ，弹出【创建工序】对话框，选择类型为【mill_planar】（平面铣），如图 2-53 所示。

图 2-51　【加工】命令的选择　　　　图 2-52　【加工环境】对话框　　　　图 2-53　【创建工序】对话框

平面铣加工模块共有 16 种工序子类型，其中一部分在本节进行讲解，有一部分在其他后续章节进行讲解。在平面铣的工序子类型列表中，每一个图标代表一种子类型，它们定制了平面铣工序参数设置对话框，选择不同的图标，弹出不同的工序对话框，完成不同的加工操作。各子类型的说明如表 2-12 所示。

表 2-12　　　　　　　　　　　　　平面铣加工子类型

图标	工序子类型	含义	适用范围
	FACE_MILLING_AREA	表面区域铣	用加工面定义的表面铣
	FACE_MILLING	表面铣	用于切削实体上的平面
	FACE_MILLING_MANRAL	表面手动铣	切削方法默认为手动的表面铣
	PLANAR_MILL	平面铣	用平面边界定义切削区域，加工到底平面
	PLANAR_PROFILE	平面轮廓铣	默认切削方法为轮廓铣削的平面铣，常用于修边
	ROUGH_FOLLOW	跟随零件粗铣	默认切削方法为跟随零件切削的平面铣
	ROUGH_ZIGZAG	往复式粗铣	默认切削方法为往复式切削的平面铣
	ROUGH_ZIG	单向粗铣	默认切削方法为单向切削的平面铣

续表

图标	工序子类型	含义	适用范围
	CLEANUP_CORNERS	清理拐角	利用上一操作中的过程工件（IPW）进行拐角清理的平面铣
	FINISH_WALLS	精铣侧壁	默认方法为轮廓铣削，默认深度只有底面的平面铣
	FINISH_FLOOR	精铣底面	默认方法为跟随零件，默认深度只有底面的平面铣
	THREAD_MILLING	螺纹铣	利用螺旋切铣削螺纹
	PLANAR_TEXT	文本铣	对文字曲线进行雕刻加工
	MILL_CONTROL	机床控制	创建机床控制事件，添加后处理命令
	MILL_USER	自定义方式	自定义参数建立操作

在【创建工序】对话框中选择完加工类型和子类型后，需要指定工序所在的程序组、所使用的刀具、几何体与加工方法父节点组，如图 2-57 所示。

如果已经创建好程序、刀具、几何体和加工方法，在【创建工序】对话框中可以直接在相应的下拉列表中选择；如果没有创建，则可以在此处创建，或者在进入【平面铣】对话框以后再进行选择及编辑。

4．平面铣操作

在【创建工序】对话框中，选择类型为【mill_planar】（平面铣），在【工序子类型】中选择【planar_mill】，制定【位置】中的程序组、所使用刀具、几何体和加工方法，单击【确定】按钮，弹出【平面铣】对话框，如图 2-54 所示，进入平面铣加工操作。

UG 为了创建操作，主要收集四个方面的最基本的信息（任何一类操作都是这样）。那就是程序、刀具、几何体、加工方法这四类信息——这四类信息也被称为父级组节点。

【平面铣】对话框主要包括几何体、刀具、刀轴、刀轨设置、机床控制、程序、选项、操作等选项组。

（1）机床坐标系和安全平面的创建。

① 机床坐标系的创建。

图 2-54 【平面铣】对话框

在【工序创建】工具条中，单击【创建几何体】按钮，弹出【创建几何体】对话框，如图 2-55 所示。在【类型】中选择【mill_planar】，在【几何体子类型】中单击【MCS】按钮，在【位置】中选择【GEOMETRY】，在【名称】中选择系统默认名称【MCS】，单击【确定】按钮，弹出【MCS】对话框，如图 2-56 所示。

在【机床坐标系】中单击【CSYS】按钮，弹出【CSYS】对话框，如图 2-57 所示。在【类型】中选择动态，在【参考 CSYS】中选择【WCS】，在图形区弹出浮动对话框，如图 2-58 所示。

图 2-55 【创建几何体】对话框

图 2-56 【MCS】对话框

图 2-57 【CSYS】对话框

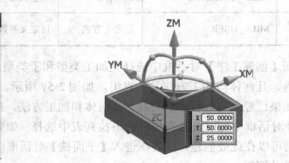

图 2-58 浮动对话框

在浮动对话框中的【X】、【Y】、【Z】中分别输入 "50"、"50"、"25"，单击【CSYS】对话框中的【确定】按钮，机床坐标系创建完毕，如图 2-59 所示。

② 安全平面的创建。

在【MCS】对话框的【安全设置】中，选择【自动平面】，在【安全距离】文本框中输入 "20"，单击【确定】按钮，安全平面创建完成。

（2）几何体的创建。

① 部件几何体的创建。

在【创建几何体】对话框中，在【类型】中选择【mill_planar】，在【几何体子类型】中单击【WORKPIECE】按钮，在【位

图 2-59 所创建的机床坐标系

置】中选择【WORKPIECE】，名称选择系统默认名称【WORKPIECE_1】，如图 2-60 所示。单击【确定】按钮，弹出【工件】对话框，如图 2-61 所示。在【工件】对话框中单击【选择或编辑部件几何体】按钮，弹出【部件几何体】对话框，如图 2-62 所示。选择绘图区零件实体模型为部件几何体，单击【确定】按钮，系统返回【工件】对话框，部件几何体创建完毕。

② 毛坯几何体的创建。

在【工件】对话框中，在【指定毛坯】后单击【选择或编辑毛坯几何体】按钮，弹出【毛坯几何体】对话框，如图 2-63（a）所示。在【类型】中选择 包容块，毛坯几何体显示如图 2-63（b）所示。单击【确定】按钮，毛坯几何体创建完毕，系统返回【工件】对话框。

图 2-60 【创建几何体】对话框

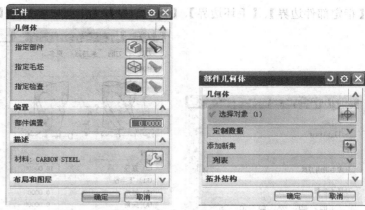

图 2-61 【工件】对话框

图 2-62 【部件几何体】

（a）【毛坯几何体】对话框

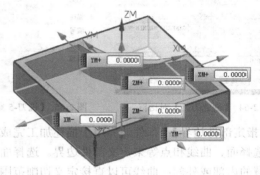

（b）毛坯几何体显示

图 2-63 创建毛坯几何体

（3）创建刀具。

在【工序创建】工具条中，单击【创建刀具】按钮 ，弹出【创建刀具】对话框，如图 2-64 所示。在【类型】中选择【mill_planar】，在【刀具子类型】中选择【MILL】按钮 ，在【位置】中选择【GENERIC_MACHIN】，在【名称】中输入【MILL_D16】，单击【确定】按钮，弹出【铣刀-5 参数】对话框。在【铣刀-5 参数】对话框中设置刀具参数，如图 2-65 所示。单击【确定】按钮，完成刀具创建。

（4）创建平面铣操作。

① 创建工序。

a．在【工序创建】工具条中单击【创建工序】按钮 ，弹出【创建工序】对话框。

b．确定加工方法。在【创建工序】对话框的【类型】中选择【mill_planar】，在【工序子类型】中选择【PLANAR_MILL】按钮 ，在【程序】中选择【PROGRAM】，在【刀具】中选择【MILL_D16】，在【几何体】中选择【WORKPIECE_1】，在【方法】中选择【MILL_ROUGH】，在【名称】中输入【PLANAR_ROUGH】，单击【确定】按钮，弹出【平面铣】对话框。

② 创建几何体边界。

a．几何体边界的定义及类型。

平面铣应用几何体边界定义切削范围，利用底平面定义切削深度。平面铣的几何体设置包括

【指定部件边界】、【毛坯边界】、【检查边界】、【修剪边界】和【底面】的设置，如图 2-66 所示。

图 2-64　【创建刀具】对话框

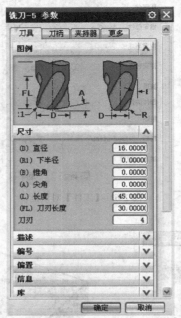

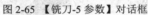

图 2-65　【铣刀-5 参数】对话框

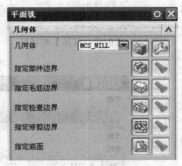

图 2-66　【平面铣】对话框中的几何体

【指定部件边界】：部件边界用于描述加工完成后的零件轮廓，它控制刀具的运动范围，可以通过选择面、曲线和点等来定义部件边界。选择面时，以面的边界所形成的封闭区域来定义，保留区域的内部或外部；曲线可以直接定义切削范围。选择点时，通过将点以选择的顺序用直线连接起来定义切削范围；通过曲线或点定义的边界有开放和封闭之分，如果区域是开放的，其材料左侧或右侧保留，如果区域是封闭的，材料内部或外部保留。

【指定毛坯边界】：毛坯边界用于描述被加工材料的范围，其边界定义方法与部件边界的定义方法相似，但是毛坯边界只能是封闭的。

【指定检查边界】：检查边界用于描述加工中不希望与刀具发生碰撞的区域，如用于固定零件的工装夹具等。检查边界的定义方法与毛坯边界相同，只有封闭的边界，没有敞开的边界，在检查边界定义的区域内不会产生刀具路径。

【指定修剪边界】：修剪边界用于进一步控制刀具的运动范围，如果操作产生的整个刀轨涉及的切削范围中某一区域不希望被切削，可以利用修建边界将这部分刀轨去除。修剪边界的定义方法和部件边界相同。

【指定底面】：底面是指平面铣加工中的最低高度，每一个操作只可以指定一个底平面。可以直接在零件上选择水平面来定义底平面，也可以将一平面做一定偏置来作为底平面，或者通过"平面构造器"来生成底平面。如果用户不指定底平面，系统将使用加工坐标系（MCS）的 X-Y 平面。

b. 几何体边界的创建。

i 指定部件边界。在【平面铣】对话框中单击【指定部件边界】对应的【选择或编辑部件边界】按钮，弹出【边界几何体】对话框，如图 2-67 所示。选择"面"模式，选择部件顶面，单击【确定】按钮，创建部件边界，如图 2-68 所示。

在【边界几何体】对话框中选择不同的【模式】，创建边界的操作不同。【模式】类型主要有

【曲线/边】、【边界】、【面】、【点】，如图 2-69 所示。下面分别加以说明。

图 2-67　【边界几何体】对话框

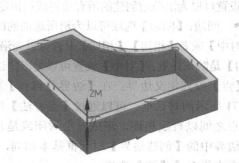

图 2-68　部件边界

类型【曲线/边】模式定义边界：在【边界几何体】对话框的【模式】下拉菜单中选择【曲线/边】，弹出如图 2-70 所示的对话框。可以通过选择现有曲线和边来创建边界。

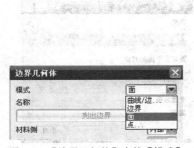

图 2-69　【边界几何体】中的【模式】

图 2-70　【创建边界】对话框

【边界】模式定义边界：【边界】模式可以选择现有永久边界作为平面加工的外形边界。当选择一个永久边界时，系统会以临时边界的形式创建一个副本。然后，就可以像编辑任何其他临时边界一样编辑此副本。该临时边界与永久边界由创建的曲线和边相关联，而不与永久边界本身相关联。这意味着，即使永久边界被删除，临时边界仍将存在。

选择边界时可以在绘图区直接点选边界图素，也可以通过输入边界名称来选择边界。

【面】模式定义边界：【面】模式是系统默认的模式选项，可以通过一个片体或实体的单个平面创建边界。通过【面】模式定义边界时，生成的边界是封闭的。应用【面】模式定义边界时，还需要设置【面选择】。【面选择】的设置包括【忽略孔】、【忽略岛】、【忽略倒斜角】、【凸边】和【凹边】五个选项。

- 忽略孔：当勾选【忽略孔】选项时，系统会忽略掉所选择用来定义边界的面上的孔。如果不勾选，则会在用来定义边界的面上创建孔边界。
- 忽略岛：当勾选【忽略岛】选项时，系统会忽略掉所选择用来定义边界的面上的岛屿。如果不勾选，则会在用来定义边界的面上创建岛屿边界。

● 忽略倒斜角：当勾选【忽略倒斜角】选项时，创建的边界包括与选定面相邻的倒斜角、圆角和圆。如果不勾选，将在所选面的边上创建边界。

● 凸边：【凸边】选项可以为沿着选定面的凸边出现的边界成员控制刀具位置。该选项可以设置为【对中】或者【相切】。【对中】设置可以为沿凸边创建的所有边界成员指定"对中"刀具位置；【相切】设置可以为沿凸边创建的所有边界成员指定"相切"刀具位置，【相切】是默认设置。

● 凹边：【凹边】选项可以为沿所选面的凹边出现的边界成员控制刀具位置。此选项可以设置为【对中】或者【相切】。【相切】设置可以为沿凹边创建的所有边界成员指定"相切"的刀具位置，【相切】是默认设置；【对中】设置可以为沿凹边创建的所有边界成员指定"对中"刀具位置。

【点】模式定义边界：在【边界几何体】对话框的【模式】下拉菜单中选择【点】，弹出如图 2-71 所示的对话框。可以通过【点方法】指定一系列关联或不关联的点来创建边界。系统在点与点之间以直线相连，形成一个封闭或是开放边界。【点】模式定义边界与【曲线/边】模式定义边界中的【创建边界】对话框基本相同，不同之处是【点】模式定义边界中的【创建边界】对话框中没有【成链】选项。

ii 指定底面。在【平面铣】对话框中单击【指定底面】对应的【选择或编辑底平面几何体】按钮图，弹出【平面】对话框，如图 2-72 所示，选择型腔底面。

图 2-71 【创建边界】对话框

图 2-72 【平面】对话框

③ 刀轨设置。

在【平面铣】对话框中，刀轨设置主要有【切削模式】、【步距】、【切削层】、【切削参数】、【非切削移动】、【进给率和速度】等选项。下面分别加以介绍。

a．设置切削模式。

在【平面铣】对话框的【切削模式】中选择跟随部件。

切削模式决定了加工区域的刀位轨迹。由图 2-73 可以看出，在平面铣削中共有 8 种切削模式，分别是【跟随部件】、【跟随周边】、【轮廓加工】、【标准驱动】、【摆线】、【单向】、【往复】、【单向轮廓】。下面分别加以介绍。

i 跟随部件。

【跟随部件】是系统的默认选项。选用这种切削模式切削，产生的刀具轨迹为被加工零件所有指定轮廓的仿形。刀具轨迹的形状是通过偏移切削区的外轮廓和岛屿轮廓获得的。

ii 跟随周边。

【跟随周边】切削模式将产生一系列同心封闭的环形刀轨，且刀轨的形状是通过偏移切削区的外轮廓获得的。当内部偏置的形状产生重叠时，它们将被合并为一条轨迹，然后重新进行偏置。产生下一条刀轨。

【跟随周边】切削模式可以指定切削方向，由外朝内或由内朝外。如果是由内朝外加工内腔，由接近切削区的边沿的刀轨决定顺铣或逆铣；如果是由外朝内加工内腔，由接近切削区中心的刀轨决定顺铣或逆铣。但是，由此知道，如果选择顺铣，靠近外周的壁面的刀轨产生逆铣。为了避免这种情况的发生，可以附加绕外周壁面的刀轨来解决。因此，若选择【跟随周边】切削方式，在平面铣【切削参数】对话框中存在一个【壁清理】选择，用于决定是否附加绕外壁面的刀轨。

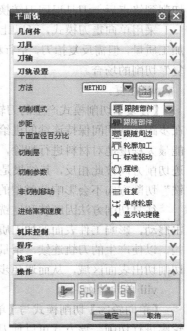

图 2-73　切削模式种类

【跟随周边】切削和【跟随部件】切削通常用于带有岛屿和内腔零件的粗加工，如模具的型芯和型腔。这两种切削方法生成的刀具轨迹都是由系统根据零件形状的偏置产生的，在形状交叉的地方所创建的刀轨将不规则，而且切削不连续，此时可以通过调整步距、刀具或者毛坯的尺寸来得到较为理想的刀轨。

ⅲ 轮廓加工。

【轮廓加工】切削模式创建一条或指定数量的切削刀路来对部件壁面进行精加工。轮廓铣可以加工开放区域，也可以加工封闭区域。轮廓铣不允许刀轨自我相交，以防止过切零件。对于具有封闭形状的可加工区域，轮廓刀路的构建和移刀与【跟随部件】切削模式相同。

也可以通过在【附加刀路】字段中指定一个值来创建附加刀路以允许刀具向【部件几何体】移动，并以连续的同心切削方式移除的同心切削方式移除壁面上的材料。

轮廓铣通常用于零件侧壁或者外形轮廓的半精加工或精加工，具体应用有内壁和外形的加工、拐角的补加工、陡壁的分层加工等。

ⅳ 标准驱动。

【标准驱动】是一个类似轮廓铣的"轮廓"切削方法。但与轮廓铣相比有如下差别：轮廓铣不允许刀轨自我交叉，而标准驱动可以通过平面铣操作对话框中的【切削参数】对话框中的选择决定是否允许导轨自我交叉。

标准驱动不检查过切，因此可能导致刀轨重叠。使用【标准驱动】切削方法时，系统将忽略所有"检查"和"修剪"边界。

标准驱动方法适用于雕花、刻字等轨迹重叠或相交的加工操作，也可以用于一些对外形要求较高的零件加工。

ⅴ 摆线。

【摆线】切削模式加工的目的在于通过产生一个小的回转圆圈，避免在切削时发生全刀切入而导致切削的材料量过大，使刀具断裂。

摆线加工适合岛屿间、内部锐角和狭窄区域的加工。摆线加工还可以用于高速加工，以较低而且较为均匀的切削负荷进行粗加工。该切削方式需要定义步距和摆线路径宽度。

ⅵ 单向。

【单向】切削模式的刀路为一系列的平行直线。"单向"切削时，刀具在切削轨迹的起点进刀，切削到终点后，刀具退回刀转换平面高度，转移到下一行的切削轨迹，直至完成切削为止。

采用单向走刀模式，可以让刀具沿最有利的走刀方向加工（顺铣或逆铣），可获得较好的表面加工质量，但需反复抬刀，空行程较多，切削效率低。它通常用于岛屿表面的精加工和不适宜"往复"切削的场合。

vii 往复。

【往复】切削模式产生的刀轨为一系列的平行直线，刀具轨迹直观明了，没有抬刀，允许刀具在步距运动期间保持连续的进给运动，数控加工的程序段数较少，每个程序段的平均长度较长，能最大程度地对材料进行切除，是最经济和节省时间的切削运动。"往复"切削产生的相邻刀具轨迹切削方向彼此相反，其结果是交替出现一系列的"顺铣"和"逆铣"切削。指定"顺铣"和"逆铣"切削方向不会影响此类型的切削行为，但会影响其中用到的"清壁"操作的方向。

往复切削方法因顺铣和逆铣的交替产生，引起切削力方向的不断变化，给机床和工装带来冲击震动，影响工件表面的加工质量，因此通常用于内腔的粗加工，往往要求内腔的形状要规则一些，以使产生的刀轨连续，余量尽可能均匀。它也可以用于岛屿顶面的精加工，但要注意使往复切削切出表面区域，从而避免步距的移动在岛屿面进行及边界处产生残余。

viii 单向轮廓。

【单向轮廓】切削模式与【单向】切削模式相似，但是在进行横向进给时，刀具沿切削区域的轮廓进行切削。该方式可以使刀具始终保持"顺铣"或"逆铣"切削。

【单向轮廓】切削通常用于粗加工后要求余量均匀的零件加工，如对策比要切较高的零件或者薄壁零件。

b．设置步距。

在【步距】中选择【刀具平直百分比】，在【平面直径百分比】中输入"50.0"。

步距是指相邻两次走刀之间的距离。步距的设置关系到刀具切削负荷、加工效率和零件的表面质量。步距越大，走刀数量就越少，加工时间越短，但是切削负荷增大。因此粗加工采用较大的步距值，精加工取较小值。

图 2-74 步距的选项

【步距】的设置通过选择其对应的下拉列表框中的选项来实现，如图 2-74 所示。选项包括【恒定】、【残余高度】、【刀具平直百分比】和【多个/变量平均值】，以下分别说明。

i 恒定。

【恒定】指连续的切削刀路间距离为常量。选择该选项后，在其下方的【最大距离】文本框中输入距离值或是相应的刀具直径百分比即可。如果刀路之间的指定距离没有平均分割区域，系统会减小刀路之间的距离，以便保持恒定步距。

ii 残余高度。

【残余高度】选项是通过指定相邻两个刀路间加工后剩余材料的高度，计算出步距的方法。选择该选项后，在其下方的【最大残余高度】文本框中输入值即可。系统自动计算所需的步距，从而使刀路间的残余高度为指定的高度。

iii 刀具平直百分比。

【刀具平直百分比】选项指定刀具直径的百分比，从而在连续切削刀路之间建立起固定距离。如果刀路间距不能平均分割区域，则系统将减小这一刀路间距以保持恒定步距。选择该选项后，在其下方的【平面直径百分比】文本框中输入值即可。

iv 多个/变量平均值。

【多个】选项用于跟随部件、跟随周边、轮廓铣和标准驱动切削模式。此选项允许指定多个步距距离和相应的刀路数。选择该选项后，在其下方会出现一个步距列表，如图2-75所示。列表中第一行对应的是最靠近边界的刀路，随后的行一次向内递推。当所有刀路的总数不等于要加工的区域时，软件会从切削区域中心加上或减去刀路。

【变量平均值】选项用于单向、往复、单向轮廓切削模式。此选项需要指定步距的最大值和最小值。通过系统建立用于决定步距大小和刀路数的允许范围，该步距能够不断调整以保证刀具始终与边界相切并平行于 Zig 和 Zag 切削。

c. 设置切削层。

在【切削层】对话框的【类型】中选择【恒定】，【每刀深度】设为"2"。

【切削层】对话框中的【类型】有【用户定义】、【仅底面】、【底面及临界深度】、【临界深度】、【恒定】5 种方式，如图2-76所示。下面分别加以介绍。

图 2-75　多个步距列表

图 2-76　【切削层】对话框

i 用户定义。

【用户定义】选项可以通过输入数值来设置切削深度。此选项可激活公共、最小值、增量侧面余量等字段。

ii 仅底面。

【仅底面】选项指在底平面上生成单个切削层。

iii 底面及临界深度。

【底面及临界深度】选项在底平面上生成单个切削层，接着在每个岛顶部生成一条清理刀路。清理刀路仅限于每个岛的顶面，且不会切削岛边界的外侧。

iv 临界深度。

【临界深度】选项可以在每个岛的顶部生成一个平面切削层，接着在底平面生成单个切削层。它与不会切削岛边界外侧的清理刀路不同的是，切削层生成的刀轨可完全移除每个平面层内的所有毛坯材料。

v 恒定。

【恒定】选项可以在某一深度生成多个切削层，切削层深度值由公共值指定。

d. 设置切削参数。

单击【平面铣】操作对话框中的【切削参数】按钮，弹出如图2-77所示的【切削参数】对话框。使用此对话框可以修改操作的切削参数。

平面铣【切削参数】对话框包括【策略】、【余量】、【拐角】、【连接】、【空间范围】和【更多】6 个选项卡。下面对常用的参数进行说明。

i 策略。

【策略】是【切削参数】对话框的默认选项，用于定义最常用的或主要的参数。在此选项卡下面可以定义的参数有【切削方向】、【切削顺序】、【精加工刀路】、【合并距离】、【毛坯距离】等。

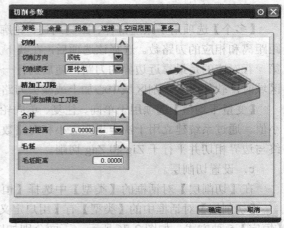

图 2-77 【切削参数】对话框

- 切削方："切削方向"用于定义加工中刀具在切削区域内的进给方向，有"顺铣"、"逆铣"、"跟随边界"和"边界反向"4 个选项。
- 切削顺序："切削顺序"用于指定切削

区域加工时的加工顺序，包括"深度优先"和"层优先"2 个选项。"深度优先"指每次将一个切削区的所有层切削完毕后再进入下一区的切削，也就是说，刀具在到达底部后才会离开腔体。"层优先"指每次切削完工件上所有区的同一高度的切削层之后再进入下一层的切削，刀具在各个切削区域间不断转移。

- 精加工刀路："精加工刀路"是指刀具完成主要切削刀路后所做的最后切削刀路。勾选【添加精加工刀路】复选框，输入精加工步距值，系统将在边界和所有岛的周围创建单个或多个刀路。该选项可用于标准驱动和轮廓铣之外的其他操作。
- 合并距离："合并距离"指将两个或多个面合并到单个刀轨以减少进刀和退刀。
- 毛坯距离："毛坯距离"应用于零件边界的偏置距离，用于产生"毛坯几何体"。

ii 余量。

在【切削参数】对话框中，单击【余量】选项卡，对话框将如图 2-78 所示。【余量】选项卡用于确定完成当前操作后部件上剩余的材料量和加工的容差参数。在该对话框中可以设置【部件余量】、【最终底面余量】、【毛坯余量】、【检查余量】、【修剪余量】和【公差】等。

- 部件余量："部件余量"指"部件几何体"周壁加工后剩余的材料厚度，通常粗加工和半精加工要为精加工留一定的余量。
- 最终底面余量："最终底面余量"指完成刀轨之后腔体底面留下未切的材料量。底面余量从底面平面测量并沿刀轴偏置。
- 毛坯余量："毛坯余量"指切削时刀具偏离已定义"毛坯几何体"的距离，应用于具有相切条件的毛坯边界或"毛坯几何体"。
- 检查余量："检查余量"指刀具位置与已定义检查边界的距离。
- 修剪余量："修剪余量"指自定义的修剪边界放置刀具的距离。
- 公差："公差"定义了刀具偏离实际工件表面的允许范围，值越小，切削就会越准确，包括内公差和外公差。内公差指刀具可以向工件方向偏离预定刀轨的最大距离，外公差指刀具可以远离工件方向偏离预定刀轨的最大距离。

内公差和外公差值越小，所允许的与曲面的偏离就越小，并可产生更加光顺的轮廓，但需要更多的处理时间，因为这需要更多的切削步骤。不能将两个公差值都定义为零。

iii 拐角。

在【切削参数】对话框中，单击【拐角】选项卡，对话框将如图 2-79 所示。【拐角】选项卡用于防止刀具在切削凹/凸角时过切部件或因为切削负荷太大而折断。在该对话框中可以设置【拐角处的刀轨形状】、【圆弧上进给调整】和【拐角处进给减速】等。

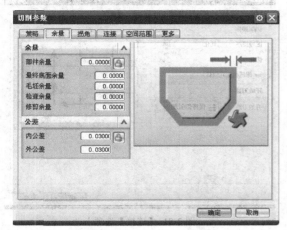

图 2-78 【余量】选项卡

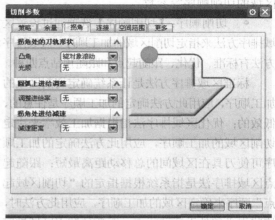

图 2-79 【拐角】选项卡

- 拐角处的刀轨形状：【拐角处的刀轨形状】包括【凸角】和【光顺】两个选项。

【凸角】主要是对加工中凸角处的刀轨进行设置。它包括绕对象滚动、延伸并修剪和延伸三种形状，对应的刀轨形状如图 2-80 所示。

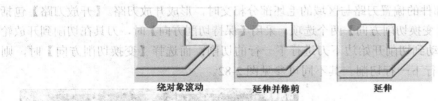

图 2-80 凸角刀轨形状

由图 2-80 可以看出，绕对象滚动刀轨形状是指刀具在切削到拐角处时插入一段圆弧用于过渡，该圆弧半径等于刀具的半径，圆心位于拐角的顶点。延伸并修剪刀轨形状指刀具在切削到拐角处时，沿拐角的切线方向延伸刀具路径，并在尖角处修剪路径。延伸刀轨形状指刀具在切削到拐角处时，沿拐角的切线方向延伸刀具路径。延伸仅可应用于沿着壁的刀路。

【光顺】选项用于控制是否在拐角处添加圆角，它包括【无】和【所有刀路】两个选项。选择【无】，表示刀具在切削过程中遇到拐角时不添加圆角。选择【所有刀路】时，表示在切削过程中遇到拐角时，添加圆角。

- 圆弧上进给调整：【圆弧上进给调整】指对圆弧上进给率进行调整，它包括【无】和【在所有圆弧上】。当选择【在所有圆弧上】选项时，在铣削零件的拐角时，保证刀具外侧的切削速度不变，控制圆弧处的进给率，使刀轨的圆弧部分的切屑负载与刀轨线性部分的切屑负载相匹配。此时，可以在【最小补偿因子】和【最大补偿因子】文本框中输入补偿系数。

- 拐角处进给减速：【拐角处进给减速】是通过设定减速距离来降低刀具在切削拐角时的进给率，进而减少刀具在切削拐角时出现的啃刀现象。它包括【无】、【当前刀具】和【上一个刀具】

三个选项。选择不同的选项时，在对应出现的文本框中设置减速参数。

　　ⅳ 连接。

　　在【切削参数】对话框中，单击【连接】选项卡，对话框如图 2-81 所示。【连接】选项卡用于定义切削时刀具在切削区域之间的运动方式、区域的切削顺序等参数。

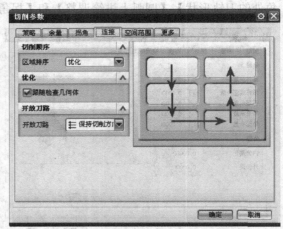

图 2-81　【连接】选项卡

　　● 切削顺序：【切削顺序】选项通过设置区域排序方法来指定切削区域的加工顺序。区域排序方法有标准、优化、跟随起点和跟随预钻点四种。

　　标准区域排序方法是让系统确定切削区域的加工顺序，应用此方法确定的加工顺序是任意的、低效的；优化区域排序法指根据加工效率来决定切削区域的加工顺序，应用此方法确定的加工顺序可使刀具在区域间的总移动距离最短；跟随起点区域排序法是指系统根据指定的"切削区域起点"顺序来确定区域的加工顺序，应用此方法时，这些点必须处于活动状态；跟随预钻点区域排序法指系统根据指定的"切削预钻点"时所采用的顺序来确定切削区域的加工顺序。

　　● 优化：【优化】选项通过是否勾选【跟随检查几何体】来实现。跟随检查几何体是确定刀具遇到检查几何体时的行为。当勾选【跟随检查几何体】时，在标识的检查几何体周围切削；不勾选时，识别到检查几何体时退刀，并使用指定的避让参数。

　　● 开放刀路：部件的偏置刀路与区域的毛坯部分相交时，形成开放刀路。【开放刀路】包括【保持切削方向】和【变换切削方向】两个选项。采用【保持切削方向】时，刀具在切削到开放轮廓端点处抬刀，再移动到切削开始边下刀进行下一行的切削；而选择【变换切削方向】时，则在端点处直接反向进行下一行切削。其不同可参见图 2-82。

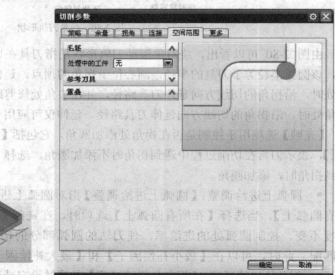

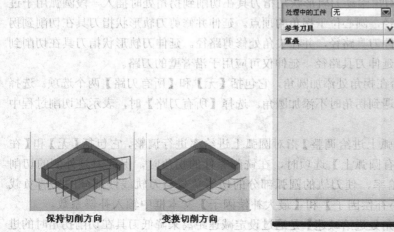

保持切削方向　　　变换切削方向

图 2-82　开放刀路　　　　　　　　　　图 2-83　【空间范围】选项卡

v 空间范围。

在【切削参数】对话框中，单击【空间范围】选项卡，对话框将如图 2-83 所示，包括【毛坯】、【参考刀具】和【重叠】选项组。

* 毛坯：【NX】使用处理中的工件（IPW）的多个定义处理先前操作剩余的材料。处理中的工件包括三个选项：【无】、【使用 2D IPW】和【使用参考刀具】。

在平面铣中，使用 2D IPW 选项可以避免在已移除材料的地方生成刀具运动，后续操作仅加工部件上遗留的材料。当选用【使用参考刀具】时，需要指定参考刀具。

* 参考刀具：加工中刀具半径决定了侧壁之间的材料残余，刀具底角半径决定侧壁与底面之间多的材料残余。可使用参考刀具加工上一个刀具未加工到的拐角中剩余的材料，该操作的刀轨仅限制在拐角区域。

可以通过下拉菜单选择现有的刀具或单击【新建】按钮 ，创建新的刀具作为参考刀具。所选择或创建的刀具直径必须大于当前操作所用刀具的直径。

* 重叠：使用重叠距离可以帮助消除残余高度并获得剩余铣操作序列中刀轨之间的完全清理。

vi 更多。

在【切削参数】对话框中，单击【更多】选项卡，对话框如图 2-84 所示。【更多】选项卡定义了【安全距离】、【底切】、【下限平面】等参数。

* 安全距离：用于指定安全间距的大小。

* 底切：底切通过是否勾选【允许底切】来设置。不勾选表示忽略底切几何体，这将导致处理竖直壁面时的公差更加宽松；勾选表示标识底切几何体。如果不想加工部件边下面的面，可使用此选项。

* 下限平面：下限平面用于指定下限平面的位置。其中有【使用继承的】、【无】和【平面】三个选项。【使用继承的】指使用已经存在的下限平面作为当前操作的下限平面；【无】指不使用下限平面；【平面】指自定义一个平面作为下限平面。

在本实例中，【切削参数】采用默认设置。

e. 设置非切削移动。

单击【平面铣】操作对话框中的【非切削移动】按钮 ，弹出如图 2-85 所示的【非切削移动】对话框。非切削移动控制如何将多个刀轨段连接为一个操作中相连的完整刀轨。

平面铣【非切削移动】对话框包括【进刀】、【退刀】、【起点/钻点】、【转移/快速】、【避让】和【更多】这 6 个选项卡。下面对常用的参数进行说明。

i 进刀。

【进刀】是【非切削移动】对话框的默认选项，用于定义刀具在切入零件时的运动方式。在此选项卡下面可以定义封闭区域和开放区域的进刀方式。

* 封闭区域：用于定义封闭区域的进刀类型，其进刀类型有【与开放区域相同】、【螺旋】、【沿形状斜进刀】、【插削】和【无】。

【与开放区域相同】表示进刀方式和开放区域的进刀方式相同。【螺旋】表示切削时刀具采用螺旋方式切入。【沿形状斜进刀】方式进刀时会创建一个倾斜进刀移动，该进刀会沿第一个切削运动的形状移动。【插削】方式进刀时刀具将按照刀轴的方向垂直进刀，其刀具路径最短。【无】不指定进刀方式。

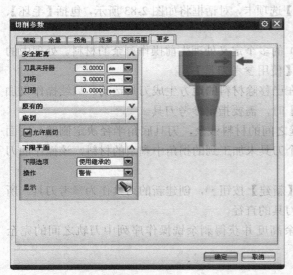

图 2-84　【更多】选项卡

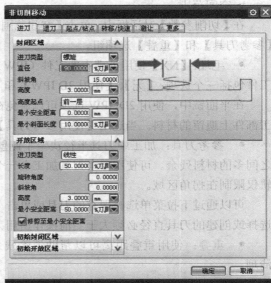

图 2-85　【非切削移动】对话框

● 开放区域：用于定义开放区域的进刀类型，其进刀类型有【与封闭区域相同】、【线性】、【线性—相对于切削】、【圆弧】、【点】、【线性—沿矢量】、【角度 角度 平面】、【矢量平面】和【无】。

【与封闭区域相同】表示进刀方式和封闭区域的进刀方式相同。【线性】表示刀具将沿直线进刀。【圆弧】表示刀具沿圆弧进刀。【点】方式进刀指通过点构造器为线性进刀指定起点，与切入点相连形成进刀路线，这种进刀运动是直线运动。【线性—沿矢量】表示通过指定一矢量方向作为进刀方向，刀具沿指定方向直线进刀。【角度 角度 平面】方式根据两个角度和一个平面指定进刀路线，"旋转角度"和"倾斜角度"定义进刀方向，"平面"将定义长度。【矢量平面】方式通过定义一个矢量方向和一个平面来控制进刀的方向和进刀点的位置。

● 初始封闭区域/初始开放区域：用于指定第一次进刀方式，可参见【封闭区域】/【开放区域】。

ⅱ 退刀。

在【非切削移动】对话框中，单击【退刀】选项卡，对话框将如图 2-86 所示。【退刀】选项卡用于定义退刀的运动方式。退刀类型的设置可参考进刀类型的设置，其中抬刀方式为刀具沿刀轴退刀，通过高度参数设置退刀距离。

ⅲ 起点/钻点。

在【非切削移动】对话框中，单击【起点/钻点】选项卡，对话框将如图 2-87 所示。该选项卡用于设置【重叠距离】、【区域起点】和【预钻孔点】等参数。

● 重叠距离：【重叠距离】可确保在进刀

图 2-86　【退刀】选项卡

和退刀移动处进行完全清理。其值可以直接指定数值，也可以用刀具的直径作为参考来设置大小。

- 区域起点：【区域起点】用于定义刀具加工切削区域时的进刀位置。在【默认区域起点】中提供两种方式来定义区域起点，分别是【中点】和【拐角】。【中点】表示起点建立在切削区域最长边界的中点处；【拐角】表示起点建立在切削区域的拐角处。

- 预钻孔点：【预钻孔点】在进行平面铣粗加工时，为了改善刀具下刀时的受力状态，可以先在切削区域钻一个大于刀具直径的孔，再在这个孔中心下刀，最后在水平方向切削。预钻孔点就是预先钻好的孔的中心点。

iv 转移/快速。

在【非切削移动】对话框中，单击【转移/快速】选项卡，对话框将如图 2-88 所示。该选项卡用于指定刀具如何从一个切削刀路移动到另一个切削刀路，包括【安全设置】、【区域之间】、【区域内】和【初始的和最终的】4 个选项。

图 2-87 【起点/钻点】选项卡

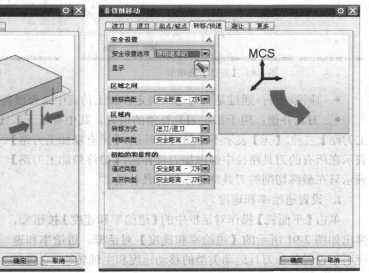

图 2-88 【转移/快速】选项卡

- 安全设置：用来定义安全平面的位置。刀具在进刀前和退刀后都会移动到该平面。
- 区域之间：用于控制在不同切削区域之间清除障碍而添加的退刀和进刀。
- 区域内：用于指定刀具在区域内的转移方式和转移类型。
- 初始的和最终的：用于定义初始进刀和最终退刀的类型。

v 避让。

在【非切削移动】对话框中，单击【避让】选项卡，对话框将如图 2-89 所示。该选项卡用于定义刀具轨迹开始以前和切削以后的非切削运动的位置和方向，包括【出发点】、【起点】、【返回点】和【回零点】4 个选项。合理地设置"避让"参数可以在加工中有效地避免刀具主轴等与工件、夹具和其他辅助工具的碰撞。

vi 更多。

在【非切削移动】对话框中，单击【更多】选项卡，对话框将如图 2-90 所示。该选项卡用于【碰撞检查】和【刀具补偿】的设置。

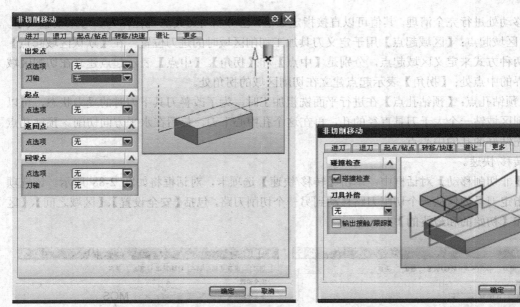

图 2-89 【避让】选项卡　　　　　　　　　图 2-90 【更多】选项卡

- 碰撞检查：通过是否勾选来确定在加工仿真中是否做碰撞检查。
- 刀具补偿：用于指定刀具补偿的位置。其中有【无】、【所有精加工刀路】和【最终精加工刀路】三种。【无】表示不添加刀具补偿；【所有精加工刀路】表示在所有的刀具路径中都添加刀具补偿；【最终精加工刀路】表示只在最终切削的刀具路径添加刀具补偿。

f. 设置进给率和速度。

单击【平面铣】操作对话框中的【进给率和速度】按钮，弹出如图 2-91 所示的【进给率和速度】对话框。进给率和速度用于设置各种刀具运动类型的移动速度和主轴转速。它包括【自动设置】、【主轴速度】、【进给率】等参数的设置。

④ 机床控制设置。

机床控制用于控制运动的输出方式，定义和编辑后处理命令等相关选项。在【平面铣】对话框中，机床控制设置主要有【开始刀轨事件】、【结束刀轨事件】和【运动输出类型】等选项。

a. 开始刀轨事件

【开始刀轨事件】用于制定操作的启动后处理命令。单击【开始刀轨事件】对应的【复制自...】按钮，弹出如图 2-92 所示的【后处理命令重新初始化】对话框。通过该对话框可以

图 2-91 【进给率和速度】对话框

从现有模板或操作添加后处理命令到当前的操作中。单击【开始刀轨事件】对应的"编辑"按钮，弹出如图 2-93 所示的【用户定义事件】对话框。通过该对话框编辑用户定义的事件。

b. 结束刀轨事件。

【结束刀轨事件】用于制定操作的结束后处理命令，其设置和【开始刀轨事件】相类似。

图 2-92 【后处理命令重新初始化】对话框

图 2-93 【用户定义事件】对话框

c．运动输出类型。

【运动输出类型】用于设置刀轨生成的类型。其类型有【圆弧—垂直于刀轴】、【圆弧—垂直/平行于刀轴】、【Nurbs】和【Sinumerik 样条】四种。

（5）生成刀具轨迹。

在【平面铣】对话框中单击【操作】中【生成】按钮，生成粗加工刀具轨迹，如图 2-94 所示。

（6）保存文件。

单击【文件】下拉菜单，单击【保存】命令，保存文件。

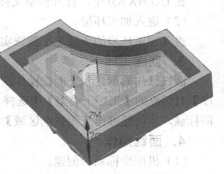
图 2-94 粗加工刀具轨迹

2.3.2 面铣

2.3.2.1 面铣的定义

面铣是一种专门用于加工表面几何的模板，它是平面铣的一种特例。面铣操作加工只能加工垂直于刀轴的平的面，操作时必须选择部件几何体和切削区域几何体以指定要加工的面。由于面铣在相对于刀轴的平面层移除材料，所以非平的面以及不垂直于刀轴的面将被忽略。

2.3.2.2 面铣的特点

与"平面铣"相比，"面铣"具有以下特点。

（1）交互非常简单，只需选择所有要加工的面，并指定要从各个面的顶部移动的余量即可。

（2）当区域互相靠近且高度相同时，它们就可以一起加工，这样就消除了某些进刀和退刀移动，节省了时间。另外，刀具在切削区域之间移动不太远，合并区域还会生成最有效的刀轨。

（3）面铣削提供一种描述需要从所选面的顶部移除的余量的快速简单方法。余量是自面向上而非自顶向下的方式进行建模的。

（4）使用"面铣"可轻松地加工实体上的平面，如通常在铸件上发现的固定凸垫。

（5）创建区域时，系统将面所在的实体识别为部件几何体。如果实体被选为部件，可以使用过切检查来避免部件过切。

（6）对于要加工的各个面，可以使用不同的切削模式，包括手工切削模式。

（7）刀具将完全切过固定凸垫，并在抬刀前完全清除部件。

（8）跨空区域切削时，可以使刀具保持切削状态而无须执行任何抬刀操作。

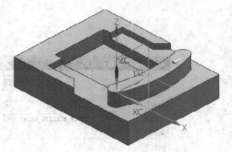

图 2-95　面铣加工实例零件图

2.3.2.3　面铣的创建

本小节通过一个零件模型面铣精加工操作为例，讲解面铣操作的一般步骤和操作方法，帮助读者了解面铣加工操作的实际应用。零件模型如图 2-95 所示。

1. 零件加工工艺分析

该零件对左侧多边形平面进行精加工，可选用面铣操作方式进行。刀具选用 D15 的平底刀。

2. 进入加工环境

（1）打开模型文件。

在 UG NX 8.0 中，打开模型文件 model3.2.prt。

（2）进入加工环境。

进入加工环境的步骤见平面铣实例操作。

3. 创建工序

面铣操作的创建和平面铣操作的创建相同，只是在【创建工序】对话框的【工序子类型】中选择【FACE_MILLING_AREA】图标，系统便弹出【面铣削区域】对话框，如图 2-96 所示。

4. 面铣操作

（1）机床坐标系的创建。

图 2-96　【面铣削区域】对话框

在【视图】工具条上单击【几何视图】图标，将【工序导航器】切换到【工序导航器—几何】窗口，如图 2-97 所示。在该窗口中双击【MCS-MILL】，弹出【Mill Orient】对话框，如图 2-98 所示。在该对话框中单击【CSYS】按钮，将加工坐标系定位到"0,0,65"的位置，具体操作可参见平面铣实例创建工件坐标系。单击【确定】按钮，退出【Mill Orient】对话框。

（2）创建铣削几何体。

① 面铣削几何体的定义及类型。

【面铣削区域】对话框中的【几何体】与【平面铣】对话框中【几何体】包括的内容不同。【面铣削区域】对话框中的【几何体】部分包括【指定部件】、【指定切削区域】、【指定壁几何体】和【指定检查体】。

- 指定部件：指定表示成品的体。为使用过切检查，必须指定或继承实体部件几何体。
- 指定切削区域：指定要切削的面。可选择多个面。
- 指定壁几何体：指定切削区域周围的壁面。当勾选【自动壁】时，【选择或编辑壁几何体】图标不可用。此时选择与切削区域相邻的所有面作为壁几何体。
- 指定检查体：使用【检查几何体】指定希望刀具避让的几何体。

② 面铣削几何体的设置。

在图 2-97 所示的窗口中双击【WORKPIECE】，弹出【铣削几何体】对话框，如图 2-99 所示。

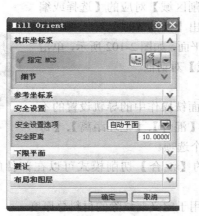

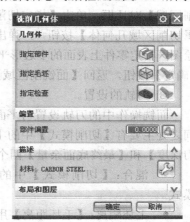

图 2-97 【工序导航器—几何】窗口　　　图 2-98 【Mill Orient】对话框　　　图 2-99 【铣削几何体】对话框

● 指定部件：在图 2-99 所示的对话框中，单击 图标，弹出【部件几何体】对话框，在绘图区点选零件图形，单击【确定】按钮，回到【铣削几何体】对话框。

● 指定毛坯：在图 2-99 所示的对话框中，单击 图标，弹出【毛坯几何体】对话框，如图 2-100 所示。在【类型】中选择【部件的偏置】，在【偏置】文本框中输入"1"，单击【确定】按钮，返回【铣削几何体】对话框，再单击【确定】按钮，退出【铣削几何体】对话框。

（3）创建刀具。

参照平面铣实例创建刀具的步骤创建刀具，刀具直径为 15 mm。

（4）创建面铣操作。

① 创建工序。

在【创建工序】工具条中单击【创建工序】按钮 ，弹出【创建工序】对话框。其设置参见图 2-101。

图 2-100 【毛坯几何体】对话框　　　　　　　　　图 2-101 【创建工序】对话框

② 指定切削区域。

单击【创建工序】对话框的【确定】按钮，弹出【面铣削区域】对话框。单击【指定切削区域】对应的【选择或编辑切削区域几何体】按钮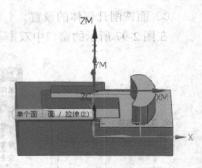，弹出【切削区域】对话框。在绘图区指定零件上表面的多边形平面，如图 2-102 所示，单击【确定】按钮，返回【面铣削区域】对话框。

③ 刀轨的设置。

面铣操作中的刀轨设置与平面铣操作中的导轨设置的不同之处主要有【切削模式】中的【混合】、【毛坯距离】、【每刀深度】和【最终底面余量】四个选项。

图 2-102 指定切削区域

* 混合：【切削模式】中的【混合】切削模式可以在部件的每个面上定义不同的切削模式。
* 毛坯距离：【毛坯距离】用于定义要移除的材料总厚度。
* 每刀深度：【每刀深度】指的是切削的深度。
* 最终底面余量：【最终底面余量】定义在面几何体上方剩余未切削材料的厚度。

在本实例中，刀轨设置如图 2-103 所示。【切削参数】拐角设置如图 2-104 所示。【进给率和速度】设置如图 2-105 所示。

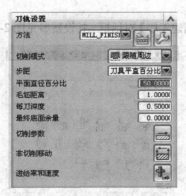

图 2-103 刀轨设置

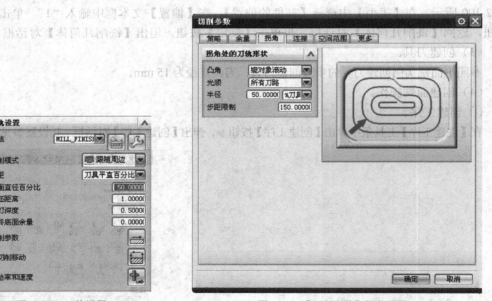

图 2-104 【切削参数】拐角设置

（5）生成刀轨。

在【面铣削区域】对话框中单击【操作】中【生成】按钮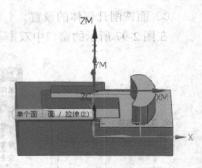，生成精加工刀具轨迹，如图 2-106 所示。

（6）保存文件。

单击【文件】下拉菜单，单击【保存】命令，保存文件。

图 2-105 【进给率和速度】设置

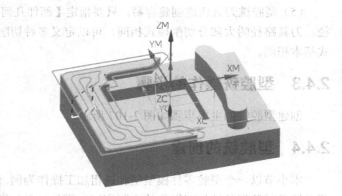

图 2-106 精加工刀具轨迹

2.4 型腔铣加工

型腔铣操作是 UG NX 8.0 数控加工中的一种粗加工方法。型腔铣是通过创建各种类型的几何体及切削层、非切削参数及切削参数等的设置，系统根据零件在不同深度的截面形状计算各层的刀具轨迹。它属于两轴半加工，等高加工方式，在同一高度内完成一层切削，遇到曲面时将其绕过，下降一个高度进行下一层的切削。在每一个切削层上，根据切削层与毛坯和部件几何体的交线来定义切削范围。

2.4.1 型腔铣的定义

型腔铣操作主要用于零件加工余量比较大的非直壁、岛屿和槽腔底面为平面或曲面的零件的粗加工，以及直壁或斜度不大的侧壁精加工、平面的精加工及清角加工等，是一种等高加工，对零件逐层铣削，系统按照零件在不同深度的截面形状计算各层的刀具轨迹，是数控加工中应用最为广泛的一种操作，以固定刀轴快速而高效地进行加工。

2.4.2 型腔铣的特点

型腔铣操作大部分用于粗加工，可切除毛坯零件的大部分余料。其操作具有以下特点。

（1）型腔铣根据加工零件形状的不同，将加工的区域在深度方向上划分成多个切削层，每个切削层可以指定不同的深度，生成不同的刀位轨迹。

（2）型腔铣可以采用边界、面、曲线或实体定义【部件几何体】和【毛坯几何体】。平面铣只能使用边界来定义部件材料。

（3）型腔铣切削效率较高，但加工后会留有层状余量，因此常用于零件的粗加工。

（4）型腔铣刀轴固定，可用于切削垂直于刀轴的切削层中的材料，也可切削具有带锥度的壁及轮廓底面零件的材料。平面铣只用于切削具有竖直壁面和平面突起的零件。平面铣可以加工的零件，型腔铣也可以加工。

（5）型腔铣刀具轨迹创建容易，只要指定【部件几何体】和【毛坯几何体】，即可生成刀具路径。刀具路径的大部分切削模式相同，可以定义多种切削模式。刀具参数，非切削参数的定义方式基本相同。

2.4.3　型腔铣操作的步骤

创建型腔铣的主要步骤如图 2-107 所示。

2.4.4　型腔铣的创建

本小节以一个型腔零件模型型腔铣粗加工操作为例，讲解型腔铣操作的一般步骤和操作方法，帮助读者了解型腔铣加工操作的实际应用。零件模型如图 2-108 所示。

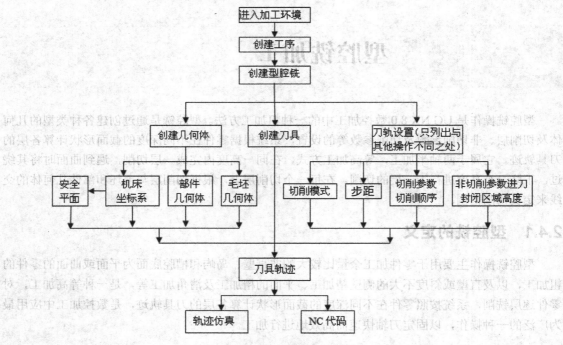

图 2-107　型腔铣操作主要步骤

1．零件加工工艺分析

通过分析可知，该零件存在较多锥形岛屿，存在陡峭区域。为了便于对刀，将加工坐标原点选在毛坯上表面的中心。为了提高加工效率，粗加工使用直径为 16 mm 的 R 刀。

2．进入加工环境

（1）在 UGNX 8.0 中打开待加工的零件模型。

（2）单击【开始】→【加工】命令，进入加工环境，如图2-109所示。

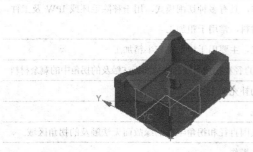

图2-108 型腔铣加工实例零件模型

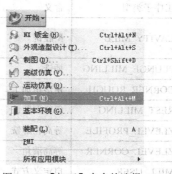

图2-109 【加工】命令的选择

当零件第一次调入加工环境时，系统会弹出【加工环境】对话框。该对话框用于加工环境的初始化，即选择一个相应的加工模板。

在创建型腔铣操作时选择【mill-contour】，即在【加工环境】对话框的【CAM会话配置】中选择【cam_general】，在【要创建的CAM设置】中选择【mill_contour】，单击【确定】按钮，系统根据指定的CAM设置，调用相应的数据库进行加工环境的初始化。从此进入型腔铣加工环境，如图2-110所示。

3. 创建工序

进入加工环境，首先创建加工工序，在【加工创建】工具条上单击【创建工序】按钮 ，弹出【创建工序】对话框，选择【类型】为【mill_contour】（型腔铣），如图2-111所示。

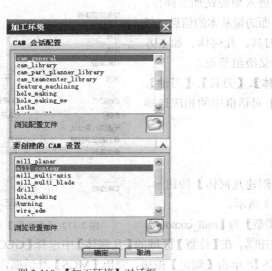

图2-110 【加工环境】对话框

图2-111 【创建工序】对话框

型腔铣加工模块共有21种工序子类型。在型腔铣的【工序子类型】列表中，每一个图标代表一种子类型，它们定制了型腔铣工序参数设置对话框。选择不同的图标，弹出不同的工序对话框，完成不同的加工操作。各子类型的说明如表2-113所示。

表 2-13　　　　　　　　　　　　　　型腔铣加工子类型

图标	工序子类型	含义	适用范围
	CAVITY_MILL	型腔铣	基本型腔铣操作，具有多种切削模式，用于移除毛坯或 IPW 及工件所定义的部分材料，常用于粗加工
	PLUNGE_MILLING	插铣	进给沿轴向加工，主要用于粗加工和半精加工
	CORNER_ROUGH	角落粗加工	切削前一刀具因直径和拐角半径的缘故而无法触及的拐角中的剩余材料
	REST_MILLING	斜料型腔铣	型腔铣粗加工的补充加工
	ZLEVEL_PROFILE	等高轮廓铣	基本等高轮廓铣
	ZLEVEL_CORNER	等高清角	精加工前一刀具因直径和拐角半径的缘故而无法触及的拐角区域
	MILL_USER	自定义方式	自定义参数建立操作
	MILL_CONTROL	机床控制	创建机床控制事件，添加后处理命令

在【创建工序】对话框中选择完加工类型和子类型后，需要指定工序所在的程序组、所使用的刀具、几何体与加工方法父节点组，如图 2-111 所示。

如果已经创建好程序、刀具、几何体和加工方法，在【创建工序】对话框中可以直接在相应的下拉列表中选择；如果没有创建，则可以在此处创建，或者在进入【型腔铣】对话框以后再进行选择及编辑。

4．型腔铣操作

在【创建工序】对话框中，选择【类型】为【mill_contour】（型腔铣），【工序子类型】选择好后，制定【位置】中的程序组、所使用刀具、几何体和加工方法，单击【确定】按钮，弹出【型腔铣】对话框，如图 2-112 所示，进入型腔铣加工操作。

UG 为了创建操作，主要收集四个方面的最基本的信息（任何一类操作都是这样）。那就是程序、刀具、几何体、加工方法这四类信息——这四类信息也被称为父级组节点。

【型腔铣】对话框主要包括：【几何体】、【刀具】、【刀轴】、【刀轨设置】等，设置方法与【平面铣】对话框中的相应选项基本相同。

（1）机床坐标系和安全平面的创建。

① 机床坐标系的创建。

在【加工创建】工具条上，选择【创建几何体】按钮，弹出【创建几何体】对话框，如图 2-113 所示。

在【创建几何体】对话框中，选择【类型】为【mill_contour】，

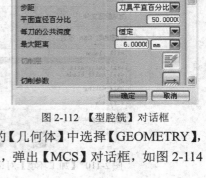

图 2-112　【型腔铣】对话框

在【几何体子类型】区域选择【MCS】按钮，在【位置】区域的【几何体】中选择【GEOMETRY】，在【名称】中选择系统默认的名称【MCS】，单击【确定】按钮，弹出【MCS】对话框，如图 2-114 所示。

在【MCS】对话框的【机床坐标系】中单击【CSYS】按钮，弹出【CSYS】对话框，如图 2-115 所示。在【类型】中选择动态，在【参考】中选择【WCS】选项，在图形区弹出浮动对话框，如图 2-116 所示。

图 2-113 【创建几何体】对话框

图 2-114 【MCS】对话框

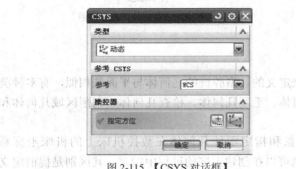

图 2-115 【CSYS 对话框】

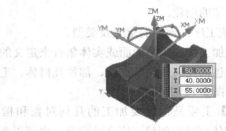

图 2-116 浮动对话框

在浮动对话框的【X】、【Y】、【Z】中分别输入"50"、"40"、"55",单击【CSYS】对话框中【确定】按钮,机床坐标系创建完毕,如图 2-117 所示。

或在【操控器】中选择按钮,弹出【点】对话框,如图 2-118 所示。在【XC】、【YC】、【ZC】中输入需要的坐标值,单击【确定】按钮,返回【CSYS】对话框,单击【确定】按钮,返回【MCS】对话框,完成机床坐标系的创建。

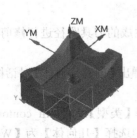

图 2-117 所创建的机床坐标系

图 2-118 【点】对话框

② 安全平面的创建。
在【MCS】对话框的【安全设置】中选择【安全设置选项】为【平面】。在【指定平面】中

单击【平面】按钮，弹出【平面】对话框。在【平面】对话框中选择【类型】为【XC-YC 平面】，在【偏置和参考】中选中【WCS】，在【距离】中输入"60"，如图 2-119 所示，单击【确定】按钮，返回【MCS】对话框。安全平面创建完成，如图 2-120 所示。

图 2-119　【平面】对话框

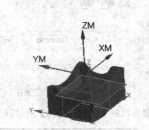

图 2-120　所创建的安全平面

（2）几何体的创建。

① 型腔铣工序几何体的定义及类型。

型腔铣的加工区域是由曲面或实体集合来定义的。型腔铣的几何体与平面铣相似，有多种类型。它的设置包括几何体父节点组、部件几何体、毛坯几何体、检查几何体、切削区域几何体和修剪边界，如图 2-121 所示。

【几何体】主要是定义要加工的几何对象和指定零件几何体在数控机床上的机床坐标系（MCS）。几何体可以在创建工序之前定义，也可以在创建工序的过程中指定。其区别是提前定义的加工几何体可以为多个工序使用，而在创建工序的过程中指定的几何体只能为该工序使用。

型腔铣的几何体类型如下。

• "部件几何体"是指最终部件的几何体，即加工完成后的零件。"部件几何体"用于控制刀具切削的深度和范围，可以选择特征、几何体（实体、曲面、曲线）和小面模型来定义部件几何体。

• "毛坯几何体"是指要加工的原材料。"毛坯几何体"可以通过特征、几何体（实体、曲面、曲线）来定义。在型腔铣中，"部件几何体"和"毛坯几何体"共同决定了加工刀具路径的范围。在创建等高轮廓铣时没有"毛坯几何体"选项。

• "检查几何体"是指刀具在切削过程中要避让的几何体，如夹具和其他工装设备等。可以用实体几何对象定义任何形状的检查几何体。

• "切削区域几何体"用来创建局部的型腔铣操作，指定部件几何体被加工的区域。切削区域可以是部件几何体的一部分，也可以是整个部件几何体。

• "修剪边界"用于进一步控制刀具的运动范围，对生成的刀具路径进行修剪。

② 各型腔铣几何体的创建。

在【加工创建】工具条上，单击【创建几何体】按钮，弹出【创建几何体】对话框，如图 2-122 所示。

• 创建部件几何体：在【创建几何体】对话框中，选择【类型】为【mill_contour】，单击【几何体子类型】中的【WORKPIECE】按钮，在【位置】中选择【几何体】为【WORKPIECE】，选择【名称】为系统默认名称【WORKPIECE_1】，单击【确定】按钮，弹出【工件】对话框，如图 2-123 所示。在【工件】对话框中单击【选择或编辑部件几何体】按钮，弹出【部件几何体】对话框。选择零件实体模型为部件几何体，如图 2-124 所示。在【部件几何体】对话框中单击【确定】按钮，系统返回【工件】对话框，部件几何体创建完毕。

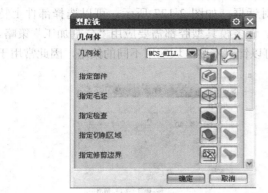

图 2-121 【型腔铣】对话框中几何体

图 2-122 【创建几何体】对话框

图 2-123 【工件】对话框

图 2-124 【部件几何体】对话框

● 创建毛坯几何体：在【工件】对话框中，在【指定毛坯】后单击【选择或编辑毛坯几何体】按钮，弹出【毛坯几何体】对话框，如图 2-125（a）所示。在【类型】中选择 包容块，毛坯几何体显示如图 2-125（b）所示。单击【确定】按钮，毛坯几何体创建完毕，系统返回【工件】对话框。

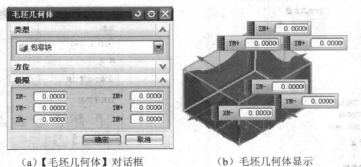

（a）【毛坯几何体】对话框　　　　（b）毛坯几何体显示

图 2-125　创建毛坯几何体

● 创建检查几何体：在【工件】对话框中，单击对话框上部【几何体】选项中的【指定检查】按钮，弹出 【检查几何体】对话框，如图 2-126 所示。该对话框用于设定刀具需要避免切削的对象。其中的选项与【部件几何体】对话框基本相同。

- 创建切削区域几何体：在【创建几何体】对话框中，单击【几何体子类型】选项中的【切削区域】按钮，系统将弹出【切削区域】对话框，如图 2-127 所示。可以选择部件上特定的面来包含切削区域，而不需要选择整个实体。许多模具型腔都需要应用"分割加工"策略，这时型腔将被分割成独立的可管理的区域，随后可以针对不同区域应用不同的策略，因此常用于模具和冲模加工。

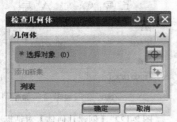

图 2-126 【检查几何体】对话框

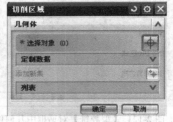

图 2-127 【切削区域】对话框

【切削区域】位于型腔铣操作的几何体选择中，也可以从几何体组中继承。选择单个面或多个面作为切削区域。如果不选择切削区域，系统就把已定义的整个部件几何体，包括刀具不能切削的区域作为切削区域。

- 创建修剪边界几何体：在【型腔铣】对话框中，单击【几何体】选项中的【修剪边界】按钮，系统将弹出【修剪边界】对话框，如图 2-128 所示。该对话框的选项与【平面铣】中【修剪边界】的操作基本相同，可参考【平面铣】相应的讲解，在此不再重述。

（3）创建刀具。

在【加工创建】工具条上，单击【创建刀具】按钮，弹出【创建刀具】对话框，如图 2-129 所示。在【类型】中选择【mill_contour】，在【刀具子类型】中选择【MILL】按钮，在【刀具】中选择【GENERIC_MACHIN】，在【名称】中输入【MILL_D16R1】，单击【确定】按钮，弹出【铣刀-5 参数】对话框。在【铣刀-5 参数】对话框中设置刀具参数，如图 2-130 所示。单击【确定】按钮，完成刀具创建。

图 2-128 【修剪边界】对话框

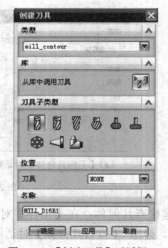

图 2-129 【创建刀具】对话框

（4）创建型腔铣操作。

① 创建工序。

- 在【加工创建】工具条上单击【创建工序】按钮 ，弹出【创建工序】对话框。
- 确定加工方法。在【创建工序】对话框的【类型】中选择【mill_contour】，在【工序子类型】中选择【CAVITY_MILL】按钮 ，在【程序】中选择【PROGRAM】，在【刀具】中选择【MILL_D16R1】，在【几何体】中选择【WORKPIECE_1】，在【方法】中选择【MILL_ROUGH】，在【名称】中输入【CAVITY_ROUGH】，单击【确定】按钮，弹出【型腔铣】对话框，如图 2-131 所示。

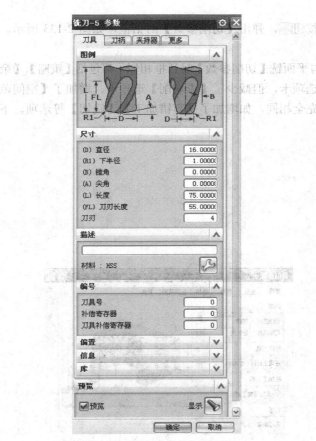

图 2-130 【铣刀-5 参数】对话框

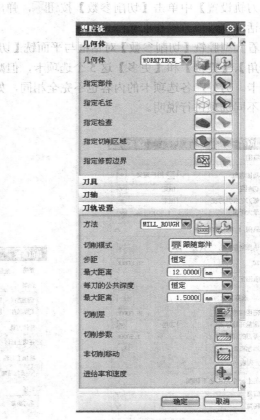

图 2-131 【型腔铣】对话框

② 刀轨的设置。

在【型腔铣】对话框中，【刀轨设置】的有些选项与【平面铣】中的相应选项基本相同，而有些选项则有较大差别，在此只对有较大差别的选项进行讲解。

a．设置切削模式。

在【型腔铣】对话框的【切削模式】中选择 跟随部件。

b．设置步距。

在【步距】中选择【恒定】，在【最大距离】中输入"12.0"。

c. 每刀的公共深度的设置。

在【每刀的公共深度】中选择【恒定】，在【最大距离】中输入"1.5"。

d. 设置切削层。

"型腔铣"是水平切削操作（两轴半操作），包含多个切削层，系统在一个恒定的深度完成切削后再移至下一深度。对于型腔铣，可以指定切削平面，这些切削平面决定了刀具在切除材料时的切削深度，即定义了切削层。在同一个切削层中，每刀的切削深度相同。

在【刀轨设置】选项组中单击【切削层】按钮 ，系统将弹出如图 2-132 所示的【切削层】对话框，同时图形区将高亮显示系统自动确定的切削层。

e. 设置切削参数。

在【刀轨设置】中单击【切削参数】按钮 ，弹出【切削参数】对话框，如图 2-133 所示。使用此对话框可以修改操作的切削参数。

可以看到型腔铣【切削参数】对话框与平面铣【切削参数】对话框相似，都包括【策略】、【余量】、【拐角】、【连接】和【更多】这 5 个选项卡，但减少了【未切削】选项卡，增加了【空间范围】选项卡。另外，各选项卡的内容也不完全相同，如增加了【容错加工】、【底切】等选项。下面着重就不同选项进行说明。

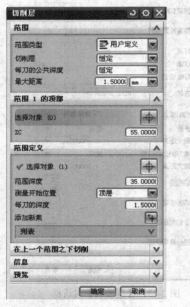

图 2-132　【切削层】对话框

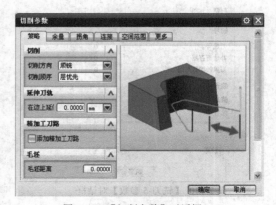

图 2-133　【切削参数】对话框

i 策略。

【策略】是【切削参数】对话框的默认选项，用于定义最常用的或主要的参数。与平面铣相比，型腔铣增加了【延伸刀轨】选项。该选项主要用于等高轮廓铣中，将在后续章节详细介绍。

ii 余量。

在【切削参数】对话框中，单击【余量】选项卡，对话框将如图 2-134 所示。【余量】选项卡用于确定完成当前操作后部件上剩余的材料量和加工的容差参数。在该对话框中可以设置【部件侧面余量】、【部件底面余量】、【毛坯余量】、【检查余量】、【修剪余量】和【内公差】、【外公差】等。与平面铣不同的是，型腔铣中可以通过【使底面余量与侧面余量一致】复选框将【部件底面余量】设置为相同或是分别进行设置。

【切削参数】具体设置如下。

在【切削参数】对话框中单击【余量】选项卡，取消勾选【使底面余量与侧面余量一致】，设置【部件侧面余量】为"0.5"，设置【部件底面余量】为"0.3"，如图 2-134 所示。

其余参数接受默认设置，单击【确定】按钮，余量设置完毕。

iii 空间范围。

在【切削参数】对话框中，单击【空间范围】选项卡，对话框将如图 2-135 所示。【空间范围】是型腔铣比平面铣增加的切削参数选项卡，包括【毛坯】、【碰撞检测】、【小面积避让】、【参考刀具】和【陡峭】选项组。

● 修剪方式：当没有定义【毛坯几何体】时，修剪方式将根据所选【部件几何体】的外边缘（轮廓线）创建【毛坯几何体】。修剪可使处理器在没有明确定义【毛坯几何体】的情况下识别出型芯部件的【毛坯几何体】。在【空间范围】选项卡【毛坯】选项【修剪方式】中，当在【更多】选项卡中选择【容错加工】时，包括【无】和【轮廓线】两个选项；不选择【容错加工】时，包括【无】和【外部边】两个选项。

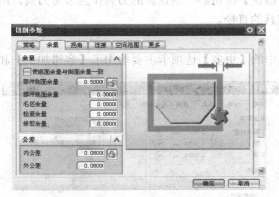

图 2-134 【余量】选项卡

图 2-135 【空间范围】选项卡

● 处理中的工件：NX 使用处理中的工件（IPW）的多个定义处理先前操作剩余的材料。

使用【处理中的工件】的好处如下。

第一，将处理中的工件用作【毛坯几何体】，允许处理器仅根据实际工件的当前状态对区域进行加工。这就避免在已经切削过的区域中进行空切。

第二，在连续操作中可打开此选项，以便仅切削仍具有材料的区域，半径较小的刀具将仅加工先前使用较大刀具的操作未切削到的区域。

第三，使用形状相似但增加了长度的一系列刀具，可使用最短的刀具切削最多数量的材料。借助更长的刀具进行后续操作，仅需要加工其他操作无法触及的材料。

第四，从型腔铣内，可同时显示操作的输入 IPW 和输出 IPW。从操作导航器，可显示操作的输出 IPW。

【　　　　最小材料：【最小材料】用来确定在使用处理中的工件、刀具夹持器或参考刀具时要移除的最少材料量。

使用处理中的工件作为毛坯时，尤其是在较大的部件上，软件可能生成刀轨以移除小切削区域中的材料。

- 检查刀具和夹持器：【检查刀具和夹持器】是【面铣削】、【等高轮廓铣】、【固定轴曲面轮廓铣】和【型腔铣】都使用的切削参数。

【检查刀具和夹持器】选项有助于避免刀柄与工件的碰撞，并在操作中选择尽可能短的刀具。系统将首先检查刀柄是否会与工序模型（IPW）、【毛坯几何体】、【部件几何体】或【检查几何体】发生碰撞。

夹持器在【刀具定义】对话框中被定义为一组圆柱或带锥度的圆柱。系统使用刀具夹持器形状加最小间隙值来保证与几何体的安全距离。任何将导致碰撞的区域都将从切削区域中排除，因此，得到的刀轨在切削材料时不会发生刀轨碰撞的情况。需排除的材料在完成每个切削层后都将被更新，以最大限度地增加可切削区域。同时，由于上层材料已切除，刀柄至工件底层的活动空间越来越大。必须在后续操作中使用更长的刀具来切削排除（碰撞）区域。

- 参考刀具：加工中刀具半径决定了侧壁之间的材料残余，刀具底角半径决定侧壁与底面之间多的材料残余。可使用参考刀具加工上一个刀具未加工到的拐角中剩余的材料，该操作的刀轨与其他型腔铣或深度加工操作相似，但是仅限制在拐角区域。

可以通过下拉菜单选择现有的刀具或单击【新建】按钮 ，创建新的刀具作为参考刀具。所选择或创建的刀具直径必须大于当前操作所用刀具的直径。

iv 更多。

与平面铣相比，型腔铣【切削参数】对话框中的【更多】选项卡主要增加了【容错加工】和【底切】两个选项，如图 2-136 所示。

- 容错加工：容错加工能够找到正确的可加工区域而不过切部件。对于大多数铣削操作，都应将【容错加工】方法打开。

- 底切：防止底切通过使系统在生成刀轨时考虑底切几何体，从而防止刀柄与【部件几何体】之间产生摩擦。

进行型腔铣时，打开防止底切后，系统将对刀柄应用完整的【水平间距】（在【进刀/退刀】方法下指定），但如果【水平安全距离】大于刀具半径，则会应用刀具半径。当刀柄位于底切之上且距离与刀具半径相等时，随着刀具更深地切过切削层，刀具将逐渐从底切处移走。当刀柄接触到底切时，将应用完整的【水平安全距离】。

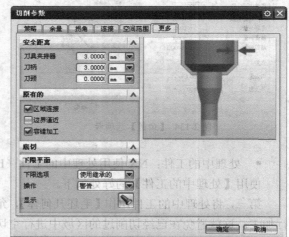

图 2-136　【更多】选项卡

f. 设置非切削移动参数。

i 在【型腔铣】对话框中，单击【非切削移动】按钮 ，弹出【非切削移动】对话框。

ii 设置进刀方式，如图 2-137 所示。

iii 设置退刀方式，如图 2-138 所示。

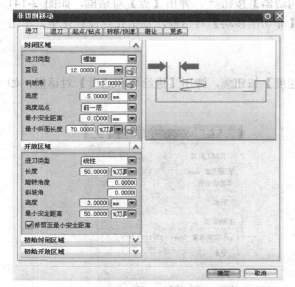

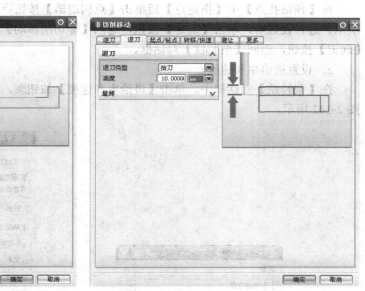

图 2-137 【非切削移动】对话框中【进刀】选项卡　　　　图 2-138 【非切削移动】对话框中【退刀】选项卡

iv 设置区域起点。

在【非切削移动】对话框中单击【起点/钻点】选项卡，如图 2-139 所示。单击【区域起点】，单击【指定点】后的【点构造器】按钮⊞，弹出【点】对话框，如图 2-140 所示。进行设置后，单击【确定】按钮，返回【非切削移动】对话框，起点设置完毕。

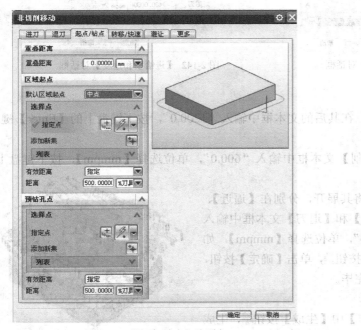

图 2-139 【起点/钻点】选项卡　　　　　　图 2-140 【点】对话框

ⅴ 设置预钻孔点。

在【预钻孔点】中【指定点】后单击【点构造器】按钮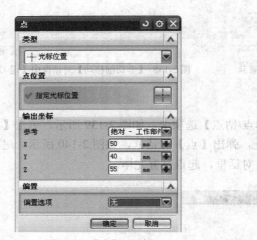，弹出【点】对话框，如图 2-141 所示。进行设置后，单击【确定】按钮，返回【非切削移动】对话框，预钻孔点设置完毕。单击【确定】按钮，返回【型腔铣】对话框。

g. 设置进给率和速度。

在【型腔铣】对话框中，单击【进给率和速度】按钮，弹出【进给率和速度】对话框，如图 2-142 所示。

图 2-141 【点】对话框

图 2-142 【进给率和速度】对话框

ⅰ 设置主轴速度。

选中【主轴速度】复选框，在其后的文本框中输入"1200.0"，按下键盘上的【Enter】键。

ⅱ 设置进给率。

在【进给率】区域的【切削】文本框中输入"600.0"，单位选择【mmpm】，按下键盘上的【Enter】键。

ⅲ 单击【更多】选项组，将其展开，分别在【逼近】、【进刀】、【第一刀切削】、【步进】和【退刀】文本框中输入"400"、"350"、"300"和"400"，单位选择【mmpm】，如图 2-142 所示。单击【计算器】按钮，单击【确定】按钮，返回【型腔铣】对话框，设置完毕。

（5）生成刀具轨迹。

在【型腔铣】中单击【操作】中【生成】按钮，生成粗加工刀具轨迹，如图 2-143 所示。

图 2-143 粗加工刀具轨迹

（6）保存文件。

选择【文件】下拉菜单，单击【保存】命令，保存文件。

2.5　等高轮廓铣加工

等高轮廓铣操作是一种特殊的型腔铣操作。等高轮廓铣是一种固定的轴铣削操作，可以用于多个切削层实体加工和对曲面部件进行轮廓铣。该操作除了可以指定部件几何体外，还可以指定切削区域作为部件几何体的子集，用于限制切削区域。若没有定义切削区域几何体，则对整个零件进行切削。

2.5.1　等高轮廓铣的定义

等高轮廓铣主要用于半精加工和精加工，是一种固定的轴铣削操作，又称"深度铣"。等高轮廓铣能够自动检测"部件几何体"的陡峭区域，定制追踪形状，并对追踪形状进行排序，指定"陡角"，以区分陡峭区域和非陡峭区域，在这些区域都不过切的情况下，对这些区域进行切削加工。

2.5.2　等高轮廓铣的特点

等高轮廓铣作为一种固定的轴铣操作，有如下特点。

（1）等高轮廓铣不需要毛坯几何体。

（2）等高轮廓铣使用在操作中选择的或从"mill_area"几何体组中继承的切削区域。

（3）等高轮廓铣可从"mill_area"组中继承修剪边界。

（4）等高轮廓铣具有陡峭空间范围。

（5）当首先进行深度切削时，等高轮廓铣按形状进行排序，而"型腔铣"按区域进行排序，这就意味着岛部件形状上的所有层都将在移至下一个岛之前进行切削。

（6）在封闭形状上，等高轮廓铣可以通过直接斜削到部件上在层之间移动，从而创建螺旋线形刀轨。

（7）在开放形状上，等高轮廓铣可以交替方向切削，从而沿着壁向下创建往复运动。

（8）等高轮廓铣对高速加工尤其有效。使用等高轮廓铣可以保持陡峭壁上的残余高度，可以在一个操作中切削多个层；可以在一个操作中切削多个特征（区域），可以对薄壁部件按层（水线）进行切削，在各个层中可以广泛使用线形、圆形和螺旋进刀方式，可以使刀具与材料保持恒定接触。

2.5.3　创建等高轮廓铣的主要步骤

创建等高轮廓铣的主要步骤与其他铣削基本相似，如图 2-144 所示。

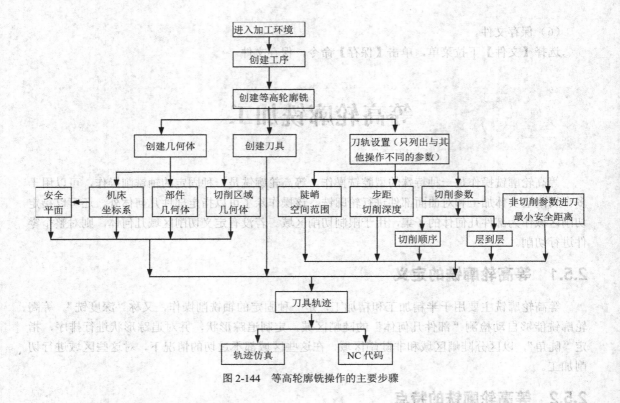

图 2-144　等高轮廓铣操作的主要步骤

2.5.4　创建等高轮廓铣操作

本小节以一个具有陡峭区域的零件模型等高轮廓铣精加工操作为例，讲解等高轮廓铣操作的一般步骤和操作方法，从而帮助读者掌握等高轮廓铣加工操作的实际应用。

零件模型如图 2-145 所示。

1．进入加工环境

（1）打开待加工的零件模型。

（2）单击【开始】→【加工】命令，进入加工环境。系统会弹出【加工环境】对话框，对加工环境进行初始化。等高轮廓铣是一种特殊的型腔铣，因此创建等高轮廓铣的操作和创建型腔铣的操作

图 2-145　零件模型

相同。在【加工环境】对话框的【CAM 会话配置】中选择【cam_general】，在【要创建的 CAM 设置】中选择【mill_contour】，单击【确定】按钮，系统调用相应的数据库进行加工环境的初始化。从此进入加工环境。

2．创建工序

进入加工环境，首先创建加工工序，在【加工创建】工具条上单击【创建工序】按钮，弹出【创建工序】对话框。

在【创建工序】对话框中，在【工序子类型】区域选择等高轮廓铣【ZLEVEL_PROFILE】按钮，在【位置】选项组的【程序】中选择【PROGRAM】，在【刀具】中选择【NONE】，在【几何体】中选择【MCS_MILL】，在【方法】中选择【MILL_FINISH】，在【名称】中采用系统默认的名称【ZLEVEL_PROFILE】，如图 2-146 所示。单击【确定】按钮，弹出【深度加工轮廓】对

话框，如图 2-147 所示，进入等高轮廓铣加工操作。

3．创建等高轮廓铣操作

（1）机床坐标系和安全平面的创建。

① 机床坐标系的创建。

在【深度加工轮廓】对话框的【几何体】中选择【新建】按钮 ，弹出【新建几何体】对话框。选择【MCS】按钮 ，在【几何体】中选择【GEOMER】，在【名称】中选择系统默认的名称【MCS】，单击【确定】按钮，弹出【MCS】对话框。

在【MCS】对话框的【机床坐标系】中单击【CSYS】按钮 ，弹出【CSYS】对话框。在【类型】中选择 动态，在【操控器】中选择 按钮，弹出【点】对话框。在【参考】中选择【WCS】选项，在【XC】、【YC】、【ZC】中分别输入需要的坐标值"0"、"0"、"60"，如图 2-148 所示。单击【确定】按钮，返回【CSYS】对话框。单击【确定】按钮，返回【MCS】对话框，完成机床坐标系的创建。

图 2-146　【创建工序】对话框

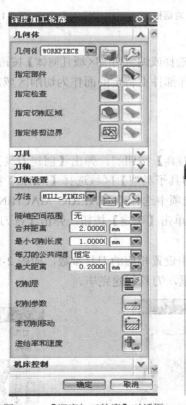

图 2-147　【深度加工轮廓】对话框

图 2-148　【点】对话框

② 安全平面的创建。

在【MCS】对话框的【安全设置】中选择【安全设置选项】为【平面】，在【指定平面】中单击【平面】按钮 ，弹出【平面】对话框，如图 2-149 所示。选择模型零件的参考平面，在【偏置】选项组的【距离】中输入"10"，单击【确定】按钮，返回【MCS】对话框，完成安全平面的创建，如图 2-150 所示。

（2）几何体的创建。

① 部件几何体的创建。

在【新建几何体】对话框中单击【WORKPIECE】按钮 ，弹出【工件】对话框。单击【部件几何体】按钮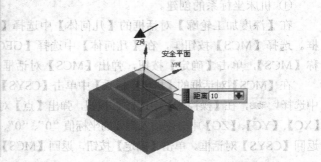，弹出【部件几何体】对话框。选择需要加工的零件，单击【确定】按钮，完成部件几何体的定义。单击【确定】按钮，返回【深度加工轮廓】对话框。

图 2-149　【平面】对话框　　　　　　　　图 2-150　创建的安全平面

② 切削区域几何体的创建。

在【几何体】区域中单击【选择或编辑切削区域几何体】按钮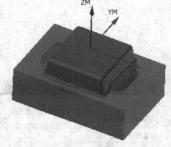，弹出【切削区域】对话框，选择部件上特定的面作为切削区域，如图 2-151 所示。

（3）创建刀具。

① 创建刀具。

在【刀具】中单击【创建刀具】按钮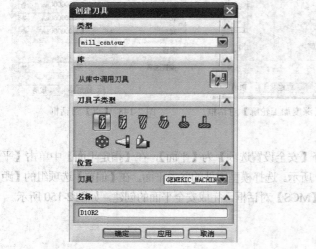，弹出【创建刀具】对话框，如图 2-152 所示。在【刀具子类型】区域选择【MILL】按钮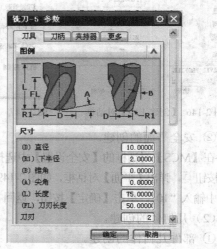，在【位置】区域【刀具】选项中选择【GENERIC_MACHINE】，在【名称】中输入"D10R2"，单击【确定】按钮，弹出【铣刀-5 参数】对话框。

图 2-151　切削区域的指定

② 设置刀具参数。

在【铣刀-5 参数】对话框中设置相应的刀具参数，如图 2-153 所示。单击【确定】按钮，系统返回【深度加工轮廓】对话框，刀具创建完毕。

图 2-152　【新建刀具】对话框　　　　　　图 2-153　【铣刀-5 参数】对话框

（4）刀轨设置。

① 刀具路径设置。

刀轨设置内容如图 2-154 所示。

a. 陡峭空间范围。

【陡峭空间范围】主要用于设置陡峭角度。这是等高轮廓铣的一个非常重要的参数。下拉菜单中包括两个选项：【无】和【仅陡峭的】。

若选择【仅陡峭的】，就可以在【角度】文本框中设定陡峭角度。陡峭角是指刀轴与该点处法向矢量所形成的夹角，只有陡峭角大于或等于指定的陡峭角度的部件区域才能被加工。

若选择【无】，则不指定陡峭角度，系统根据【部件几何体】和任何【指定切削区域】几何体来定义的切削范围进行加工。

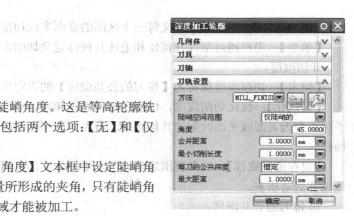

图 2-154　刀轨设置

b. 合并距离。

用于设置在进行不连贯的切削运动时，通过【合并距离】来消除刀轨中小的不连续性或不希望出现的缝隙的距离值，即连接切削移动的端点时刀具要跨过的距离。

这些不连续性有时是由表面间的缝隙引起的，有时是当工件表面的陡峭度与指定的【陡角】非常接近时，由工件表面陡峭角的微小变化引起的，常常发生在刀具从工件表面退刀的位置。

c. 最小切削长度。

用于设置生成刀具轨迹时的最小长度值。当切削运动的距离小于指定的最小切削长度值时，系统不会在该处创建刀具轨迹，以此可以消除岛屿区域内的刀具轨迹。

d. 每刀的公共深度。

用于设置加工区域内每次切削的深度。系统通过【每刀的公共深度】计算切削层。

刀具路径参数具体设置如下。

在【深度加工轮廓】对话框中，在【刀轨设置】区域的【陡峭空间范围】中选择【仅陡峭的】，在【角度】中输入"45"，在【合并距离】中输入"3.0"，在【最小切削长度】中输入"1.0"，在【每刀的公共深度】中选择【恒定】，在【最大距离】处输入"1.0"，如图 2-154 所示。

② 切削层设置。

在【深度加工轮廓】对话框中单击【切削层】按钮，弹出【切削层】对话框，如图 2-155 所示。这里选择系统默认参数，单击【确定】按钮，系统返回【深度加工轮廓】对话框。

a. 范围。

i 范围类型。

【自动】：使用此类型，用户可以通过与零件相关联的平面自动生成多个切削层。

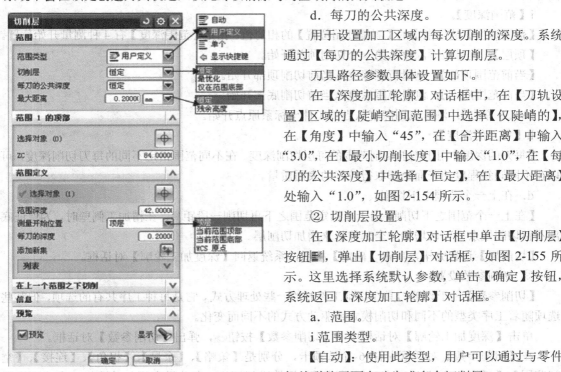

图 2-155　【切削层】对话框

【用户定义】：用户通过定义每一个区间的底面生成切削层。

【单个】：用户通过部件几何体和毛坯几何体定义切削深度。

ii 切削层。

【恒定】：切削深度保持为【每刀的公共深度】的设定值。

【最优化】：优化切削深度，以便在部件间距和残余高度方面更加一致。最优化在从陡峭或几乎竖直变为表面或平面时创建其他切削，最大切削深度不超过全局每刀深度值，仅用于深度加工操作。

【仅在范围底部】：仅在范围底部切削，不细分切削范围。选择此选项将使全局每刀深度选项处于非活动状态。

iii 每刀的公共深度。

【每刀的公共深度】用于设置每个切削层的最大深度。通过对【每刀的公共深度】进行设置，系统自动计算分几层进行切削。

b．范围 1 的顶部。

【范围 1 的顶部】用于指定切削层的最高处。可以在图形上选择一个点来确定切削层的顶部，也可以直接设置 ZC 的值。默认情况下，以部件或毛坯的最高点作为范围 1 的顶部；需要局部加工时，可以指定一个位置作为范围 1 的顶部。

c．范围定义。

【范围定义】用于定义当前范围的大小。

可以通过在图形上选择对象，以选择的对象所在位置为当前范围的底部，也可以直接指定范围深度。另外，也可以通过指定【范围深度】值的方式来进行指定。

i【范围深度】。

【范围深度】是与指定的【测量开始位置】的相对值。指定【范围深度】有 4 种测量开始位置。

【顶层】：测量范围深度从第一个切削顶部开始。

【当前范围顶部】：测量范围深度从当前切削顶部开始。

【当前范围底部】：测量范围深度从当前切削底部开始。

【WCS 原点】：测量范围深度从当前工件坐标系原点开始。

ii【每刀的深度】。

【每刀的深度】用于当前切削范围的每层切削深度。在不同范围指定不同的每刀切削深度，可以在不同倾斜程度的表面上都取得较好的表面质量。

d．在上一个范围之下切削。

【在上一个范围之下切削】用于在指定范围之下再切削一段距离。在精加工侧壁时，为保证底部不留切削残余，可以增加一个延伸值来增加切削层。

【切削层】设置完毕，单击【确定】按钮，系统返回【深度加工轮廓】对话框。

③ 切削参数设置。

【切削参数】用于设置刀具在切削工件时的一些处理方式。它是每种工序共有的选项，但某些选项随着工序类型的不同和切削模式或驱动方式的不同而变化。

单击【深度加工轮廓】对话框中的【切削参数】按钮▦，弹出【切削参数】对话框。

在【切削参数】对话框中有 6 个选项卡，分别是【策略】、【余量】、【拐角】、【连接】、【空间范围】、【更多】。这些选项卡可以通过顶部标签进行切换。在此只介绍与前述加工方式不同的两个选项卡:【策略】和【连接】。

a. 策略。

在【切削参数】对话框中单击【策略】选项卡,如图2-156所示。

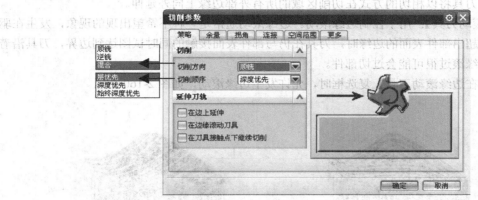

图2-156 【策略】选项卡

i 切削方向。

【切削方向】:切削方向可以选择顺铣、逆铣或混合,通常情况下选择顺铣,但在加工工件为锻件或铸件且表面未粗加工时应优先选择逆铣。对于往复切削,将产生混合刀具轨迹。

ii 切削顺序。

【切削顺序】:指定含有多个区域和多层刀轨的切削顺序。【切削顺序】有【深度优先】、【层优先】和【始终深度优先】三个选项。

【深度优先】:在加工过程中按区域对形状进行加工,加工完一个区域的形状后再转移到下一个区域的形状加工,如图2-157所示。

【层优先】:指刀具在一定的深度上,即在一个切削层上加工完所有的形状,再到下一个切削层对所有的形状进行加工。在切削过程中,刀具在各个切削区域不同的形状间进行不断转换,如图2-158所示。

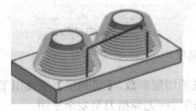

图2-157 深度优先

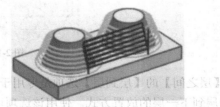

图2-158 层优先

【始终深度优先】:指刀具在整个加工过程中,始终按【深度优先】进行加工。

一般等高轮廓铣选择【深度优先】,以减少抬刀次数。对外形一致性要求高或者薄壁零件的精加工选择【层优先】。

iii 延伸刀轨。

【延伸刀轨】:主要用来设置刀具切入切出时的刀轨。

【在边上延伸】:可以将切削区域向外延伸,避免刀具切削外部边缘时停留在边缘处,以至于边上有残余。另外，也可以在刀轨的起点和终点添加切削运动，以确保刀具平滑进入和退出部件。使用【在边上延伸】可省去在部件周围生成带状曲面的费时任务，但效果相同，如图 2-159 所示。

该选项只有在选择了切削区域几何体后才起作用。若选择的几何体没有切削区域，则没有可延伸的边缘，刀具将以相切的方式在切削区域的所有外部边缘上向外延伸。

【在边缘滚动刀具】：用于控制边缘滚动。边缘滚动通常是一种不希望出现的现象，发生在驱动轨迹的延伸超出部件表面的边缘时，刀具在仍与部件表面接触的同时试图达到边界，刀具沿着部件表面的边缘滚过很可能会过切部件。

当选中【在边缘滚动刀具】复选框时，允许发生边缘滚动，如图 2-160 所示。

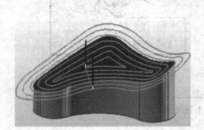

图 2-159　在边上延伸

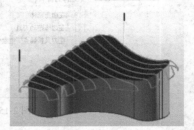

图 2-160　在边缘滚动刀具

b. 连接。

在【切削参数】对话框中单击【连接】选项卡，如图 2-161 所示。

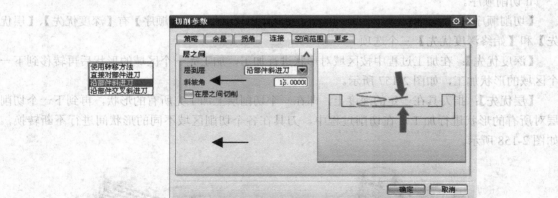

图 2-161　【连接】选项卡

【层之间】的【层到层】选项是专用于等高轮廓铣的切削参数。【层到层】主要用于确定刀具从一层到下一层的放置方式。使用该选项可切削所有的层而无须抬刀至安全平面。

【层到层】包括【使用转移方法】、【直接对部件进刀】、【沿部件斜进刀】和【沿部件交叉斜进刀】四个选项。加工开放区域时，【层到层】下拉菜单中的最后两个选项【沿部件斜进刀】和【沿部件交叉斜进刀】将处于不可用状态。

【使用转移方法】：将使用在【进刀/退刀】对话框中所指定的任何信息。刀具在完成每个刀路后都会抬刀至安全平面，然后进刀，如图 2-162 所示。

【直接对部件进刀】：以跟随部件的方式，与普通步距运动相似，消除了不必要的内部进刀。与使用"直接的传递方法"并不相同，"直接传递"是一种快速的直线移动，不执行过切或碰撞检查，如图 2-163 所示。

图 2-162 使用转移方法

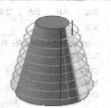
图 2-163 直接对部件进刀

【沿部件斜进刀】：以跟随部件的方式，从一个切削层到下一个切削层。斜削角度指【进刀/退刀】参数中设定的倾斜角度，这种切削在部件顶部和底部生成完整刀路，具有更恒定的切削深度和残余高度，如图 2-164 所示。

【沿部件交叉斜进刀】：与【沿部件斜进刀】相似，不同的是在斜削进下一层之前完成每个刀路，使进刀线首尾相接，特别适合高速加工，如图 2-165 所示。

图 2-164 沿部件斜进刀

图 2-165 沿部件交叉斜进刀

【在层之间切削】：可在切削层间存在间隙时创建额外的切削，消除在标准层加工操作中留在浅平区域中的非常大的残余高度，如图 2-166、图 2-167 所示。

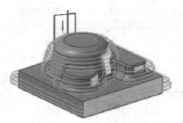
图 2-166 ▢在层之间切削

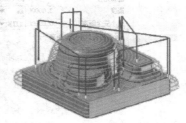
图 2-167 ☑在层之间切削

切削参数具体设置如下。

在【切削参数】对话框中单击【策略】选项卡，在【切削顺序】中选择【层优先】。

在【切削参数】对话框中单击【余量】选项卡，其参数设置如图 2-168 所示。

单击【确定】按钮，返回【深度加工轮廓】对话框。

④ 非切削移动参数设置。

在【深度加工轮廓】对话框中单击【非切削移动】按钮，弹出【非切削移动】对话框。在【非切削移动】对话框中单击【进刀】选项卡，其参数设置如图 2-169 所示。

⑤ 设置进给率和速度。

在【深度加工轮廓】对话框的【刀轨设置】区域中，单击【进给率和速度】按钮，弹出【进给率和速度】对话框。

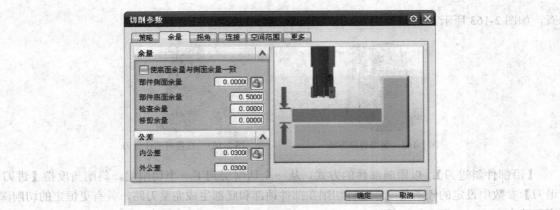

图 2-168 【余量】选项卡

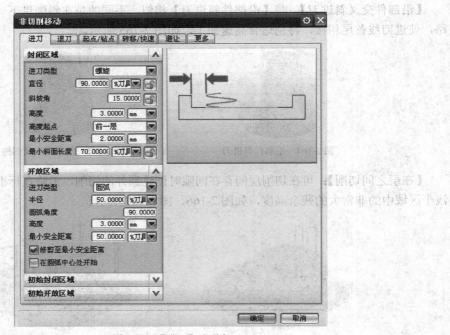

图 2-169 【进刀】选项卡

　　a. 设置主轴速度。

选中【主轴速度】复选框，在其后的文本框中输入"1800.0"，按下键盘上的【Enter】键。

　　b. 设置进给率。

在【切削】文本框中输入"1250.0"，单位选择【mmpm】，按下键盘上的【Enter】键。

　　c. 单击【更多】选项组，将其展开，分别在【进刀】、【第一刀切削】文本框中输入"500"、"2000"，单位选择【mmpm】，如图 2-170 所示。单击【计算器】按钮■，再单击【确定】按钮，返回【深度加工轮廓】对话框，设置完毕，如图 2-171 所示。

　　（5）生成刀具轨迹及仿真。

　　① 生成刀具轨迹。

在【深度加工轮廓】的【操作】区域单击【生成】按钮■，生成等高轮廓加工刀具轨迹，如图 2-172 所示。

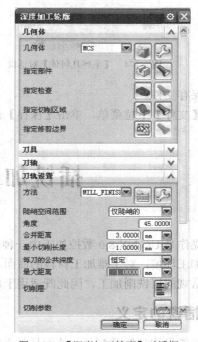

图 2-170 【进给率和速度】对话框　　　图 2-171 【深度加工轮廓】对话框

② 轨迹仿真。

a. 毛坯几何体的创建。

在【操作】区域单击【确认】按钮，弹出【刀轨可视化】对话框。选择【2D 动态】选项卡，单击【播放】按钮，系统提示需设置【毛坯几何体】，弹出【No blank】对话框，如图 2-173 所示。单击【OK】按钮，弹出【毛坯几何体】对话框，如图 2-174 所示。在【类型】下拉菜单中选择【部件的偏置】，在【偏置】中输入"0.5"，单击【确定】按钮，返回【刀轨可视化】对话框。

图 2-172 刀具轨迹　　　　图 2-173 系统提示设定毛坯

b. 轨迹仿真。

在【刀轨可视化】对话框中，选择【2D 动态】选项卡，单击【播放】按钮，系统进行仿真操作，演示完毕，模型如图 2-175 所示。

图 2-174 【毛坯几何体】对话框

图 2-175 2D 仿真结果

（6）保存文件。

选择【文件】下拉菜单，单击【保存】命令，保存文件。

2.6 插铣加工

插铣操作是 UG NX 8.0 数控加工中一种独特的铣削操作，加工效率高，加工时间短，可以应用于各种加工环境，对于难加工材料的曲面、槽以及刀具悬伸长度较大的加工。插铣的加工效率远远高于常规的层铣削加工，因此既适用于单件小批生产，又适用于大批量生产。

2.6.1 插铣的定义

插铣操作又称 Z 轴铣削法，使刀具竖直连续运动，加工径向力较小，对于更细长的刀具也能保持较高的材料切削速度。可以加工工件凹部或沿着工件边缘切削，也可铣削复杂的几何形状，包括清角加工。插铣刀的刀体和刀片的设计角度使其可以最佳角度切入工件，通常插铣刀切削刃角度为 87°或 90°，进给率为 0.08～0.25 mm/齿。每把刀装的刀片数取决于刀的直径，一般一把直径为 20 mm 的铣刀装 2 个刀片，而一把直径为 125 mm 的铣刀可装 8 个刀片。

2.6.2 插铣的特点

插铣操作主要用于粗加工和半精加工，加工时间可缩短一半以上。其操作具有以下特点。

（1）可减小工件变形。

（2）可降低作用于铣床的径向切削力，对于轴系已经磨损的主轴仍可用于插铣加工而不会影响加工质量。

（3）刀具悬伸长度较大，适合难以达到的深壁加工。

（4）能实现对高温合金材料的切槽加工。

（5）插铣粗加工轮廓化的外形通常会留下大的刀痕和台阶，一般在后续操作中使用处理中的工件，以便获得更一致的剩余余量。

2.6.3 创建插铣的主要步骤

创建插铣的主要步骤与其他铣削基本相似，如图 2-176 所示。

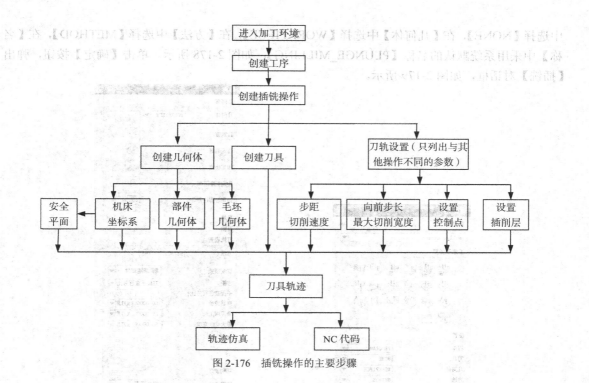

图 2-176　插铣操作的主要步骤

2.6.4　创建插铣操作

对于刀轴要求长度较大的场合，插铣可有效减小径向切削力，与侧铣法相比具有更高的稳定性；对于加工任务要求很高的金属切除率，插铣法可以大幅度提高加工效率；由于插铣刀可以向上切除材料，切削出复杂的形状，对于工件上需要切削的部位采用常规铣削方法难以达到时，也可采用这种方法。

在此只着重讲解与其他铣削操作不同之处，其他不再重述。

本小节以零件模型插铣加工操作为例，系统讲解插铣加工操作的一般步骤和操作方法，从而帮助读者掌握插铣加工操作的实际应用。

零件模型如图 2-177 所示。

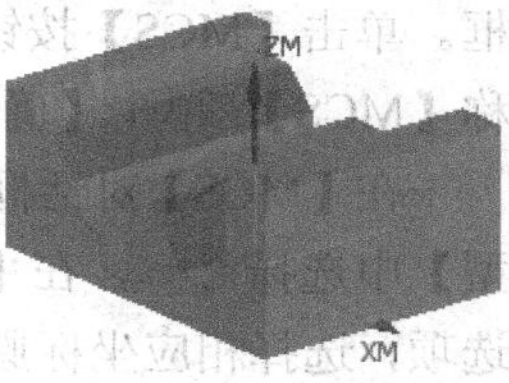

1. 进入加工环境

（1）打开待加工的零件模型。

（2）单击【开始】→【加工】命令，进入加工环境。系统会弹出【加工环境】对话框，对加工环境进行初始化。插铣是一种特殊的型腔铣，因此创建插铣的操作和创建型腔铣的操作相同。在【加工环境】对话框的【CAM 会话配置】中选择【cam_general】，在【要创建的 CAM 设置】中选择【mill_contour】，单击【确定】按钮，系统调用相应的数据库进行加工环境的初始化，从此进入加工环境。

图 2-177　零件模型

2. 创建工序

进入加工环境，首先创建加工工序，在【加工创建】工具条上单击【创建工序】按钮，弹出【创建工序】对话框。在【创建工序】对话框中，选择【类型】为【mill_contour】，在【工序子类型】区域选择【PLUNGE_MILLING】按钮，在【程序】中选择【PROGRAM】，在【刀具】

中选择【NONE】，在【几何体】中选择【WORKPIECE】，在【方法】中选择【METHOD】，在【名称】中采用系统默认的名称【PLUNGE_MILLING】，如图 2-178 所示。单击【确定】按钮，弹出【插铣】对话框，如图 2-179 所示。

图 2-178　【创建工序】对话框　　　　图 2-179　【插铣】对话框

3. 创建插铣操作

（1）机床坐标系和安全平面的创建。

① 机床坐标系的创建。

在【深度加工轮廓】对话框的【几何体】中选择【新建】按钮，弹出【新建几何体】对话框。单击【MCS】按钮，在【几何体】中选择【GEOMER】，在【名称】中选择系统默认的名称【MCS】，单击【确定】按钮，弹出【MCS】对话框。

在【MCS】对话框的【机床坐标系】中单击【CSYS】按钮，弹出【CSYS】对话框。在【类型】中选择动态，在【操控器】中选择按钮，弹出【点】对话框。在【参考】中选择【WCS】选项，选择相应坐标原点。单击【确定】按钮，返回【CSYS】对话框，单击【确定】按钮，返回【MCS】对话框，完成机床坐标系的创建，如图 2-180 所示。

② 安全平面的创建。

在【MCS】对话框的【安全设置】中选择【安全设置选项】为【平面】。在【指定平面】中单击【平面】按钮，弹出【平面】对话框。选择模型零件的参考平面，在【偏置】区域的【距离】中输入"10"，单击【确定】按钮，返回【MCS】对话框，完成安全平面的创建，如图 2-181 所示。

（2）几何体的创建。

① 部件几何体的创建。

在【新建几何体】对话框中单击【WORKPIECE】按钮，弹出【工件】对话框。单击【部件几何体】按钮，弹出【部件几何体】对话框。选择需要加工的零件，单击【确定】按钮，完成部件几何体的定义，返回【插铣】对话框。

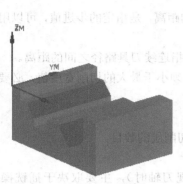

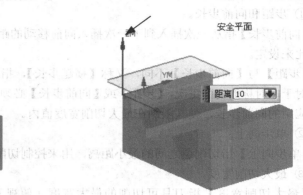

安全平面

距离 10

图 2-180 创建的机床坐标系   图 2-181 创建的安全平面

② 毛坯几何体的创建。

在【几何体】区域单击【新建】按钮，弹出【新建几何体】对话框。单击【WORKPIECE】按钮，弹出【工件】对话框。单击【毛坯几何体】按钮，弹出【毛坯几何体】对话框。在【类型】下拉菜单中选择【包容块】，单击选择需要加工的零件，如图 2-182 所示。单击【确定】按钮，完成毛坯几何体的定义，返回【插铣】对话框。

（3）创建刀具。

① 创建刀具。

在【刀具】区域单击【创建刀具】按钮，弹出【创建刀具】对话框。在【刀具子类型】区域选择【MILL】按钮，在【位置】区域的【刀具】选项中选择【GENERIC_MACHINE】，在【名称】中输入"D10"，单击【确定】按钮，弹出【铣刀-5 参数】对话框。

② 设置刀具参数。

在【铣刀-5 参数】对话框中，设置相应的刀具参数，如图 2-183 所示。单击【确定】按钮，系统返回【插铣】对话框，刀具创建完毕。

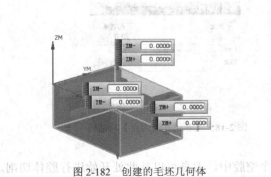

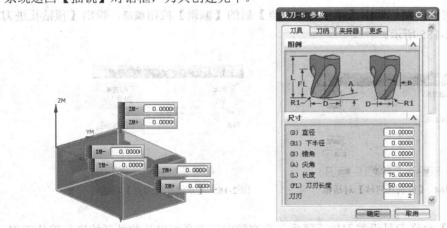

铣刀-5 参数

刀具　刀柄　夹持器　更多

图例

尺寸

(D) 直径	10.0000
(R1) 下半径	0.0000
(B) 锥角	0.0000
(A) 尖角	0.0000
(L) 长度	75.0000
(FL) 刀刃长度	50.0000
刀刃	2

确定　取消

图 2-182 创建的毛坯几何体   图 2-183 创建刀具

（4）刀轨设置。

【插铣】对话框如图 2-179 所示。

① 步距和向前步长。

【向前步长】指从一次插入到下一次插入向前移动的距离，是指定的步进值，可以用刀具直径百分比来设定。

【步距】与【向前步长】不同，又称【横越步长】，指连续刀具路径之间的距离。

对于非对称的切削工况，【步距】或【向前步长】必须小于最大的切削宽度值，必要时系统会减小应用的向前步长，使其限制在最大切削宽度值内。

② 单步向上。

【单步向上】指切削层之间的最小距离，用来控制切削层的数目。

③ 最大切削宽度。

【最大切削宽度】指刀具可切削的最大宽度（俯视刀轴时），主要取决于插铣操作的刀具类型，通常由刀具制造商决定。如果比刀具半径小，则在刀具的底部中央位置有一个未切削部分。【最大切削宽度】可以限制【步距】和【向前步长】，以防止刀具的非切削部分插入实体材料中。

对于对中切削刀具，将【最大切削宽度】设置为 50%或更高，以使切削量达到最大。对于非对中切削刀具，将【最大切削宽度】设置为小于 50%。

④ 点。

【点】用于设置插铣操作的进刀点和切削区域的起点。在【插铣】对话框中单击【点】按钮，弹出【控制几何体】对话框，如图 2-184 所示。其中包括【预钻孔进刀点】和【切削区域起点】两个设置值。

【活动的】表示刀具将使用指定的控制点进入材料。

【显示】可高亮显示所有的控制点以及它们相关的点编号，以便参考。

【编辑】可指定和删除【预钻孔进刀点】。【编辑】不能移动点或更改现有点的属性，必须【移除】现有的点，并【附加】新的点。

a．预钻孔进刀点。

单击【控制几何体】对话框中【预钻孔进刀点】后的【编辑】按钮，弹出【预钻孔进刀点】对话框，如图 2-185 所示。

图 2-184　【控制几何体】对话框

图 2-185　【预钻孔进刀点】对话框

【预钻孔进刀点】允许刀具沿着刀轴下降到一个空腔中，刀具可以从此处开始进行腔体切削。【预钻孔进刀点】指定钻毛坯材料中先前钻好的孔内或其他空腔内的点作为进刀位置。所定义的点沿着刀轴投影到用来定位刀具的【安全平面】上，然后刀具沿刀轴向下移动到空腔中，并直接移动到每个切削层上由处理器确定的起点。

如果指定了多个【预钻孔进刀点】，则使用此区域中距处理器确定的起点最近的点。只有在指定深度内向下移动到切削层时，刀具才使用【预钻孔进刀点】。一旦切削层超出了指定的深度，则处理器不考虑【预钻孔进刀点】，并使用处理器决定的起点。只有在【进刀方法】设置为【自动】的情况下，【预钻孔进刀点】才可用。

【预钻孔进刀点】对话框选项说明如下。

【附加】：可一开始就指定点，也可以以后再添加点。

【移除】：可删除点，使用光标进行选取。

【点/圆弧】：允许在现有的点处或现有的圆弧中点处指定【预钻孔进刀点】。

【光标】：可使用光标在 WCS 或 XC-YC 平面上表示点的位置。

【一般点】：可用点构造器子功能来定义相关的或非关联的点位置。

【深度】：可输入一个值，该值可决定将使用【预钻孔进刀点】的切削层的范围。对于在指定深度处或指定深度以内的切削层，系统使用【预钻孔进刀点】。对于低于指定深度的切削层，系统不考虑【预钻孔进刀点】。通过输入足够大的深度值或将深度值保留为默认的零值，将【预钻孔进刀点】应用到所有的切削层，如图 2-186 所示。

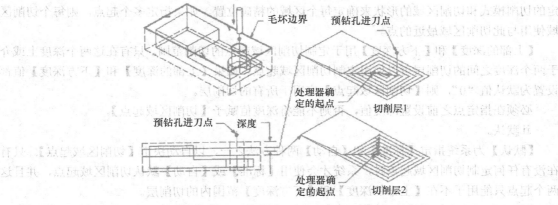

图 2-186 【深度】示意图

在【预钻孔进刀点】对话框中选择【附加】和【点/圆弧】，单击【一般点】按钮，弹出【点】对话框，进行点的指定，如图 2-187 所示。单击【确定】按钮，系统返回【预钻孔进刀点】对话框，如图 2-188 所示。单击【确定】按钮，返回【控制几何体】对话框。

图 2-187 预钻点的选择

图 2-188 预钻点及编号显示

b. 切削区域起点。

【切削区域起点】通过指定【定制】起点或【默认】起点来定义刀具的进刀位置和步进方向。如图 2-189 所示，【定制】可决定刀具逼近每个切削区域域壁的近似位置，而【默认】选项包括【标准】和【自动】，允许系统自动决定起点。

ⅰ定制。

单击【控制几何体】对话框中【切削区域起点】区域的【定制】后的【编辑】按钮 编辑，弹出【切削区域起点】对话框，如图 2-189 所示。

图 2-189　【切削区域起点】对话框

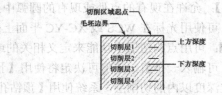

图 2-190　定制切削区域起点

定制起点不必定义精确的进刀位置，只需要确定刀具进刀的大致区域，系统根据起点位置指定的切削模式和切削区域的形状来确定每个区域的精确位置。如果指定多个起点，则每个切削区域使用与此切削区域最近的点。

【上部的深度】和【下方深度】用于定制切削区域起点的切削范围。只有在这两个深度上或介于两个深度之间的切削层可以使用定制切削区域起点。如果【上部的深度】和【下方深度】值都设置为默认值"0"，则【切削区域起点】应用于所有的切削层。

必须在指定点之前设置深度值，否则不能将深度值赋予【切削区域起点】。

ⅱ默认。

【默认】为系统指定【标准】和【自动】两种方法之一，以自动决定【切削区域起点】。只有在没有任何定制切削区域起点时，系统才会使用【标准】或【自动】默认切削区域起点，并且这两个起点只能用于不在【上部的深度】和【下方深度】范围内的切削层。

【标准】可建立与区域边界的起点尽可能接近的【切削区域起点】。边界的形状、【切削模式】和岛屿腔体的位置可能会影响系统定位的【切削区域起点】与【边界起点】之间的接近程度。移动【边界起点】会影响【切削区域起点】的位置，如图 2-191 所示。

【自动】保证将在最不可能引起刀具没入材料的位置使刀具步距或进刀至部件，如图 2-192 所示。

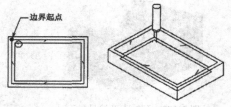

图 2-191　标准切削区域起点

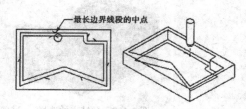

图 2-192　自动切削区域起点

⑤ 插削层。

【插削层】用于指定每个插铣区间的深度。插铣层仅在指定【部件几何体】和【毛坯几何体】后才能在【插铣】对话框中被激活。单击【插削层】按钮，弹出【插削层】对话框。设置方法与型腔铣的【切削层】对话框基本相同。

⑥ 切削参数。

在【插铣】对话框中，在【刀轨设置】区域单击【切削参数】按钮，弹出【切削参数】对话框。

在【切削参数】对话框中单击【策略】选项卡，在【切削方向】中选择【顺铣】，在【在边上延伸】中输入"1.0"，单击【确定】按钮，返回【插铣】对话框。

⑦ 退刀参数。

a．转移方法。

【转移方法】：每次进刀完毕后刀具退刀至设置的平面，然后进行下一次进刀。此下拉菜单有两种选项：【安全平面】和【自动】。

【安全平面】：每次退刀至设置的安全平面高度。

【自动】：自动退刀至最低安全平面高度，即在刀具不过切且不碰撞时 ZC 轴向高度和设置的安全距离之和。

b．退刀距离。

【退刀距离】：设置退刀时刀具的退刀距离。

c．退刀角。

【退刀角】：设置退刀时切出材料的刀具倾角。

在【插铣】对话框中【刀轨设置】区域的【转移方法】下拉菜单中选择【安全平面】，在【退刀距离】中输入"3.0"，在【退刀角】中输入"45.0"。

⑧ 设置进给率和速度。

在【插铣】对话框的【刀轨设置】区域中单击【进给率和速度】按钮，弹出【进给率和速度】对话框。

a．设置主轴速度。

选中【主轴速度】复选框，在其后的文本框中输入"1200.0"，按下键盘上的【Enter】键，单击【计算器】按钮。

b．设置进给率。

在【切削】文本框中输入"1250.0"，单位选择【mmpm】，按下键盘上的【Enter】键，单击【计算器】按钮。

c．单击【更多】选项组，将其展开，分别在【进刀】、【第一刀切削】文本框中输入"600"、"300"，单位选择【mmpm】，再单击【确定】按钮，返回【插铣】对话框，设置完毕。

（5）生成刀具轨迹及仿真。

① 生成刀具轨迹。

在【插铣】对话框的【操作】区域中单击【生成】按钮，生成插铣刀具轨迹，如图 2-193 所示。

② 轨迹仿真。

在【刀轨可视化】对话框中，选择【2D 动态】选项卡，单击【播放】按钮，系统进行仿真操作，演示完毕，模型如图 2-194 所示。

（6）保存文件。

选择【文件】下拉菜单，单击【保存】命令，保存文件。

图 2-193　刀具轨迹　　　　　　　　　　图 2-194　轨迹仿真结果

2.7　固定轴曲面轮廓铣加工

固定轴曲面轮廓铣操作是一种用于曲面精加工或半精加工的主要操作方法，是一种非常重要的曲面加工方法。固定轴曲面轮廓铣加工通过精确控制刀轴的矢量和投影方法，使刀具轨迹沿着非常复杂的轮廓移动。该操作除了一般铣削操作的基本操作外，主要包括固定轴曲面轮廓铣的常用驱动方式，固定轴曲面轮廓铣步进、进退刀方法等。

2.7.1　固定轴曲面轮廓铣的定义

固定轴曲面轮廓铣用于由曲面轮廓形状形成的区域的精加工，通过精确控制刀轴的矢量和投影方法，使刀具轨迹沿着非常复杂的轮廓移动。它是 UG NX 8.0 中曲面精加工和半精加工的主要方式，通过设定不同的驱动方式和走刀方式来驱动点阵列，并沿着指定的投影矢量方向投影到部件几何体上，将刀具定位到部件几何体的接触点上，当刀具在部件上从一个接触点到下一个接触点，可使用刀尖的输出刀位点来生成刀轨。

2.7.2　固定轴曲面轮廓铣的特点

固定轴曲面轮廓铣作为一种重要的曲面加工操作，有如下特点。

（1）固定轴曲面轮廓铣的几何体随着驱动方法的改变而改变。

（2）固定轴曲面轮廓铣的"部件几何体"与"驱动几何体"结合使用，选择整个部件为部件几何体，选择指定切削区域和指定修剪边界来限制切削部分。

（3）固定轴曲面轮廓铣"驱动面"可以由曲面、曲线和点来定义，通过定义的切削方法、步长和公差等在"驱动面"上产生驱动点。

（4）固定轴曲面轮廓铣刀轨采用驱动点沿投影矢量投影到部件几何体上而产生，产生的投影点控制刀具的运动范围。

2.7.3　固定轴曲面轮廓铣操作的主要步骤

创建固定轴曲面轮廓铣的主要步骤如图 2-195 所示。

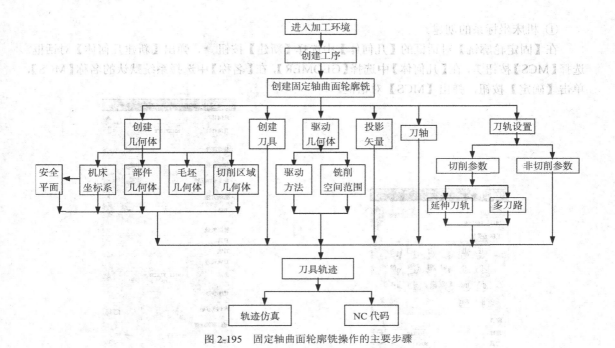

图 2-195　固定轴曲面轮廓铣操作的主要步骤

2.7.4　创建固定轴曲面轮廓铣操作

本小节以一个零件模型固定轴曲面轮廓铣精加工为例，讲解创建固定轴曲面轮廓铣操作的一般步骤和操作方法，从而帮助读者掌握固定轴曲面轮廓铣加工操作的实际应用。

零件模型如图 2-196 所示。

1．进入加工环境

（1）打开待加工的零件模型。

（2）单击【开始】→【加工】命令，进入加工环境。弹出【加工环境】对话框，对加工环境进行初始化，和创建型腔铣操作相同。在【加工环境】对话框的【CAM 会话配置】中选择【cam_general】，在【要创建的 CAM 设置】中选择【mill_contour】，单击【确定】按钮，系统调用相应的数据库进行加工环境的初始化。从此进入加工环境。

2．创建工序

进入加工环境，首先创建加工工序，在【加工创建】工具条上单击【创建工序】按钮，弹出【创建工序】对话框。

在【创建工序】对话框中，选择【类型】为【mill_contour】，在【工序子类型】中选择【FIXED_CONTOUR】按钮，在【程序】中选择【PROGRAM】，在【刀具】中选择【NONE】，在【几何体】中选择【WORKPIECE】，在【方法】中选择【MILL_FINISH】，在【名称】中采用系统默认的名称【FIXED_CONTOUR】，如图 2-197 所示。单击【确定】按钮，弹出【固定轮廓铣】对话框，如图 2-198 所示。

3．创建固定轴曲面轮廓铣操作

（1）机床坐标系和安全平面的创建。

① 机床坐标系的创建。

在【固定轮廓铣】对话框的【几何体】中选择【新建】按钮 🔲 ，弹出【新建几何体】对话框。选择【MCS】按钮 🖳 ，在【几何体】中选择【GEOMER】，在【名称】中选择系统默认的名称【MCS】，单击【确定】按钮，弹出【MCS】对话框。

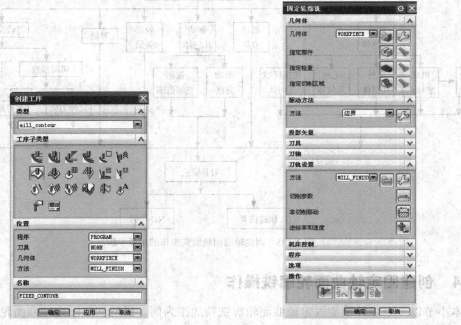

图 2-197　【创建工序】对话框　　　　　　　　　图 2-198　【固定轮廓铣】对话框

在【MCS】对话框的【机床坐标系】中单击【CSYS】按钮 🖳 ，弹出【CSYS】对话框。在【类型】中选择 动态，在【操控器】中选择 🖽 按钮，弹出【点】对话框。在【参考】中选择【WCS】选项，在【XC】、【YC】、【ZC】中分别输入需要的坐标值 "0"、"0"、"80"，单击【确定】按钮，返回【CSYS】对话框。单击【确定】按钮，返回【MCS】对话框，完成机床坐标系的创建，如图 2-199 所示。

② 安全平面的创建。

在【MCS】对话框的【安全设置】中选择【安全设置选项】为**平面**，在【指定平面】中单击【平面】按钮 🔲 ，弹出【平面】对话框。在【类型】区域选择【XC-YC】平面，在【偏置】区域的【距离】中输入 "90"，如图 2-200 所示。单击【确定】按钮，返回【MCS】对话框，完成安全平面的创建，如图 2-201 所示。

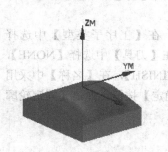

图 2-199　创建的机床坐标系

图 2-200　【平面】对话框

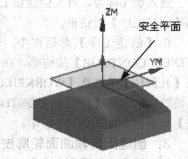

图 2-201　创建的安全平面

（2）创建几何体。

单击【固定轴曲面轮廓铣】对话框中【几何体】后的【新建】按钮，弹出【新建几何体】对话框。

① 部件几何体的创建。

在【新建几何体】对话框中单击【WORKPIECE】按钮，弹出【工件】对话框。单击【部件几何体】按钮，弹出【部件几何体】对话框。选择需要加工的零件，单击【确定】按钮，完成部件几何体的定义，返回【工件】对话框。

② 毛坯几何体的创建。

在【工件】对话框中，单击【毛坯几何体】按钮，弹出【毛坯几何体】对话框。在【类型】中选择【部件的偏置】，在【偏置】中输入"0.5"，单击【确定】按钮，返回【工件】对话框，完成毛坯几何体的定义。单击【确定】按钮，返回【固定轮廓铣】对话框。

③ 切削区域几何体的创建。

在【固定轮廓铣】对话框的【几何体】区域单击【选择或编辑切削区域几何体】按钮，弹出【切削区域】对话框，选择部件上特定的面作为切削区域，如图 2-202所示。

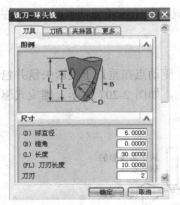

图 2-202　切削区域的指定

（3）创建刀具。

① 创建刀具。

在【刀具】区域单击【创建刀具】按钮，弹出【创建刀具】对话框。在【刀具子类型】区域选择【BALL_MILL】按钮，在【位置】区域的【刀具】选项中选择【GENERIC_MACHINE】，在【名称】中输入"B6"，单击【确定】按钮，弹出【铣刀-球头铣】对话框。

② 设置刀具参数。

在【铣刀-球头铣】对话框中设置相应的刀具参数，如图 2-203 所示。单击【确定】按钮，系统返回【固定轮廓铣】对话框，刀具创建完毕。

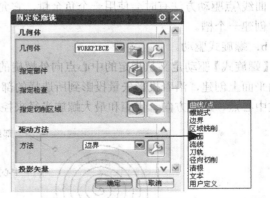

图 2-203　【铣刀-球头铣】对话框　　　　　图 2-204　常用的驱动方法

（4）创建驱动几何体。

① 常用驱动方法。

【驱动方法】决定了驱动几何体的类型，以及可用的投影矢量、刀轴和切削方法等，如图 2-204

所示。

常用的驱动方法如下。

a．曲线/点驱动。

【曲线/点】驱动方法通过指定点和选择曲线来定义驱动几何体。

当驱动体指定为点时，创建指定点之间的线段作为驱动轨迹，刀具沿着刀轨按照指定的顺序从一个点运动到下一个点。同一个点只要它在顺序中没有被定义是连续的，就可以使用多次，如图 2-205 所示。

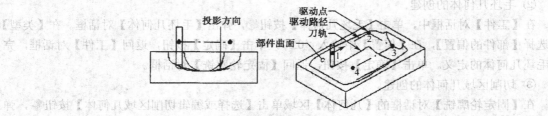

图 2-205　点驱动方法

当驱动几何体指定为曲线时，驱动点沿着所选择的曲线生成。刀具沿着刀轨按照所选的顺序从一条曲线运动到下一条曲线，如图 2-206 所示。

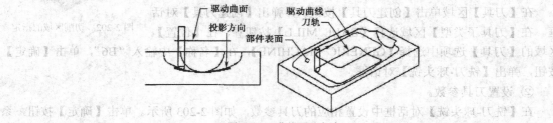

图 2-206　曲线驱动方法

曲线/点驱动方法有时会使用一个负余量，它允许刀具只切削所选【部件表面】下面的区域，同时创建一个槽。

b．螺旋式驱动。

【螺旋式】驱动定义从指定的中心点向外螺旋的驱动点。驱动点在垂直于投影矢量并包含中心点的平面上创建，沿着投影矢量投影到所选择的部件表面上，如图 2-207 所示。螺旋式驱动方法通过中心点、螺旋方向、步距和最大螺旋半径来控制刀轨。

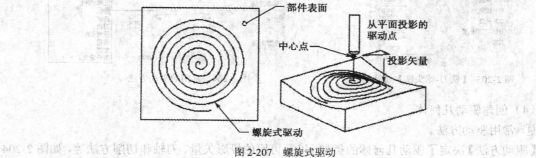

图 2-207　螺旋式驱动

c. 边界驱动。

【边界】驱动通过指定边界和环定义切削区域。系统将已定义的切削区域的驱动点按照指定的投影矢量的方向投影到部件表面，生成刀轨。它需要最少的刀轴和投影矢量控制，可用来创建刀具沿着复杂表面轮廓移动的精加工操作，如图 2-208 所示。

边界驱动方法的边界可以由一系列的曲线、现有的边界、点或面创建。边界可以超出部件表面的大小范围，也可以在部件表面内限制一个小于部件表面的范围，还可以与部件表面有相同的范围。

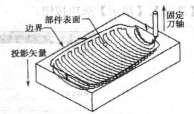

图 2-208　边界驱动法

【定义驱动几何体】用于定义和编辑用来定义驱动几何体的边界。

在【固定轮廓铣】对话框中的【驱动方法】下拉菜单中选择【边界】，单击下拉菜单后的【编辑】按钮，弹出【边界驱动方法】对话框，如图 2-209 所示。单击【边界驱动方法】对话框的【驱动几何体】中【指定驱动几何体】后的【选择或编辑驱动几何体】按钮，弹出【边界几何体】对话框，如图 2-210 所示。

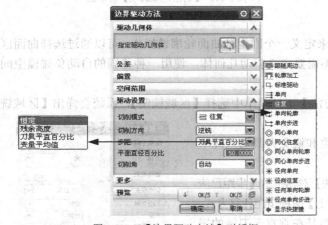

图 2-209　【边界驱动方法】对话框

图 2-210　【边界几何体】对话框

【边界几何体】通过沿着所选部件表面和表面区域的外部边缘创建环来定义切削区域。环类似于边界，都可定义切削区域，但环是在部件表面上直接生成的。无需投影。从实体创建空间范围时，需要选择要加工的面而不是选择实体，选择实体将导致无法创建环。创建环后，可以指定在操作中要使用的环，然后对每个环切换【使用此环】按钮，使其【开】或【关】。在操作中使用到的都要指定【对中】、【相切】或【接触】刀具位置属性，而且显示相应的刀具位置指示符。

【切削模式】用于定义刀轨的形状。

【切削模式】下拉菜单中包括 15 种切削模式，如图 2-209 所示。

【切削角】用于指定平行切削模式的旋转角度，旋转角是相对于工件坐标系【WCS】的 XC 轴测量的。

【步距】指定连续切削刀路之间的距离。【步距】选项根据【切削模式】的不同而不同，主要有【恒定】、【残余高度】、【刀具平直百分比】、【变量平均值】、【多个】、【角度】6 种方式。

【切削区域起点】自动为切削区域定义一个"起始点"，不需要其他用户交互操作。定制通过

"点构造器"为切削区域定义一个或多个"起始点"。

在【边界驱动方法】对话框中单击【更多】区域的【切削区域】后的【选项】按钮，弹出【切削区域选项】对话框，如图 2-211、图 2-212 所示。选择【定制】单选按钮，可激活【添加】、【选择】、【显示】选项按钮。

图 2-211 【更多】选项组　　　　　　　图 2-212 【切削区域选项】对话框

d．区域铣削驱动。

【区域铣削】驱动通过指定切削区域来定义一个固定轴曲面轮廓铣操作，可以通过选择曲面区域、片体或面来定义。区域铣削驱动法不需要定义驱动几何体，使用一种稳固的自动免碰撞空间范围计算刀轨。

在【固定轮廓铣】对话框的【驱动方法】下拉菜单中选择【区域铣削】，系统会弹出【区域铣削驱动方法】对话框，如图 2-213 所示。

【陡峭空间范围】：用于控制残余高度和避免刀具切入陡峭曲面上的材料中。

【步距已应用】：在【区域铣削驱动方法】对话框的【步距已应用】下拉菜单中有【在平面上】和【在部件上】两种步距计算方式。

【在平面上】：系统生成刀轨时，步距是在垂直于刀轴的平面上测量的。如果将具有陡峭区域的部件应用【在平面上】计算方法，部件上的刀轨步距是不相等的，因此【在平面上】适用于非陡峭区域。

【在部件上】：系统生成刀轨时，沿着部件测量步距。可使用【跟随周边】和【平行】等往复切削类型的切削模式。可以对【部件几何体】较陡峭的区域维持更紧密的步距，以实现对残余高度的附加控制。

图 2-213 【区域铣削驱动方法】对话框

e．曲面驱动。

【曲面】驱动创建一个位于【驱动曲面】栅格内的【驱动点】阵列，将【驱动曲面】上的点按指定的【投影矢量】投影，即可在【部件表面】上创建刀轨。如果未定义部件表面，可以直接在【驱动曲面】上创建刀轨。【驱动曲面】不要求一定是平面，但其栅格必按一定的行序和列序进行排列。相邻的曲面必须共享一条公共边，且不能包含超出【首选项】中【链公差】之外的缝隙。

f．刀轨驱动。

【刀轨驱动】沿着【刀位置源文件】（CLSF）中的【刀轨】定义【驱动点】，从而可以在当前操作中创建一个类似的【曲面轮廓铣刀轨】，以其他方法创建的刀轨按【投影矢量】投影到轮廓化的【部件表面】上，创建新的【曲面轮廓铣刀轨】。

　　g．径向切削驱动。

【径向】驱动使用指定的【步进距离】、【带宽】和【切削模式】，来创建沿着给定边界并垂直于给定边界的【驱动路径】。此方法通常用于清根操作，如图2-214所示。

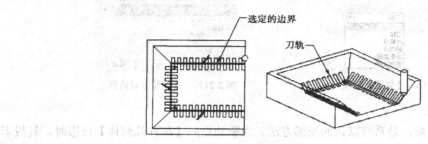

图2-214　径向切削驱动方式

　　h．清根驱动。

【清根】驱动刀具与部件尽可能保持最小化非切削移动，使沿着【部件表面】形成的沟槽和凹角生成刀轨。处理器使用基于最佳实践的一些规则自动确定清根的方向和顺序。该驱动方法也提供了手动组合功能，在对自动生成的刀轨不满意时对其进行优化。

清根驱动方法与区域铣削驱动方法相类似，可以定义或继承【切削区域几何体】、【陡峭空间范围】、【切削模式】、【切削方向】等参数。

　　i．文本驱动。

【文本雕刻】即在部件上进行雕刻文字加工。

【文本雕刻】的创建：

　　i　创建文本：在主菜单中选择【插入】→【曲线】→【文本】，创建文本。

　　ii　创建操作：在【创建工序】对话框中【工序子类型】处选择【CONTOUR_TEXT】按钮，弹出【轮廓文本】对话框，如图2-215所示。

　　iii　创建几何体：在【轮廓文本】对话框的【几何体】区域单击【几何体】后的【新建】按钮，弹出【新建几何体】对话框，子类型为【MILL_TEXT】A。

　　iv　设置参数：主要设置文字深度，设置完成可创建刀轨。

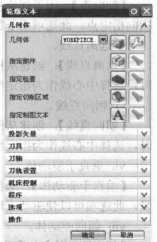

图2-215　【轮廓文本】对话框

　　j．流线驱动。

【流线驱动】根据选中的几何体来构建隐式驱动曲面。流线可以灵活地创建刀轨，其驱动路径由流线和交叉线产生。

　　② 投影和刀轴。

固定轴曲面轮廓铣中的投影矢量和刀轴选择在很大程度上决定了所生成的刀具路径质量和加工效率。投影矢量的创建方法是多样的，但刀轴是固定的。

　　a．投影矢量。

投影矢量定义如何将驱动点投影到部件表面，以及定义刀具将接触的部件表面的侧面。指定投影矢量的方法有多种，如图 2-216 所示。

ⅰ 指定矢量。

通过选择某一矢量来作为投影矢量，如图 2-217 所示。

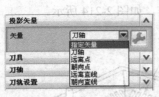

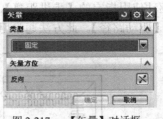

图 2-216　【矢量】选项　　　　　　　图 2-217　【矢量】对话框

ⅱ 刀轴。

将刀轴作为投影矢量，是系统默认的投影方法。当驱动点向【部件几何体】投影时，其投影方向与刀轴矢量方向相反。

ⅲ 远离点。

【远离点】：从指定点向部件表面延伸的投影矢量。此选项用于加工指定点在球面最小的内存球面，驱动点沿着远离指定点的直线从驱动曲面投影到部件表面上生成刀具轨迹。指定点与【部件表面】之间的最小距离必须大于刀具半径。

ⅳ 朝向点。

【朝向点】：用于创建从部件表面延伸至指定点的投影矢量。投影矢量的缝隙从【部件表面】指向指定点。此选项用于加工指定点在球心处的外侧球面。

ⅴ 远离直线。

【远离直线】：创建从指定直线延伸到部件表面的投影矢量。如加工圆柱面内表面为部件表面时，选择中心线作为指定线，以创建投影矢量。

ⅵ 朝向直线。

【朝向直线】：创建从部件表面延伸至指定直线的投影矢量。如加工圆柱面外表面为部件表面时，选择中心线作为指定线，以创建投影矢量。

ⅶ 垂直于驱动体。

【垂直于驱动体】：选择驱动曲面法线定义投影矢量。驱动曲面材料侧法矢的反向作为投影矢量。此选项可以使驱动点均匀分布到凸起程度较大的部件表面上。

ⅷ 朝向驱动体。

【朝向驱动体】与【垂直于驱动体】投影方法类似，该选项指定在与材料侧面距离为直径的点处开始投影，以避免铣削到计划外的几何体。

ⅸ 侧刃划线。

【侧刃划线】定义平行于驱动曲面的侧刃划线的投影矢量。使用带锥度的刀具时，【侧刃划线投影矢量】可以防止过切【驱动曲面】。

b. 刀轴。

刀轴为一个矢量，其方向是由刀尖指向刀柄。刀轴可以定义固定和可变的刀轴方向，固定始终平行于一个矢量，可变刀轴则在刀具移动时可以改变方向。固定轴曲面轮廓铣只能使用固定刀轴。

设置驱动几何体的具体操作如下。

在【固定轮廓铣】对话框中，在【驱动方法】区域的【方法】中选择【区域铣削】，弹出【区域铣削驱动方法】对话框，并设置相应的参数。单击【确定】按钮，系统返回【固定轮廓铣】对话框。

（5）刀轨设置。

① 设置切削参数。

在【固定轮廓铣】对话框中，在【刀轨设置】区域单击【切削参数】按钮，弹出【切削参数】对话框。

在【切削参数】对话框中单击【策略】选项卡，设置相应参数，如图2-218所示。

在【切削参数】对话框中单击【余量】选项卡，其参数设置如图2-219所示。

单击【确定】按钮，返回【固定轮廓铣】对话框。

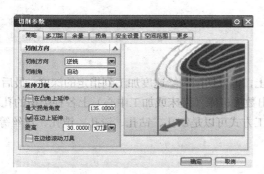

图2-218 【策略】选项卡

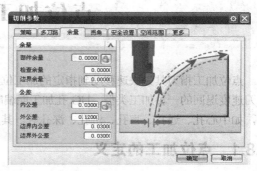

图2-219 【余量】选项卡

② 设置进给率和速度。

在【固定轮廓铣】对话框的【刀轨设置】区域中，单击【进给率和速度】按钮，弹出【进给率和速度】对话框。

a．设置主轴速度。

选中【主轴速度】复选框，在其后的文本框中输入"1600.0"。

b．设置进给率。

在【切削】文本框中输入"1250.0"，单位选择【mmpm】，按下键盘上的【Enter】键，单击【计算器】按钮。

c．单击【更多】选项组，将其展开，在【进刀】中输入"600.0"，单位选择【mmpm】，其他参数采用系统默认值，单击【确定】按钮，返回【固定轮廓铣】对话框，设置完毕。

（6）生成刀具轨迹及仿真。

① 生成刀具轨迹。

在【固定轮廓铣】对话框的【操作】区域单击【生成】按钮，生成固定轴曲面轮廓铣加工刀具轨迹，如图2-220所示。

② 轨迹仿真。

在【操作】区域单击【确认】按钮，弹出【刀轨可视化】对话框，选择【2D动态】选项卡，单击【播放】按钮，系统进行仿真操作，演示完毕，模型如图2-221所示。

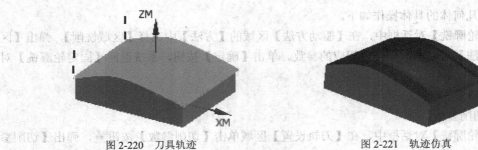

图 2-220　刀具轨迹　　　　　　　　　　　图 2-221　轨迹仿真

（7）保存文件。

选择【文件】下拉菜单，单击【保存】命令，保存文件。

2.8 点位加工

点位加工指刀具先快速移动到指定的加工位置上，再以切削进给速度加工到指定的深度，最后以退刀速度退回的一种加工类型。UG 孔加工能编制出数控机床（铣床或加工中心）上各种类型的孔程序，如中心孔、通孔、盲孔、沉孔、深孔等。其加工方式可以是锪孔、钻孔、铰孔、镗孔、攻丝等。

2.8.1 点位加工的定义

点位加工是一种相当常见的机械加工方法，如图 2-226 所示的工件。点位加工包括钻孔、镗孔、扩孔、铰孔、点焊和铆接等。UG NX 8.0 可为各种点位加工操作创建刀具路径，如图 2-223 所示。点位加工的刀具运动由 3 部分组成：首先刀具快速定位在加工位置上，然后切入零件，完成切削后退回。

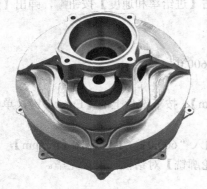
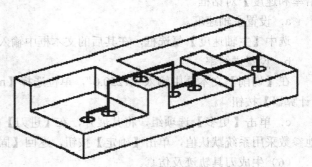

图 2-222　点位加工工件　　　　　　　　　　图 2-223　点位加工刀轨

2.8.2 点位加工的基本概念及特点

1．操作安全点

在点位加工中，操作安全点是每个切削运动的起点和终点，也是进刀、退刀、避让、快速移刀等辅助运动的起点和终点。

操作安全点一般位于加工位置的正上方，但是如果刀具不垂直于零件表面，则该点沿刀轴方向。安全点到零件加工表面的距离是部件表面之上的最小安全距离。如果没有指定【最小安全距离】，操作安全点将位于部件表面上。

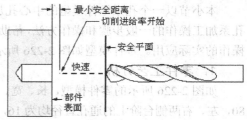

刀具将以快速或进刀进给率向操作安全点运动。刀具从操作安全点向部件表面上的刀位点运动时，以及切削至指定深度的过程将使用切削进给率，如图 2-224 所示。当一个循环处于活动状态时，系统将使用【循环参数】菜单中指定的循环进给率。

图 2-224 最小安全距离及刀具运动速率

2. 加工循环

数控系统对典型加工中几个固定或连续动作用同一个指令来指定，完成本来要用多个程序段指令完成的加工动作，这个指令就是加工循环指令。为了满足不同类型孔的加工要求，UG 在点位加工中提供了多种循环类型，控制刀具的切削运动过程。点位加工操作就是选择合理的加工循环并进行合理的参数设定的过程。点位加工操作循环也称作固定循环，通常包括的基本动作如下。

（1）精确定位。

（2）以快进或进刀速度移动至操作安全点。

（3）以切削速度运动至零件表面上的加工位置点。

（4）以切削速度或循环进给率加工至孔最深处。

（5）孔底动作（暂停、让刀等）。

（6）以退刀速度或快进速度退回操作安全点。

（7）快速运行至安全平面（安全平面被激活）。

2.8.3 创建点位加工的主要步骤

创建点位加工的主要步骤如图 2-225 所示。

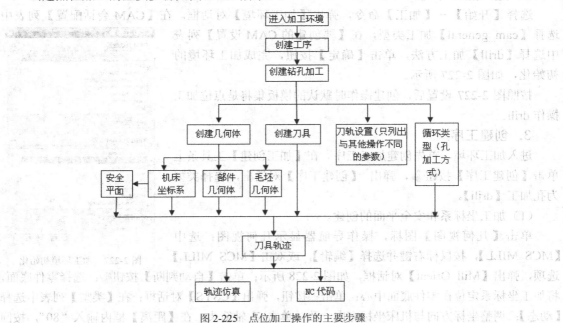

图 2-225 点位加工操作的主要步骤

2.8.4　孔系加工的创建

本小节以一个孔系零件模型的中心孔加工操作为例，讲解孔系加工操作的一般步骤和操作方法，帮助读者了解孔系加工操作的实际应用。零件模型如图 2-226 所示。

1. 零件工艺分析

如图 2-226 所示的零件模型，长、宽、高分别为 200、50、80，左、右两侧台阶上的通孔直径均为 16，中间台阶和右侧台阶上的两个盲孔直径分别为 12 和 6。对刀方式为四边分中，顶面对刀，故加工坐标系应取在零件顶面中心位置。

图 2-226　孔系加工零件模型

加工操作顺序和刀具规格如表 2-14 所示。

表 2-14　　　　　　　　　加工操作顺序和刀具规格

序号	操作名称	加工内容	刀具名称	刀具直径	主轴速度	进给速度	步进值
1	AA1	钻中心孔	ZD5	5	1 500	200	-
2	AA2	粗钻两侧通孔	D15.6	15.6	1 000	150	2
3	AA3	粗钻中间盲孔	D11.6	11.6	1 200	120	2
4	AA4	粗钻右侧盲孔	D5.6	5.6	1 600	100	1
5	AA5	精钻两侧通孔	D16	16	600	30	-
6	AA6	精钻中间盲孔	D12	12	900	30	-
7	AA7	精钻右侧盲孔	D6	6	1 200	20	-

本小节以加工该零件中心孔为例介绍孔系加工操作。

2. 进入加工环境

选择【开始】→【加工】命令，弹出【加工环境】对话框。在【CAM 会话配置】列表中选择【cam_general】加工类型，在【要创建的 CAM 设置】列表中选择【drill】加工方法，单击【确定】按钮，完成加工环境的初始化，如图 2-227 所示。

按照图 2-227 设置后，创建操作时默认的模板集将是点位加工操作 drill。

3. 创建工序

进入加工环境，首先创建加工工序。在【加工创建】工具条上单击【创建工序】按钮 ，弹出 【创建工序】对话框，选择类型为孔加工【drill】。

（1）加工坐标系和安全平面的创建。

单击【几何视图】图标，操作导航器显示几何视图；选中【MCS_MILL】，按鼠标右键并选择【编辑】，或双击【MCS_MILL】

图 2-227　加工环境初始化

选项，弹出【Mill_Orient】对话框，如图 2-228 所示；单击【自动判断】按钮 ；选择零件底面，将加工坐标系定位在零件底面中心；单击 按钮，弹出【CSYS】对话框；在【类型】列表中选择【动态】；调整坐标方向与机床坐标方向一致；单击 Z 轴箭头，在【距离】框内输入"80"，按回车键确认，将原点移至零件顶面。

在【安全设置选项】中选择【平面】；单击【平面构造器】按钮，弹出【平面构造器】对话框；设置【偏置】值为"10"；选择安全偏置平面。如图 2-229 所示。单击【确定】按钮，返回【Mill_Orient】对话框；单击【确定】按钮，完成加工坐标系和安全平面的设置。

图 2-228　定义加工坐标系和安全平面　　　　　图 2-229　平面构造

（2）简化模型的设置。

① 图层复制。

按【Ctrl】+【M】键进入建模模块；单击【实用工具】工具条中图标（复制到图层）；单击部件，被选中的部件以高亮显示，按中键确认，弹出【图层复制】对话框；在【目标图层或类别】中输入 10，按中键确认，部件被复制到第 10 层，如图 2-230 所示。

② 图层设置。

单击图标（在【实用工具】工具条中），弹出【图层设置】对话框；双击第 10 层，使之成为工作层，并取消选中第 1 层前的复选框，将其隐藏。

③ 简化模型。

单击【特征操作】工具条中【简化体】图标，弹出【简化体】对话框；选择【保留的面】按钮；选择【边界面】按钮；选择边界面，按中键直至完成简化体操作，弹出【简化体】提示框；参照第①、②步，双击第 1 层，使之成为工作层，如图 2-231 所示。单击【确定】按钮，完成简化体操作，按【Ctrl】+【Alt】+【M】键返回建模模块。

图 2-230　复制图层　　　　　　　　　图 2-231　简化模型

（3）几何体的创建。

① 部件几何体的创建。

单击右键并选择【编辑】，或双击【WORKPIECE】选项，弹出【工件】对话框；单击图标，

弹出【部件几何体】对话框；鼠标在图形上短暂停留后单击，弹出【快速拾取】对话框；选择 1 实体（旧的）作为部件，按中键返回【工件】对话框。

② 毛坯几何体的创建。

单击 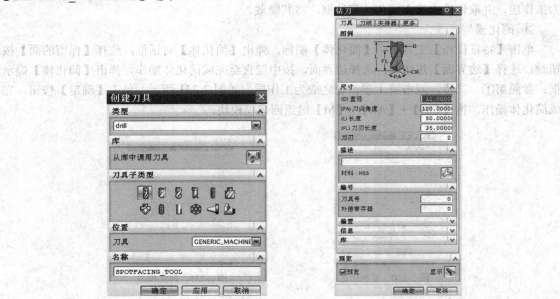 图标，弹出【毛坯几何体】对话框；类似第①步，选择 2 实体（较新的）作为毛坯，按中键返回【工件】对话框；单击【确定】按钮，完成毛坯几何体的设置，如图 2-232 所示。

注意：如果在【特征操作】工具条中找不到【简化体】图标 ，也无法通过【添加或移除按钮】来添加，就需添加系统环境变量【ugii_dmx_nx502】，变量值设为 1。在操作过程中，可以根据需要选择实体或线框显示模式。毛坯几何体主要用于后续的加工仿真，可将其隐藏。

（4）钻中心孔。

① 创建刀具 ZD5（直径为 5 mm 的中心钻）。

单击【机床视图】图标，操作导航器切换到机床视图；单击

图 2-232　几何体的创建

【创建刀具】图标，弹出【创建刀具】对话框；在【类型】下拉列表框中选择【drill】，选择【刀具子类型】为中心钻按钮 ，指定刀具【位置】为【GENERIC_MACHINE】，在新刀具【名称】中输入 "ZD5"，如图 2-233 所示。

② ZD5 刀具参数的设置。

单击【确定】按钮，进入【钻刀】对话框；输入刀具参数，如图 2-234 所示；单击【确定】按钮，完成刀具的创建，在操作导航器的机床图视中可以看到新建刀具 ZD5 悬挂于父节点【GENERIC_MACHINE】之下。

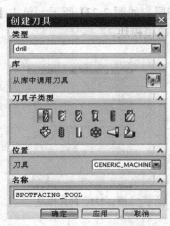

图 2-233　ZD5 中心钻的创建

图 2-234　ZD5 中心钻参数设置

重复上述步骤，分别创建直径为 15.6 mm、11.6 mm、5.6 mm、16 mm、12 mm、6 mm 的钻头，注意【刀具子类型】选择为 。

③ 钻中心孔。

按照图 2-235 所示创建操作 AA1。

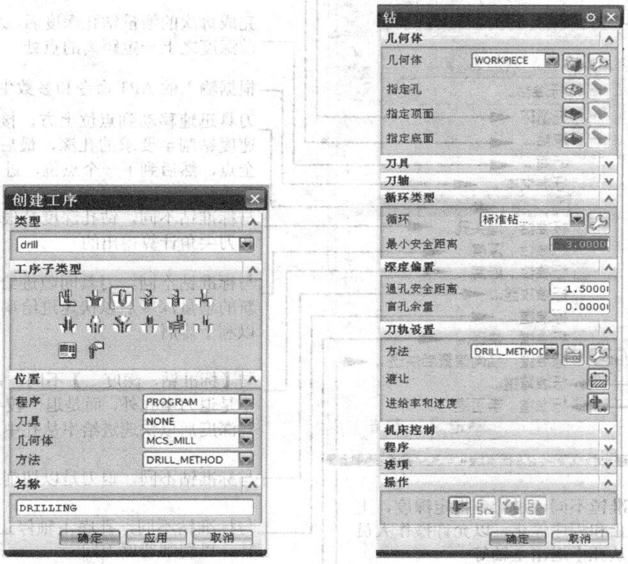

（a）中心钻操作 AA1 的创建　　　　（b）参数设置

图 2-235　钻中心孔操作

在点位加工中，实际的工件可能含有不同类型的孔，需要采用不同的加工方式，如标准钻、啄钻、深孔加工、攻螺纹和镗孔等。这些加工方式有的属于连续加工，有的属于断续加工，因此，它们的刀具切削运动不同。为了满足不同类型的孔的加工要求，UG NX 8.0 提供了多种点位加工的操作子类型，如图 2-236 所示。

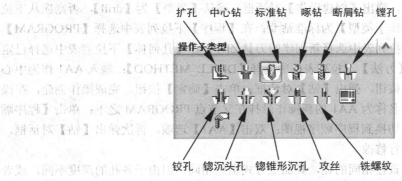

图 2-236　点位加工操作子类型

不同的操作子类型，对应着不同的钻孔循环方式。除了在创建操作时指定操作子类型外，还可以在【钻】对话框的循环类型组中，选择所需的钻孔循环类型，实现不同类型孔的加工，如图 2-237 所示。

孔加工可分为循环式和非循环式两种类型。循环式钻孔使用 CYCLE/命令语句，非循环式钻孔则使用 GOTO/命令语句。

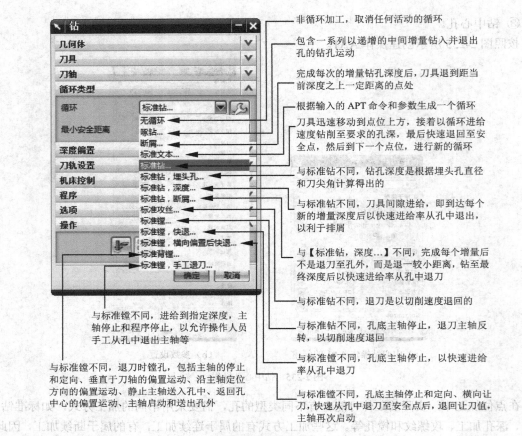

图 2-237 循环类型

钻孔循环操作的创建

单击【创建操作】图标，弹出【创建操作】对话框；确认【类型】为【drill】，否则应从下拉列表中重新选择；选择【操作子类型】为标准钻🔽；在【程序】下拉列表中选择【PROGRAM】作为父节点；在【刀具】下拉列表中选择新创建的刀具 ZD5；在【几何体】下拉列表中选择已定义的【WORKPIECE】；在【方法】下拉列表框中选择【DRILL_METHOD】；输入 AA1 作为中心钻操作名称；单击【确定】按钮，弹出【钻】对话框；单击【确定】按钮，完成操作创建，在操作导航器程序顺序视图下，名称为 AA1 的新操作悬挂在父节点 PROGRAM 之下；单击【程序顺序视图】图标，操作导航器切换到程序顺序视图；双击【AA1】选项，再次弹出【钻】对话框，可对钻孔操作的各项参数进行修改。

对于零件上类型相同且直径相同的孔，其加工方式虽然相同，但由于各孔的深度不同，或者为满足不同孔的加工精度要求，需要用不同的进给速度加工。在同一个钻孔循环中，通过循环参数组指定不同的循环参数，可以满足不同孔的加工要求。在每个循环参数组中可以指定加工深度、进给量、暂停时间和切削深度增量等循环参数。

使用循环参数组可以将不同的【循环参数】值与刀轨中不同的点或点组相关联。从【循环类型】下拉列表中选择循环类型后，弹出【指定参数组】对话框，如图 2-238 所示，输入要定义的循环参数组的数量，每个钻孔循环可指定 1～5 个循环参数组。在同一个刀具路径中，若各孔的加工深度相同，则指定 1 个循环参数组；若有不同加工深度（例如 3 组）的孔，则应指定相应数量

（3个）的循环参数组。

指定循环参数组的数量后，弹出【Cycle 参数】对话框，为每个循环参数组设置相应的循环参数，这些参数详细指定了刀具将如何执行所需的操作。

图 2-238 【指定参数组】对话框

通过选择适当的选项并输入合适的值，或选择【确定】接受显示的默认值，为循环参数组1指定参数。选择【确定】后，如果仅指定了一个参数组，系统将返回【钻】对话框；如果指定了多个参数组，系统将显示剩余的每个参数组的【Cycle 参数】对话框。

按照定义循环参数组1的方式定义参数组2～5，不更改、更改一个或更改所有循环参数。对于参数组 2～5，选择【复制上一组参数组】（此刻将被激活）可以复制上一个参数组中的值并将其应用到当前参数组中。

标准钻循环参数如图 2-239 所示。

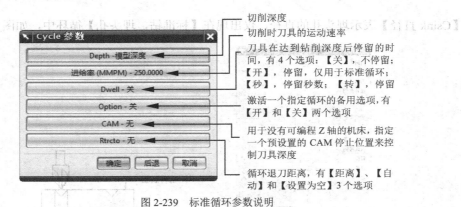

切削深度
切削时刀具的运动速率
刀具在达到钻削深度后停留的时间，有4个选项：【关】，不停留；【开】，停留，仅用于标准循环；【秒】，停留秒数；【转】，停留
激活一个指定循环的备用选项，有【开】和【关】两个选项
用于没有可编程 Z 轴的机床，指定一个预设置的 CAM 停止位置来控制刀具深度
循环退刀距离，有【距离】、【自动】和【设置为空】3 个选项

图 2-239 标准循环参数说明

【深度】表示孔的总深度，即从部件表面到刀尖的距离，它出现在除【标准钻，埋头孔】外所有循环的【循环参数】对话框中。单击【Cycle 参数】对话框中的【Depth】按钮，弹出【Cycle 深度】对话框，如图 2-240 所示。可以根据需要选择确定钻削深度的方法。系统提供了 6 种确定钻削深度的方法，每种钻削深度的几何意义如图 2-241 所示。

【模型深度】将自动计算实体中每个孔的深度（对于通孔和盲孔，计算时将分别考虑【通孔安全距离】和【盲孔余量】两个参数）。

【刀尖深度】指定了一个正值，该值为从部件表面沿刀轴到刀尖的深度。

【刀肩深度】指定了一个正值，该值为从部件表面沿刀轴到刀具圆柱部分的底部（刀肩）的深度。

【至底面】是系统沿刀轴计算的刀尖接触到底面所需的深度。

【穿过底面】是系统沿刀轴计算的刀肩接触到底面所需的深度。如果希望刀肩越过底面，可以在定义【底面】时指定一个【安全距离】。底面在【钻】对话框中指定，如图 2-242 所示。

【至选定点】是系统沿刀轴计算的从部件表面到钻孔点的 ZC 坐标间的深度。

其他循环中比较重要的参数：

【Increment 增量】仅出现在【啄钻】和【断屑】循环中，表示【啄钻】和【断屑】循环的两次中间深度之间的增量距离。它对应于【标准钻，深度】和【标准钻，断屑】循环的【步长值】参数。有三个选项：【无】，系统不生成任何中间点，一次钻削完成；【恒定】，指定增量值应为一个正值，系统生成一系列具有恒定增量的送刀运动，直到将刀具送到最终深度；【可变】，可以设置 1～7 个增量值。

图 2-240　【Cycle 深度】对话框

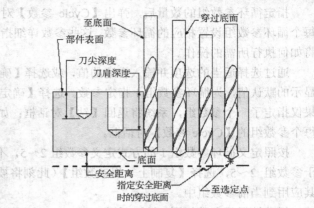

图 2-241　钻削深度

【Csink 直径】表示埋头孔的直径，仅出现在【标准钻，埋头孔】循环中，如图 2-243 所示。

图 2-242　安全距离设置

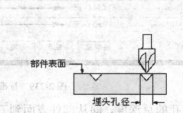

图 2-243　埋头孔直径

【入口直径】指定加工沉孔前的底孔直径，一般沉孔是在先前钻好的底孔上加工，同样仅出现在【标准钻，埋头孔】循环中。

【Step 值】在【标准钻，深度】和【标准钻，断屑】循环中出现，指定循环式钻孔的步进增量，可以定义 1～7 个增量值。

④ 退刀方式的设置。

【Rtrcto】用于确定刀具的退出方式，决定了刀具完成每个点位加工后退出返回的位置。选择退刀方式时，【Rtrcto】设置为空，指定几何体时，通过避让来选择合适的退刀方式。从【循环类型】列表中选择【标准钻】（Standard Drill），单击【编辑】按钮，弹出【指定参数组】对话框；默认【Number of Sets=1】，单击【确定】按钮进入【Cycle 深度】对话框。

单击【刀尖深度】按钮，弹出深度对话框；输入深度值 2，单击【确定】按钮，返回【Cycle 深度】对话框。

单击【进给率】按钮，弹出【Cycle 进给率】对话框；输入进给率值 200，单击【确定】按钮，返回上级对话框；

单击【Rtrcto】按钮，弹出【退刀设置】对话框；选择退刀方式为【自动】，单击【确定】按钮，返回上级对话框；单击【确定】按钮，返回【钻】对话框，如图2-244所示。

⑤ 指定钻孔位置。

a. 钻中心孔几何体的创建。

按【Ctrl】+【L】键，打开【图层设置】对话框；选中层5的复选框，使层5可选，层5中的4个点显示出来，按中键退出【图层设置】对话框；单击【指定孔】图标 ，弹出【点到点几何体】对话框，如图2-245所示。

b. 钻孔位置的指定。

图2-248　选择深度

单击【选择】按钮，弹出【点位加工几何体】对话框；选择一般点，弹出点构造器【点】对话框；在【类型】下拉列表中选择【现有点】；点选已存在的点，按中键返回【点位加工几何体】对话框；直接选择左边和中间台阶孔的圆；选择【面上所有孔】，提示选择面；选择右边台阶面，此面上的两个孔位被选中；选择【省略】，提示选择点；选择【显示点】显示所有的点；按【Ctrl】+【L】键，打开【图层设置】对话框，取消选中层5的复选框，使层5不可见，按中键退出该对话框；选择【附加】，弹出【点位加工几何体】对话框，如图2-246所示。

图2-245　选择几何体　　　　　　　图2-246　选择钻孔位置

⑥ 刀轨生成及加工仿真。

a. 设置主轴速度和进给参数。

单击【刀轨设置】组中【进给和速度】图标，弹出【进给和速度】对话框；选中【主轴速度】复选框；输入主轴速度1 500；设置切削速率为200，单击【确定】按钮，返回【钻】对话框，如图2-249所示。

b. 刀轨生成与退刀方式修改。

单击【编辑参数】图标，弹出【指定参数组】对话框；单击【确定】按钮，弹出【Cycle 参数】对话框；单击【Rtrcto】按钮，弹出【退刀设置】对话框；退刀方式设置为【空】，按中键直至返回【钻】对话框；再次单击【钻】对话框的【操作】组中【生成】图标，重新计算生成刀轨；单击【操作】组中【确认】图标，弹出【刀轨可视化】对话框，选择【2D 动态】方式仿真加工，如图2-248所示。

c. 优化刀具路径。

单击【点到点几何体】对话框中的【优化】按钮，弹出【优化方法】对话框；选择【Shortest Path】，接受所有缺省选项；选择【优化】，系统开始计算最优结果，并汇报；选择【接受】，接受优化结果，并退回【点到点几何体】对话框。

图 2-247　进给和速度设置　　　　　　　图 2-248　刀轨生成与退刀方式修改

d. 刀轨重新生成及加工仿真。

单击【操作】组中【生成】图标，重新计算生成刀轨，如图 2-249 所示。

单击【确认】图标，弹出【刀轨可视化】对话框；选择【2D 动态】方式播放刀轨；单击▶按钮；加工仿真结果如图 2-250 所示；单击中键，直至完成操作。

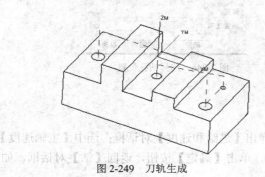

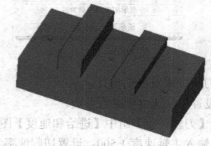

图 2-249　刀轨生成　　　　　　　　　　　图 2-250　加工仿真

（5）保存文件。

选择【文件】下拉菜单，单击【保存】命令，保存文件。

2.9　法兰盘零件加工综合实例

2.9.1　零件工艺分析

零件模型如图 2-251 所示。法兰盘是一个以曲面为主、带孔的零件，所以第一步选择型腔铣进行上表面和底面加工。经粗铣的曲面,尺寸精度一般可达IT 12~IT 14级,表面粗糙度可达12.5~25。经粗、精铣的平面,尺寸精度可达 IT 7~IT 9 级,表面粗糙度可达 0.8~3.2。对于这个零件,同样会经过粗铣、半精铣、精铣的过程加工出来;第二步沉头孔加工,先进行点钻,然后钻孔,最后加工沉孔。

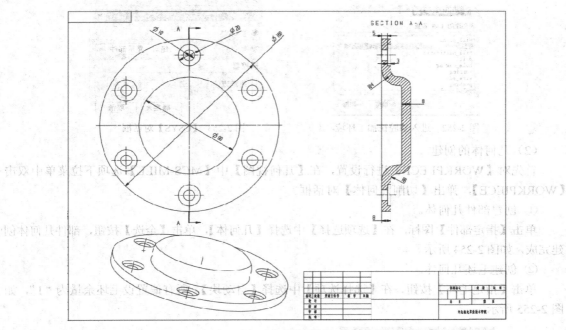

图 2-251 零件模型

2.9.2 总体设计方案

对于法兰盘的铣削加工,由于其上表面的精度要求比较高,所以采取粗加工、半精加工、精加工三个加工工序。所以对于毛坯,各个方向都要留出一定余量;底面加工量相对较少,直接进入半精加工,然后精加工,达到精度要求;法兰盘的主要加工为曲面加工,在精加工时用深度轮廓铣加工方法使曲面有较好的精度。最后沉孔,沉孔先用点钻定位,然后用标准麻花钻钻通孔,穿孔后再沉头孔加工。法兰盘整体加工完成。

2.9.3 法兰盘零件的加工编程

1．运行软件

运行 UGNX 8.0 软件。

2．进入加工环境

从目录中打开文件 flange-start.prt,单击【开始】→【加工】进入加工环境,选择【mill-contour】,进入型腔铣加工环境,如图 2-252 所示。

3．加工操作的创建

（1）机床坐标系的创建。

在操作导航器中单击右键,选择【几何视图】,双击【MCS-MILL】按钮,设定机床坐标系,在【MCS】中单击【CSYS】按钮 ，进入【CSYS】对话框。设置【参考 CSYS】为【绝对-显示部件】，如图 2-253 所示。

图 2-252　进入型腔铣加工环境

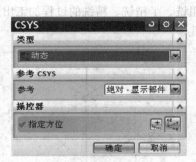

图 2-253　【CSYS】对话框

（2）几何体的创建。

首先对【WORKPI ECE】进行设置，在【几何视图】中【MCS-MILL】选项下拉菜单中双击【WORKPIECE】，弹出【切削几何体】对话框。

① 创建部件几何体。

单击【指定部件】图标，在【选项选择】中选择【几何体】，单击【全选】按钮，部件几何体创建完成，如图 2-254 所示。

② 创建毛坯几何体。

单击【指定毛坯】按钮，在【选择选项】中选择【自动块】，所有偏置设毛坯余量为"1"，如图 2-255 所示。

图 2-254　【部件几何体】对话框

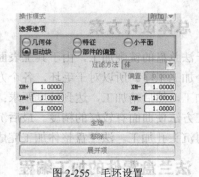

图 2-255　毛坯设置

③ 创建孔加工用几何体。

单击【创建几何体】，弹出【创建几何体】对话框，如图 2-256 所示。部件几何体选择整个零件，跟【WORKPIECE】一样，毛坯的选择就有所不同。选择孔以外的面，包括底面。单击【确定】按钮，完成孔加工用几何体的创建。

4．加工方法的设置

粗加工的设置：在操作导航器中单击右键，单击【加工方法视图】，然后双击【MILL_ROUGH】，对粗加工方法进行设置，

图 2-256　【创建几何体】对话框

具体参数为：部件侧面余量为"1.0"，内公差为"0.03"，外公差为"0.03"，进给率为"1000"如图 2-257 所示。

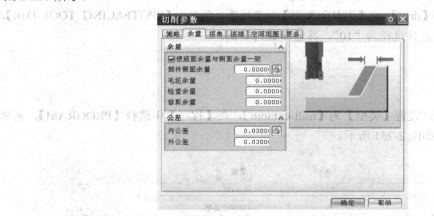

图 2-257　粗加工余量设置

同样半精加工跟精加工的加工方法的某些参数设置，如图 2-258、图 2-259 所示。

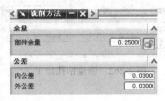
图 2-258　半精加工参数

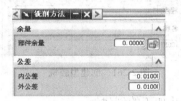
图 2-259　精加工参数

5. 创建刀具

（1）创建型腔铣刀具 MILL-D10。

在操作导航器中右键单击选中【机床视图】，在【创建】工具栏中单击【创建刀具】按钮，弹出【创建刀具】对话框，单击【型腔铣】按钮【contour-mill】，在【类型】中选择【MILL】，如图 2-260 所示。【刀具子类型】为 ，命名为【MILL-D10】，【刀具参数】设置为：【直径】为"10.0"，其他选项为默认。

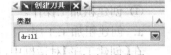
图 2-260　创建刀具选项

（2）创建另一把型腔铣刀具 MILL-D6R2。

在【类型】中选择型腔铣【contour-mill】，创建另一把刀具，子类型为【MILL】，命名为【MILL-D6R2】，【刀具参数】设置为：直径为"6"，底圆角半径为"2"，其他参数默认。

（3）创建另一把型腔铣刀具 BALL-MILL-D4。

选择型腔铣【contour-mill】，在【类型】中选择按钮 ，【刀具子类型】设置为【BALL-MILL】，命名为【BALL-MILL-D4】，【刀具参数】设置为：刀具直径为"4"，其他参数选择默认。

（4）创建钻孔刀具 SPOTDRILLING_TOOL-D15。

在【类型】中选择【drill】，在【刀具子类型】中单击【SPOTDRILLING_TOOL】按钮 ，命名为"SPOTDRILLING_TOOL-D15"，【刀具参数】设置为：直径为"15"，其他参数为默认。

（5）创建孔加工刀具 DRILLING_TOOL-D5。

在【类型】中选择【drill】，在【刀具子类型】中选择【DRILLING_TOOL】麻花钻，单击按

钮 ，命名为【DRILLING_TOOL-D5】，【刀具参数】设置为：刀具直径为"5"，其他参数为默认。

（6）创建钻削刀具 SPOTFACING_TOOL-D10。

在【类型】中选择【drill】，在【刀具子类型】中选择 ，命名为【SPOTFACING_TOOL-D10】，【刀具参数】设置为：刀具直径为"10"，其他参数为默认。

刀具创建完成。

6. 创建程序

（1）创建型腔铣。

单击【创建程序】，设置【类型】为【mill-contour】，在【程序】中选择【PROGRAM】，名称为"CONTOUR_1"，如图 2-261 所示。

类型		类型	
mill_contour	⌄	drill	⌄
程序子类型		程序子类型	
位置		位置	
程序 PROGRAM		程序 PROGRAM	
名称		名称	
CONTOUR_1		DRILL_1	

图 2-261 创建型腔铣   图 2-262 创建钻孔加工

（2）钻孔加工的创建。

单击【创建程序】，设置【类型】为【drill】，在【程序】中选择【PROGRAM】，名称为"DRILL_1"，如图 2-262 所示。

7. 创建操作

（1）上表面加工操作。

① 创建粗加工操作。

a. 创建粗加工工序。

在【创建工序】对话框中，在【操作子类型】中单击按钮，具体参数：【程序】为【CONTOUR-1】，【刀具】选择【MILL-D10】，【几何体】选择【WORKPIECE】，【方法】选择【MILL_ROUGH】，【名称】为【CAVITY_MILL-1】，如图 2-263 所示。单击【确定】按钮，进入粗加工操作的创建。

b. 创建粗加工操作。

i 刀轨设置。

【切削模式】选择【跟随部件】，【步距】选择【恒定】，【距离】设置为"1"，单位选择"mm"，【全局每刀深度】设置为"1.0"，如图 2-264 所示。

ii 切削参数设置。

单击【切削参数】按钮，在【空间范围】选项卡的【毛坯】选项组中【处理中的工件】中，选择【使用 3D】，如图 2-265 所示。在【小面积避让】选项的【小封闭区域】中选择【忽略】，参数使用默认，如图 2-266 所示；在【连接】选项卡的【区域排序】中选择【优化】，【开放刀路】选择【变换切削方式】，其他使用默认。

图 2-263　创建粗加工工序

图 2-264　粗加工操作的创建

图 2-265　【空间范围】选项卡

图 2-266　【小面积避让】设置

iii 非切削移动参数设置。

选择默认。

iv 进给和速度的设置。

单击【进给和速度】按钮，【主轴速度】设置为"3000"，并在复选框上打勾，【切削】设置为"500"，单击【确认】按钮。

v 生成刀轨。

在【操作】中，单击【生成】按钮，系统开始计算刀具路径，完成后单击【确定】按钮，完成粗加工刀具路径的创建，如图 2-267 所示。

vi 粗加工仿真。

单击【确认】按钮，选择【2D 动态】，观察仿真操作，结果如图 2-268 所示。

图 2-267　粗加工刀具路径

图 2-268　粗加工仿真

② 创建半精加工操作。

a. 创建半精加工程序。

在几何视图中复制粗加工的程序，并内部粘贴方法为【半精加工】，重命名为【CAVITY_MILL-12】。

b．几何体设置

几何体设置不变。

c．选择刀具。

【刀具】选择 MILL-D6R2。

d．刀轨设置。

【刀轨设置】在原有的基础上改变某些参数，【距离】改为"0.5"，【全局每刀深度】改为"0.4"，如图 2-269 所示。

e．切削参数设置。

【切削参数】中【余量】选项组中【部件侧面余量】设置为"0"，如图 2-270 所示。

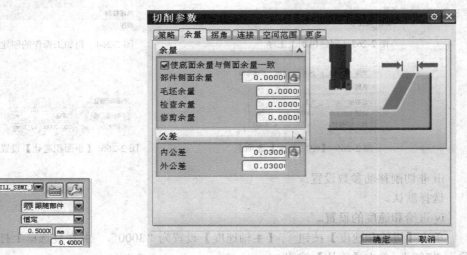

图 2-269 半精加工刀轨设置　　　　　　　　　　　图 2-270 半精加工余量设置

f．进给和速度设置。

【主轴速度】设为"4000"，并在复选框上打勾，【切削】设置为"250"。

g．生成刀轨。

在【操作】中单击【生成】按钮，系统开始计算刀具路径，完成后单击【确定】按钮，完成半精加工刀具路径的创建，结果如图 2-271 所示。

图 2-271 半精加工刀具路径　　　　　　　　　　　图 2-272 半精加工仿真

h．半精加工仿真。

单击【操作】的【确认】图标，选择【2D 动态】，观察仿真操作，结果如图 2-272 所示。

③ 创建精加工操作。

a. 创建精加工工序。

在【创建】工具栏中单击【创建操作】，在【型腔铣】中选择【深度加工轮廓铣】按钮，【位置】设置如图 2-273 所示，【名称】为"ZLEVEL_PROFILE-1"。

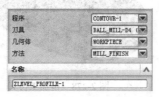

图 2-273 【位置】参数设置

图 2-274 加工方式选择

b. 创建精加工操作。

ⅰ创建刀具。

选择【BALL-MILL-D4】。

ⅱ创建加工方法。

【加工方法】选择【MILL-FINISH】，精加工参数设置如图 2-274 所示。

ⅲ设置切削区域。

【切削区域】选择如图 2-275 所示。

图 2-275 精加工区域的设置

ⅳ刀轨设置。

主要是修改【全局每刀深度】为"0.3"。

ⅴ切削参数设置。

在【连接】选项卡的【层之间】中设置【层到层】为【沿部件斜进刀】，设置【倾斜角度】为"30"，如图 2-276 所示。

ⅵ非切削参数。

设为默认。

ⅶ进给和速度的设置。

【主轴速度】为"5000"，并在复选框上打勾，【切削】为"200"。

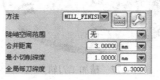

图 2-276 【层之间】设置

ⅷ刀轨生成。

在【操作】中单击【生成】按钮，系统开始计算刀具路径，完成后单击【确定】按钮，完成精加工刀具轨迹的创建，结果如图 2-277 所示。

ⅸ精加工仿真。

单击【确认】图标，选择【2D 动态】，观察仿真操作，结果如图 2-278 所示。

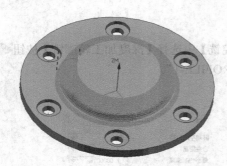

图 2-277　精加工刀轨

图 2-278　精加工仿真

（2）底面加工。

① 创建半精加工操作。

a．创建半精加工工序。

复制上表面半精加工工序，然后内部粘贴，命名为【CAVITY_MILL-12_DIMIAN】。

b．创建半精加工操作。

单击【确定】按钮，进入型腔铣设置，修改以下参数，其他为默认。

单击【切削区域】，弹出【切削区域】对话框，如图 2-279 所示。在【几何体】的【选择对象】中单击按钮 ，选择如图 2-280 所示的几个面作为指定切削区域。

图 2-279　【切削区域】对话框

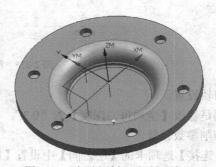

图 2-280　底面半精加工切削区域

c．刀轴设置。

【轴】选择指定量，在 下拉菜单中选择 。

d．刀轨生成。

在【操作】中单击【生成】按钮 ，系统开始计算刀具路径，完成后单击【确定】按钮，完成半精加工刀轨的创建，结果如图 2-281 所示。

e．精加工仿真。

单击【操作】的【确认】图标 ，选择【2D 动态】，观察半精加工操作效果，如图 2-282 所示。

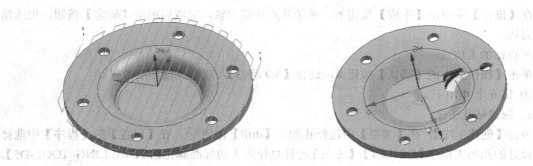

图 2-281 底面半精加工刀轨　　　　　图 2-282 半精加工仿真

② 创建精加工操作。

a. 创建精加工工序。

复制上表面的精加工程序【ZLEVEL_PROFILE-1】，然后内部粘贴，重命名为【ZLEVEL_PROFILE-1_DIMIAN】。

b. 创建精加工操作。

双击【程序】进入【深度加工轮廓铣】设置，其他默认的情况下修改以下参数，改变切削区域，如图 2-283 所示。选择要加工的面，【非切削加工】中【退刀】选项选择【抬刀】，其他参数不变。

c. 生成精加工刀轨。

在【操作】中单击【生成】按钮 ，系统开始计算刀轨，完成后单击【确定】按钮，完成精加工刀轨的创建。

d. 精加工仿真。

单击【确认】按钮 ，选择【2D 动态】，观察精加工效果。

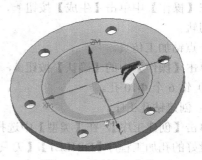

图 2-283 精加工切削区域

（3）孔加工。

① 点钻孔加工。

a. 创建点钻工序。

单击【创建工序】，在【类型】中选择孔加工方法【drill】按钮 ，在【位置】的【程序】中选择孔加工程序【DRILL1】，【刀具】选择直径为 15 的点钻【SPOTDRILLING_TOOL-D15】，【几何体】和【方法】设置如图 2-284 所示。

b. 创建点钻加工操作。

i 指定加工孔及优化刀轨。

单击【几何体】的【指定孔】按钮 ，然后选择面上所有的孔→选择面→【确定】→【确定】→单击【优化】→单击按钮【Shortest Path】进行优化→单击【优化】→单击【确定】→单击【确定】。

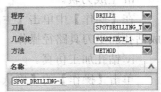

图 2-284 创建点钻工序

ii 设置其他参数。

【最小安全距离】设置为"15"，【进给和速度】中的【主轴速度】设置为"800"，并在复选框上打勾，【切削】设置为"150"。

iii 点钻加工刀轨生成。

在【操作】中单击【生成】按钮，系统开始计算刀轨，完成后单击【确定】铵钮，生成精加工刀轨。

iv 点钻加工仿真。

单击【操作】中的【确认】按钮，选择【3D 动态】，观察点钻加工效果。

② 钻 6 个 Φ10 孔。

a．创建钻孔工序。

单击【创建工序】，在【类型】中选择孔加工【drill】铵钮，在【位置】的【程序】中选择原先设好的孔加工程序【DRILL1】,【刀具】选择直径为 5 的标准麻花钻【DRILLING_TOOL-D5】。

b．创建钻孔加工操作。

i 指定加工孔及优化刀轨。

单击【几何体】的【指定孔】，然后单击【选择】→【面上所有的孔】→选择面，如图 2-285 所示，单击【确定】→，单击【确定】→单击【优化】进行优化→单击【优化】→单击【确定】→，单击【确定】，这个步骤与点钻的步骤一样。

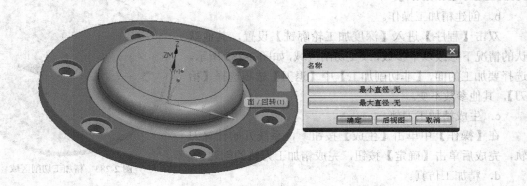

图 2-285　钻孔加工面

ii 设置其他参数。

【最小安全距离】设置为 "15",【通孔安全距离】设置为 "5",【进给和速度】中的【主轴速度】设置为 "800"，并在复选框上打勾,【切削】设置为 "150"。

iii 生成刀轨。

在【操作】中单击【生成】按钮，系统开始计算刀具路径，完成后单击【确定】按钮，完成钻孔加工刀具路径操作。

iv 钻孔加工仿真。

单击【操作】的【确认】图标，选择【3D 动态】，观察仿真操作。

③ 6 个 Φ20 沉头孔加工。

a．创建沉头孔加工工序。

单击【创建工序】，在【类型】中选择孔加工方法【drill】按钮，在【位置】的【程序】中选择原先设好的孔加工程序【DRILL1】,【刀具】选择直径为 10 的刀具【SPOTFACING_TOOL-D10】，名称为【COUNTERBORING】。

b．指定加工孔及优化刀轨。

单击【几何体】的【指定孔】，然后按顺序选择面上所有的孔→选择面，如图 2-286 所示，单击【确定】→单击【确定】→单击【优化】→单击【优化】图标进行优化→单击【优化】→单击【确定】→单击【确定】（跟以上程序的这一步一样）。

c. 设置其他参数。

【最小安全距离】设置为"15"，【进给和速度】中的【主轴速度】设置为"500"，并在复选框上打勾，【切削】设置为"100"。

d. 生成沉头孔加工刀轨。

在【操作】中单击【生成】按钮，系统开始计算刀具路径，完成后单击【确定】按钮，完成沉头孔加工刀具路径的创建，如图 2-287 所示。

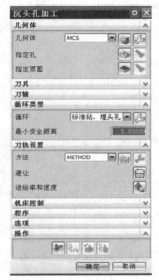

图 2-286 沉头孔加工面

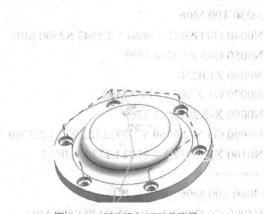

图 2-287 沉头孔加工刀具路径

e. 沉头孔加工仿真。

单击【操作】的【确认】图标，选择【3D 动态】，观察仿真操作。

2.9.4 零件的后处理与仿真

在操作导航器中将所有的程序全选，单击工具栏上的【生成刀轨】按钮，生成所有的刀轨，如图 2-288 所示。

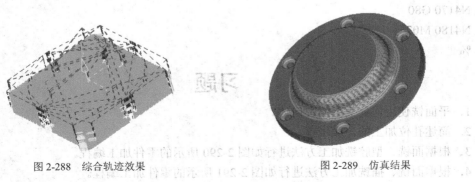

图 2-288 综合轨迹效果

图 2-289 仿真结果

然后选择加工仿真，得出所有工序加工完成的结果，如图 2-289 所示。

零件加工编程的 NC 代码程序如下（节选首部和尾部）：

```
信息清单创建者：          Administrator
日期                    :   2012-12-19 22:18:42
当前工作部件              :   D:\ggg2.prt
节点名                   :   pc-201008222327
```

```
%
N0010 G40 G17 G90 G70
N0020 G91 G28 Z0.0
:0030 T00 M06
N0040 G0 G90 X-2.0664 Y2.5947 S2500 M03
N0050 G43 Z1.3386 H00
N0060 Z1.0236
N0070 G1 Z.9055 F19.7 M08
N0080 X-2.2922 Y2.3769
N0090 G3 X-2.3769 Y2.2922 I2.2922 J-2.3769
N0100 X-2.3982 Y2.2122 I.1739 J-.0892
…………
:4080 T00 M06
N4090 G0 G90 X1.6366 Y-.9449 S500 M03
N4100 G43 Z.9055 H00
N4110 G82 Z.2165 R.9055 F3.9
N4120 X0.0 Y-1.8898
N4130 X-1.6366 Y-.9449
N4140 Y.9449
N4150 X0.0 Y1.8898
N4160 X1.6366 Y.9449
N4170 G80
N4180 M02
%
```

习题

1. 平面铣使用何种类型的几何体？
2. 简述孔位加工的一般步骤。
3. 根据面铣、型腔铣加工方法进行如图 2-290 所示的零件加工编程。
4. 根据面铣、插铣加工方法进行如图 2-291 所示的零件加工编程。

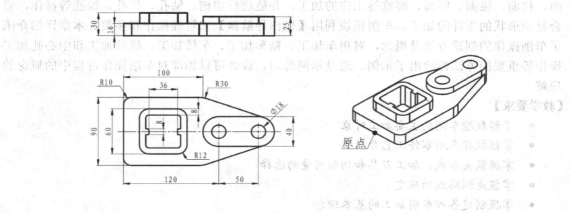

图 2-290　第 3 题图

图 2-291　第 4 题图

5. 根据点位加工方法进行如图 2-292 所示的零件加工编程。

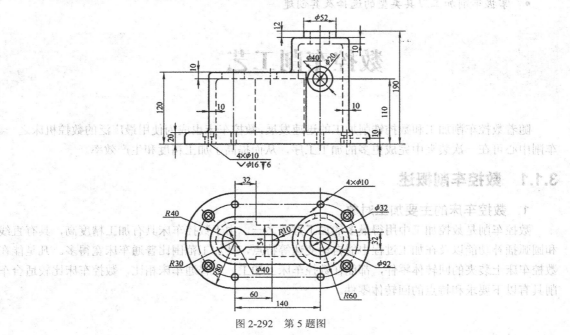

图 2-292　第 5 题图

第3章 数控车床编程与操作

【教学提示】

在机械、航天、汽车和各种产品的加工过程中,对工件进行车削加工是必不可少的。它主要用于轴套类、盘盖类等回转体零件的加工。通过运行数控加工程序,能自动完成内外圆面、柱面、锥面、圆弧、螺纹等工序的加工,并能进行切槽、钻孔、扩孔、铰孔等操作,适合复杂形状的零件的加工。车削模块利用【操作导航器】来管理操作和参数。本章详细介绍了车削操作的创建方法及概念,对粗车加工、精车加工、车槽加工、螺纹加工和中心孔加工操作等重要的方法都给出了示例。通过示例练习,读者可以加深对车削操作过程中的概念的理解。

【教学要求】

- 了解数控车削的主要加工对象
- 掌握数控车削零件工艺分析
- 掌握装夹方式、加工刀具和切削用量的选择
- 掌握走到路线的确定
- 掌握创建各种车削加工的基本理念
- 掌握创建各种车削加工的基本步骤和操作方法
- 掌握车削加工几何体的类型及其创建
- 掌握车削加工刀具类型的选择及其创建

3.1 数控车削工艺

随着数控车削加工和数控铣削加工的迅速发展,数控车床也成为使用最广泛的数控机床之一。车削中心可在一次装夹中完成更多的加工工序,从而提高了加工精度和生产效率。

3.1.1 数控车削概述

1. 数控车床的主要加工对象

数控车削是数控加工中用得最多的加工方法之一。由于数控车床具有加工精度高,具有直线和圆弧插补功能以及在加工过程中能自动变速等特点,其加工范围比普通车床宽得多。凡是能在数控车床上装夹的回转体零件,都能在数控车床上加工。与普通车床相比,数控车床比较适合车削具有以下要求和特点的回转体零件。

（1）精度要求高的零件。

零件的精度要求主要指尺寸、形状、位置和表面等，其中的表面精度主要指表面粗糙度。由于数控车床刚性好，制造和对刀精度高，并能方便、精确地进行人工补偿和自动补偿，所以能加工尺寸精度要求较高的零件，有些场合能达到以车代磨的效果。另外，由于数控车床的运动是通过高精度插补运算和伺服驱动来实现的，所以它能加工直线度、圆度、圆柱度等形状精度要求高的零件。由于数控车床一次装夹能完成加工的内容较多，所以它能有效提高零件的位置精度，并且加工质量稳定。数控车床具有恒线速度切削功能，所以它不仅能加工出表面粗糙度小而均匀的零件，而且适合车削各部位表面粗糙度要求不同的零件。一般数控车床的加工精度可达 0.001 mm，表面粗糙度 Ra 可达 0.16 μm（精密数控车床可达 0.02 μm）。

（2）表面粗糙度值小的零件。

数控车床具有恒线速切削功能，能加工出表面粗糙度值小而均匀的零件。因为在材质、精车余量和刀具已定的情况下，表面粗糙度取决于进给量和切削速度。切削速度变化，致使车削后的表面粗糙度不一致。使用数控车床的恒线切削功能，就可选用最佳线速度来切削锥、球面和端面等，使车削后的表面粗糙度值既小又一致。

（3）表面轮廓形状复杂的零件。

由于数控车床具有直线和圆弧插补功能（部分数控车床还有某些非圆弧曲线插补功能），所以它可以车削由任意直线和各类平面曲线组成的形状复杂的回转体零件，包括通过拟合计算处理后的、不能用方程式描述的列表曲线。图 3-1 所示的壳体零件封闭内腔的成型面，在普通车床上是无法加工的，而在数控车床上则很容易加工出来。

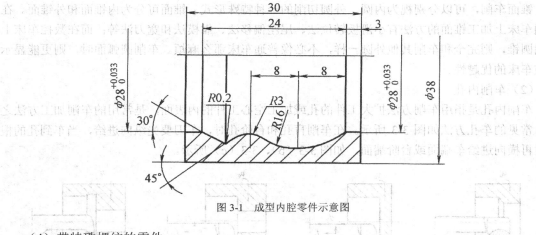

图 3-1　成型内腔零件示意图

（4）带特殊螺纹的零件。

数控车床具有加工各类螺纹的功能，包括任何等导程的直、锥和端面螺纹，增导程、减导程以及要求等导程与变导程之间平滑过渡的螺纹。通常在主轴箱内安装有脉冲编码器，主轴的运动通过同步带 1:1 地传到脉冲编码器。采用伺服电动机驱动主轴旋转，当主轴旋转时，脉冲编码器便发出检测脉冲信号给数控系统，使主轴电动机的旋转与刀架的切削进给保持同步关系，即实现加工螺纹时主轴转一转，刀架 Z 向移动工件一个导程的运动关系。而且，车削出来的螺纹精度高，表面粗糙度值小。

2．数控车削加工的主要内容

根据数控车床的工艺特点，数控车削加工主要有以下加工内容。

（1）车削外圆。

车削外圆是最常见、最基本的车削方法，工件外圆一般由圆柱面、圆锥面、圆弧面及回转槽等基本面组成。图 3-2 所示的为使用各种不同的车刀车削中小型零件外圆（包括车外回转槽）的方法。其中右偏刀主要用于从左向右进给，车削右边有直角轴肩的外圆以及左偏刀无法车削的外圆，如图 3-2（c）所示。

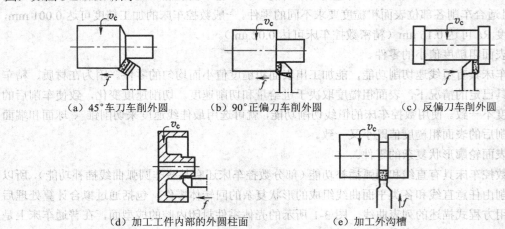

（a）45°车刀车削外圆　　　　（b）90°正偏刀车削外圆　　　　（c）反偏刀车削外圆

（d）加工工件内部的外圆柱面　　　　（e）加工外沟槽

图 3-2　车削外圆示意图

锥面车削，可以分别视为内圆、外圆切削的一种特殊形式。锥面可分为内锥面和外锥面。在普通车床上加工锥面的方法有小滑板转位法、尾座偏移法、靠模法和宽刀法等；而在数控车床上车削圆锥，则完全和车削其他外圆一样，不必像普通车床那么麻烦。车削圆弧面时，则更能显示数控车床的优越性。

（2）车削内孔。

车削内孔是指用车削方法扩大工件的孔或加工空心工件的内表面，是常用的车削加工方法之一。常见的车孔方法如图 3-3 所示。在车削盲孔和台阶孔时，车刀要先纵向进给，当车到孔的根部时再横向进给车端面或台阶端面，如图 3-3（b）、3-3（c）所示。

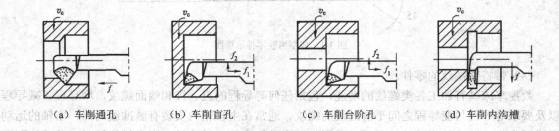

（a）车削通孔　　　　（b）车削盲孔　　　　（c）车削台阶孔　　　　（d）车削内沟槽

图 3-3　车削内孔示意图

（3）车削端面。

车削端面包括台阶端面的车削，常见的方法如图 3-4 所示。图 3-4（a）是使用 45°车刀车削端面，可采用较大的背吃刀量，切削顺利，表面光洁，而且大、小端面均可车削；图 3-4（b）是使用 90°左偏刀从外向工件中心进给车削端面，适用于加工尺寸较小的端面或一般的台阶端面；图 3-4（c）是使用 90°左偏刀从工件中心向外进给车削端面，适用于加工工件中心带孔的端面或一般的台阶端面；图 3-4（d）是使用右偏刀车削端面，刀头强度较高，适宜车削较大端面，尤其是铸锻件的大端面。

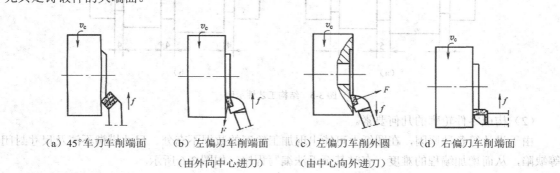

（a）45°车刀车削端面　　（b）左偏刀车削端面　　（c）左偏刀车削外圆　　（d）右偏刀车削端面
　　　　　　　　　　　　　（由外向中心进刀）　　（由中心向外进刀）

图 3-4　车削端面示意图

（4）车削螺纹。

车削螺纹是数控车床的特点之一。在普通车床上一般只能加工少量的等螺距螺纹，而在数控车床上，只要通过调整螺纹加工程序，指出螺纹终点坐标值及螺纹导程，即可车削各种不同螺距的圆柱螺纹、锥螺纹或端面螺纹等。螺纹的车削可以通过单刀切削的方式进行，也可进行循环切削。

3.1.2　数控车削工艺的制定

数控车削加工工艺是以普通车削加工工艺为基础，结合数控车床的特点，综合运用多方面的知识解决数控车削加工过程中面临的工艺问题，主要内容有分析零件图纸，确定工序和工件在数控车床上的装夹方式，确定各表面的加工顺序和刀具的进给路线以及刀具、夹具和切削用量的选择等。

1．数控车削加工工艺分析

工艺分析是数控车削加工的前期工艺准备工作。工艺制定得合理与否，对程序编制、机床的加工效率和零件的加工精度等都有重要影响。因此，编制加工程序前，应遵循一般的工艺原则并结合数控车床的特点，认真而详细地考虑零件图的工艺分析，确定工件在数控车床上的装夹，刀具、夹具和切削用量的选择等。制定车削加工工艺之前，必须首先对被加工零件的图样进行分析，它主要包括以下内容。

（1）结构工艺性分析。

零件的结构工艺性是指零件对加工方法的适应性，即所设计的零件结构应便于加工成型。在数控车床上加工零件时，应根据数控车削的特点，认真审视零件结构的合理性。如图 3-5（a）所示的零件，需用三把不同宽度的切槽刀切槽，如无特殊需要，显然是不合理的；若改成图 3-5（b）所示的结构，只需一把刀即可切出三个槽。这样既减少了刀具数量，少占刀架刀位，又节省了换刀时间。

在结构分析时若发现问题，应向设计人员或有关部门提出修改意见。

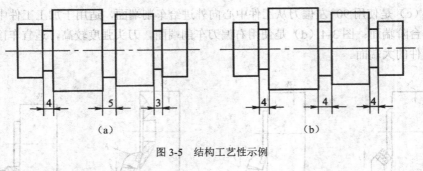

图 3-5　结构工艺性示例

（2）构成零件轮廓的几何要素。

由于设计等各种原因，在图纸上可能出现加工轮廓的数据不充分、尺寸模糊不清及尺寸封闭等缺陷，从而增加编程的难度，有时甚至无法编写程序，如图 3-6 所示。

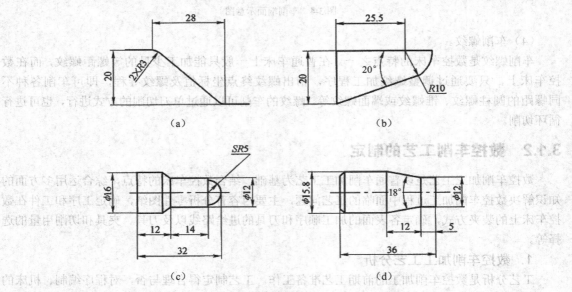

图 3-6　几何要素缺陷示意图

在图 3-6（a）中，两圆弧的圆心位置是不确定的，不同的理解将得到完全不同的结果。再如图 3-6（b）中，圆弧与斜线的关系要求为相切，但经计算后的结果却为相交割关系，而非相切。这些问题由于图样上的图线位置模糊或尺寸标注不清，编程工作无从下手。在图 3-6（c）中，标注的各段长度之和不等于其总长尺寸，而且漏掉了倒角尺寸。在图 3-6（d）中，圆锥体的各尺寸已经构成封闭尺寸链。这些问题都给编程计算造成困难，甚至产生不必要的误差。

当发生以上缺陷时，应向图样的设计人员或技术管理人员及时反映，解决后方可进行程序的编制工作。

（3）尺寸公差要求。

在确定控制零件尺寸精度的加工工艺时，必须分析零件图样上的公差要求，从而正确选择刀具及确定切削用量等。

在尺寸公差要求的分析过程中，还可以同时进行一些编程尺寸的简单换算，如中值尺寸及尺寸链的解算等。在数控编程时，常常对零件要求的尺寸取其最大和最小极限尺寸的平均值（"中值"）作为编程的尺寸依据。

（4）形状和位置公差要求。

图样上给定的形状和位置公差是保证零件精度的重要要求。在工艺准备过程中，除了按其要求确定零件的定位基准和检测基准，并满足其设计基准的规定外，还可以根据机床的特殊需要进行一些技术性处理，以便有效地控制其形状和位置误差。

（5）表面粗糙度要求。

表面粗糙度是保证零件表面微观精度的重要要求，也是合理选择机床、刀具及确定切削用量的重要依据。

（6）材料要求。

图样上给出的零件毛坯材料及热处理要求，是选择刀具（材料、几何参数及使用寿命），确定加工工序、切削用量及选择机床的重要依据。

（7）加工数量。

零件的加工数量对工件的装夹与定位、刀具的选择、工序的安排及走刀路线的确定等都是不可忽视的参数。

2．车削加工工件装夹

数控车床有多种实用的夹具。下面主要介绍常见的车床夹具。

（1）三爪自定心卡盘。

三爪自定心卡盘（见图 3-7）是最常用的车床能用卡盘。其三个爪是同步运动的，能自动定心（定心误差在 0.05 mm 以内），夹持范围大，一般不需要找正，装夹效率比四爪卡盘高，但夹紧力没有四爪卡盘大，所以适用于装夹外形规则、长度不太大的中小型零件。

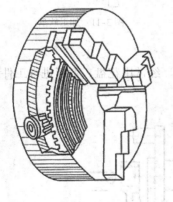

图 3-7 三爪卡盘示意图

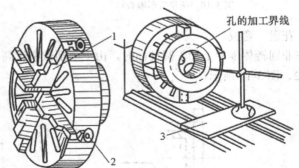

（a）四爪单动卡盘　　（b）四爪单动卡盘装夹工件

图 3-8 四爪单动卡盘

1-卡爪　　2-螺杆　　3-木板

（2）四爪单动卡盘。

四爪单动卡盘（见图 3-8）的四个对分布卡爪是各自独立运动的，因此工件装夹时必须调整工件夹持部位在主轴上的位置，使工件加工面的回转中心与车床主轴的四面转中心重合。四爪单动卡盘找正比较费时，只能用于单件小批量生产。四爪单动卡盘的优点是夹紧力大，但装夹不如三爪自定心卡盘方便，所以适用于装夹大型或不规则的工件。

（3）双顶尖。

对于长度较长或必须经过多次装夹才能加工的工件，如细长轴、长丝杠等的车削，或工序较多，为保证每次装夹时的装夹精度（如同轴度要求），可以用两顶尖装夹（见图 3-9）。两顶尖装夹工件方便，不需要找正，装夹精度高。

利用两顶尖装夹定位还可以加工偏心工件，如图 3-10 所示。

（4）软爪。

软爪是具有切削性能的夹爪。当成批加工某一工件时，为了提高三爪自定心卡盘的定心精度，可以采用软爪结构，即用黄铜或软钢焊在三个卡爪上，然后根据工件形状和直径把三个软爪的夹持部分直接在车床上车出

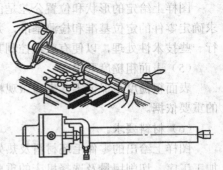

图 3-9　两顶尖装夹工件

来（定心误差只有 0.01mm～0.02 mm），即软爪是在使用前配合被加工工件特别制造的（见图 3-11），如加工成圆弧面、圆锥面或螺纹等形式，可获得理想的夹持精度。

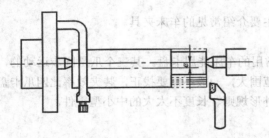

图 3-10　两顶尖车偏心轴

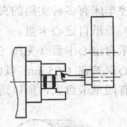

图 3-11　加工软爪

（5）花盘、弯板。

当在非回转体零件上加工圆柱面时，由于车削效率较高，经常用花盘、弯板进行工件装夹，如图 3-12、图 3-13 所示。

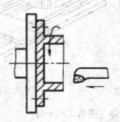

图 3-12　花盘装夹

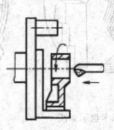

图 3-13　弯板装夹

3．数控车床切削用量的选择

数控编程时，编程人员必须确定每道工序的切削用量，并以指令的形式写入程序中，所以编程前必须确定合适的切削用量。

（1）背吃刀量的确定。

在工艺系统刚性和机床功率允许的条件下，尽可能选取较大的背吃刀量，以减少进给次数。

当零件的精度要求较高时，应考虑适当留出精车余量，其所留精车余量一般为 0.1～0.5 mm。

（2）主轴转速的确定。

① 光车时的主轴转速。

光车时的主轴转速应根据零件上被加工部位的直径，并按零件、刀具的材料、加工性质等条件所允许的切削速度来确定。切削速度除了计算和查表选取外，还可根据实践经验确定。需要注意的是，交流变频调速数控车床低速输出力矩小，因而切削速度不能太低。切削速度确定之后，再计算主轴转速。表 3-1 为硬质合金外圆车刀切削速度的参考值，选用时可参考选择。

表 3-1　　　　　　　　　　　硬质合金外圆车刀切削速度的参考数值

| 工件材料 | 热处理状态 | a_p=0.3～2.0 mm | a_p=2～6 mm | a_p=6～10 mm |
| | | f=0.08～0.30 mm/r | f=0.3～0.6 mm/r | f=0.6～1.0 mm/r |
		v_c/（m·min^{-1}）		
低碳钢、易切钢	热轧	140～180	100～120	70～90
中碳钢	热轧	130～160	90～110	60～80
	调质	100～130	70～90	50～70
合金结构钢	热轧	100～130	70～90	50～70
	调质	80～110	50～70	40～60
工具钢	退火	90～120	60～80	50～70
灰铸铁	HBS<190	90～120	60～80	50～70
	HBS=190～225	80～110	50～70	40～60
高锰钢 Mn13%		10～20		
铜、铜合金		200～250	120～180	90～120
铝、铝合金		300～600	200～400	150～200
铸铝合金		100～180	80～150	60～100

说明：切削钢、灰铸铁时的刀具耐用度约为 60 min。

② 车螺纹时的主轴转速。

切削螺纹时，数控车床的主轴转速将受到螺纹螺距（或导程）的大小、驱动电动机的升降频率特性、螺纹插补运算速度等多种因素的影响，故对于不同的数控系统，推荐不同的主轴转速选择范围。例如，大多数经济型数控车床的数控系统，推荐切削螺纹时的主轴转速为

$$n \leqslant \frac{1200}{p} \times k \tag{3-1}$$

式中，　　p——工件螺纹的螺距或导程（T）, mm；

　　　　　k——保险系数，一般取 80。

（3）进给量（或进给速度）的确定。

① 单向进给量。

单向进给量包括纵向进给量和横向进给量。粗车时一般取 0.3～0.8 mm/r，精车时常取 0.1～0.3 mm/r，切断时常取 0.05～0.2 mm/r。表 3-2 是硬质合金外圆车刀粗车外圆及端面的进给量参考值，表 3-3 是按表面粗糙度选择进给量的参考值，供参考选用。

表 3-2 硬质合金外圆车刀粗车外圆及端面的进给量

工件材料	刀杆尺寸 B ×H/mm	工件直径 d_w/mm	背吃刀量 a_p/mm				
			≤3	>3~5	>5~8	>8~12	>12
			进给量 f /（mm/r)				
碳素结构钢 合金结构钢 耐热钢	16×25	20	0.3~0.4				
		40	0.4~0.5	0.3~0.4			
		60	0.5~0.7	0.4~0.6	0.3~0.5		
		100	0.6~0.9	0.5~0.7	0.5~0.6	0.4~0.5	
		400	0.8~1.2	0.7~1.0	0.6~0.8	0.5~0.6	
	20×30 25×25	20	0.3~0.4				
		40	0.4~0.5	0.3~0.4			
		60	0.5~0.7	0.5~0.7	0.4~0.6		
		100	0.8~1.0	0.7~0.9	0.5~0.7	0.4~0.7	
		400	1.2~1.4	1.0~1.2	0.8~1.0	0.6~0.9	0.4~0.6
铸铁 铜合金	16×25	40	0.4~0.5				
		60		0.5~0.6	0.4~0.6		
		100	0.8~1.2	0.7~1.0	0.6~0.8	0.5~0.7	
		400	1.0~1.4	1.0~1.2	0.8~1.0	0.6~0.8	
	20×30 25×25	40	0.4~0.5				
		60	0.5~0.9	0.5~0.8	0.4~0.7		
		100	0.9~1.3	0.8~1.2	0.7~1.0	0.5~0.8	
		400	1.2~1.8	1.2~1.6	1.0~1.3	0.9~1.1	0.7~0.9

说明：① 加工断续表面及有冲击工件时，表中进给量应乘系数 k=0.75~0.85。

② 在无外皮加工时，表中进给量应乘系数 k=1.1。

③ 在加工耐热钢及合金钢时，进给量不大于 1 mm/r。

④ 加工淬硬钢，进给量应减小。当钢的硬度为 44~56 HRC 时，应乘系数 k=0.8；当钢的硬度为 56~62 HRC 时，应乘系数 k=0.5。

表 3-3 按表面粗糙度选择进给量的参考值

工件材料	表面粗糙度 R_a/μm	切削速度范围 v_c/(m/min)	刀尖圆弧半径 r/mm		
			0.5	1.0	2.0
			进给量 f/(mm/r)		
铸铁、青钢、 铝合金	>5~10	不限	0.25~0.40	0.40~0.50	0.50~0.60
	>2.5~5.0		0.15~0.25	0.25~0.40	0.40~0.60
	>1.25~2.5		0.10~0.15	0.15~0.20	0.20~0.35

续表

工件材料	表面粗糙度 R_a/μm	切削速度范围 v_c/(m/min)	刀尖圆弧半径 r/mm		
			0.5	1.0	2.0
			进给量 f/(mm/r)		
碳钢及合金钢	>5～10	<50	0.30～0.50	0.45～0.60	0.55～0.70
		>50	0.40～0.55	0.55～0.65	0.65～0.70
	>2.5～5.0	<50	0.18～0.25	0.25～0.30	0.30～0.40
		>50	0.25～0.30	0.30～0.35	0.30～0.50
	>1.25～2.5	<50	0.10	0.11～0.15	0.15～0.22
		50～100	0.11～0.16	0.16～0.25	0.25～0.35
		>100	0.16～0.20	0.20～0.25	0.25～0.35

说明：r=0.5 mm，用于 12 mm×12 mm 及以下刀杆；r=1 mm，用于 30 mm×30 mm 以下刀杆；r=2 mm，用于 30 mm×45 mm 以下刀杆。

② 合成进给速度。

合成进给速度是指刀具做合成运动（斜线及圆弧插补等）时的进给速度，例如加工斜线及圆弧等轮廓零件时，刀具的进给速度由纵、横两个坐标轴同时运动的速度合成获得。由于计算合成进给速度的过程比较繁琐，所以在编制数控加工程序时，一般凭实践经验或通过试切确定合成进给速度值。

4．数控车刀的选择

选择数控车削刀具通常要考虑数控车床的加工能力、工序内容及工件材料等因素。与普通车削相比，数控车削对刀具的要求更高，不仅要求精度高、刚度好、耐用度高，而且要求尺寸稳定、安装调整方便。

（1）常用车刀类型。

① 焊接式车刀。

焊接式车刀是将硬质合金刀片用焊接的方法固定在刀体上，形成一个整体。此类刀具结构简单，制造方便，刚性较好。但由于受焊接工艺的影响，刀具的使用性能受到影响。另外，刀杆不能重复使用，造成刀具材料的浪费。

根据工件加工表面的形状以及用途不同，焊接式车刀可分为外圆车刀、内孔车刀、切断（切槽）刀、螺纹车刀及成形车刀等，具体如图3-14所示。

② 机械夹固式可转位车刀。

机械夹固式可转位车刀是已经实现机械加工标准化、系列化的车刀。数控车床常用的机夹可转位车刀结构形式如图3-15所示，主要由刀杆、刀片、刀垫及夹紧元件组成。刀片每边都有切削刃，当某切削刃磨损钝化后，只需松开夹紧元件，将刀片转一个位置便可继续使用，减少了换刀时间，方便对刀，便于实现机械加工的标准化。数控车削加工时，应尽量采用机夹刀和机夹刀片。

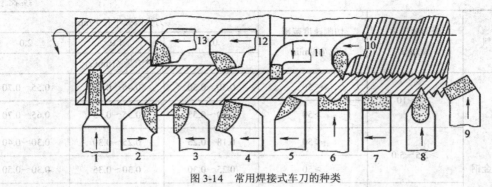

图 3-14 常用焊接式车刀的种类

1—切断刀 2—90°左偏刀 3—90°右偏刀 4—弯头车刀 5—直头车刀 6—成型车刀

7—宽刃车刀 8—外螺纹车刀 9—端面车刀 10—内螺纹车刀

11—内沟槽刀 12—通孔车刀 13—盲孔车刀

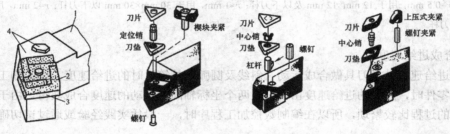

（a）楔块—压式夹紧   （b）杠杆—压工夹紧   （c）螺钉—压式夹紧

图 3-15 机夹可转位车刀

1—刀杆 2—刀片 3—刀垫 4—夹紧元件

（2）车刀的类型及选择。

数控车削常用的车刀一般分为三类，即尖形车刀、圆弧形车刀和成形车刀。

① 尖形车刀。

尖形车刀的刀尖（也称为刀位点）由直线形的主、副切削刃构成，切削刃为一直线形，如 90°内圆车刀、90°外圆车刀、端面车刀、切断（槽）车刀等。

尖形车刀是数控车床加工中用得最为广泛的一类车刀。用这类车刀加工零件时，其零件的轮廓形状主要由一个独立的刀尖或一条直线形主切削刃位移后得到。尖形车刀的选择方法与普通车削时基本相同，主要根据工件的表面形状、加工部位及刀具本身的强度等选择合适的刀具几何角度，并应适合数控加工的特点（如加工路线、加工干涉等）。

② 圆弧形车刀。

圆弧形车刀的切削刃是一圆度误差或轮廓误差很小的圆弧。该圆弧上每一点都是圆弧形车刀的刀尖，其刀位点不在圆弧上，而在该圆弧的圆心上，如图 3-16 所示。

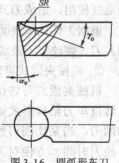

图 3-16 圆弧形车刀

当某些尖形车刀或成形车刀（如螺纹车刀）的刀尖具有一定的圆弧形状时，也可作为这类车刀使用。

圆弧形车刀是较为特殊的数控车刀，可用于车削工件内、外表面，特别适合于车削各种光滑连接（凸凹形）成形面。

圆弧形车刀的选择，主要是选择车刀的圆弧半径，具体应考虑两点：一是车刀切削刃的圆弧半径应小于零件凹形轮廓上的最小曲率半径，以免发生加工干涉；二是该半径不宜太小，否则不但制造困难，还会削弱刀具强度，降低刀体散热性能。

③ 成形车刀。

成形车刀俗称样板车刀，其加工零件的轮廓形状完全由车刀刀刃的形状和尺寸决定。数控车削加工中，常见的成形车刀有小半径圆弧车刀、非矩形切槽刀和螺纹车刀等。在数控加工中，应尽量少用或不用成形车刀，当确有必要选用时，应在工艺文件或加工程序单上进行详细说明。

（3）机夹可转位车刀的选用。

① 刀片材质的选择。

常见刀片材料有高速钢、硬质合金、涂层硬质合金、陶瓷、立方氮化硼和金钢石等，其中应用最多的是硬质合金和涂层硬质合金刀片。选择刀片材质主要依据被加工工件的材料、被加工表面的精度、表面质量要求、切削载荷的大小以及切削过程有无冲击和震动等。

② 刀片形状的选择。

刀片形状主要依据被加工工件的表面形状、切削方法、刀具寿命和刀片的转位次数等因素选择。

刀片是机夹可转位车刀的重要组成元件。刀片大致可分为三大类17种。图3-17所示的为常见的可转位车刀刀片。

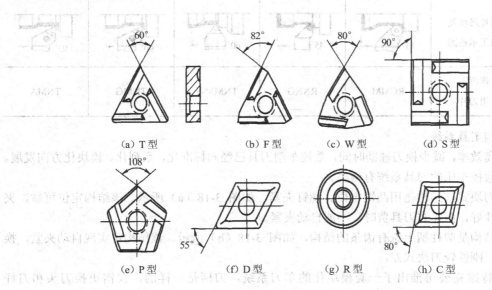

图 3-17 常见可转位车刀刀片

表3-4示意了车削加工时被加工表面及适用主偏角从45°到95°的刀具形状。具体使用时可查阅有关刀具手册选取。

表 3-4 　　　　　　　　　　　　被加工表面与适用的刀片形状

	主偏角	45°	45°	60°	75°	95°
车削外圆表面	刀片形状及加工示意图	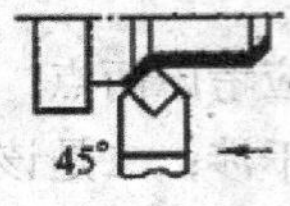 45°	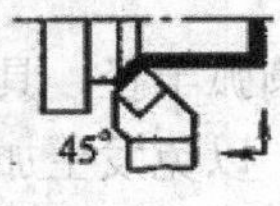 45°	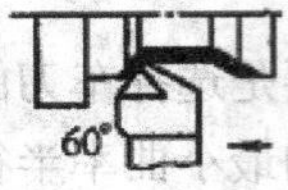 60°	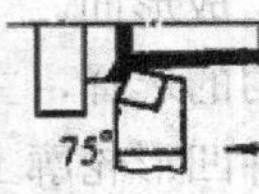 75°	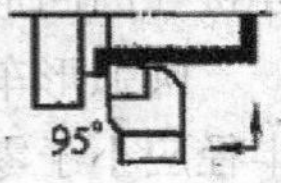 95°
	推荐选用刀片	SCMA SPMR SCMM SNMM-8 SPUN SNMM-9	SCMA SPMR SCMM SNMG SPUN SPGR	TCMA TNMM-8 TCMM TPUN	SCMM SPUM SCMA SPMR SNMA	CCMA CCMM CNMM-7
	主偏角	75°	90°	90°		95°
车削端面	刀片形状及加工示意图	75°	90°	90°		95°
	推荐选用刀片	SCMA SPMR SCMM SPUR SPUN CNMG	TNUN TNMA TCMA TPUM TCMM TPMR	CCMA		TPUN TPMR
	主偏角	15°	45°	60°	90°	93°
车削成形面	刀片形状及加工示意图	 15°	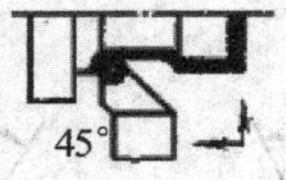 45°	 60°	 90°	 93°
	推荐选用刀片	RCMM	RNNG	TNMM-8	TNMG	TNMA

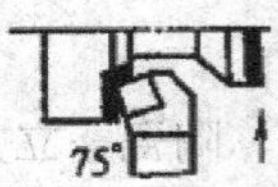

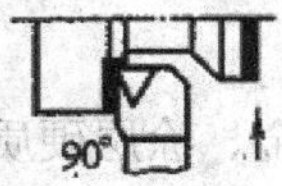

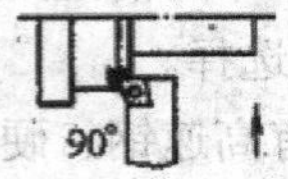

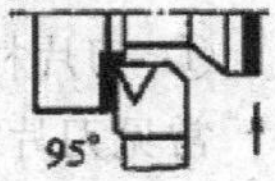

（4）车削工具系统。

为了提高效率，减少换刀辅助时间，数控车削刀具已经向标准化、系列化、模块化方向发展。目前常用的数控车床的刀具系统有两类。

一类是刀块式，结构是用凸键定位、螺钉夹紧，如图 3-18（a）所示。该结构定位可靠，夹紧牢固，刚性好，但换装刀具费时，不能自动夹紧。

另一类结构是圆柱柄上铣有齿条的结构，如图 3-18（b）所示。该结构可实现自动夹紧，换装比较快捷，刚性较刀块式差。

瑞典山特维克公司推出了一套模块化的车刀系统，刀柄是一样的，仅需更换刀头和刀杆即可用于各种加工，如图 3-18（c）所示。该结构刀头很小，更换快捷，定位精度高，也可自动更换。

上了内容和来·制造论方达47厂mm 的内。零件对的制要高合理标准的证用率dxc（内（开切加
由不合格。刀加由用料合得在·处刀的合的合的的证确实现工加前加刀，刷及合时
有合合门…用于用时到了过合，了的的全，在了在的时了内工加出及，刷比·了过
不时间。

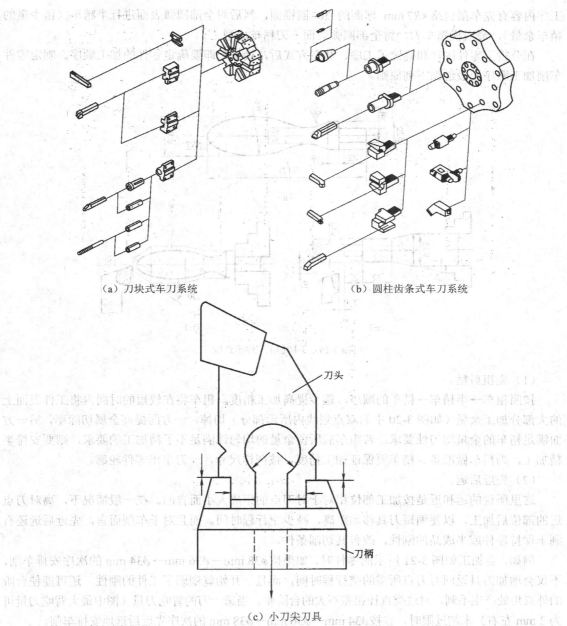

（a）刀块式车刀系统　　　　　　　　（b）圆柱齿条式车刀系统

（c）小刀尖刀具

图3-18　车削刀具系统

5. 车削加工顺序的确定

图 3-19（a）所示的手柄零件，批量生产，加工时用一台数控车床，该零件加工所用坯料为
Φ32 mm 的棒料，加工顺序如下。

第一道工序：如图 3-19（b）所示，将一批工件全部车出，工序内容有：先车出 Φ12 mm 和 Φ20 mm
两圆柱面及 20°圆锥面（粗车掉 R42 mm 圆弧的部分余量），换刀后按总长要求留下加工余量切断。

第二道工序（调头）：按图 3-19（c）所示，用 Φ12 mm 外圆及 Φ20 mm 圆柱端面装夹工件，

工序内容有先车削包络 $sR7\,mm$ 球面的 30° 圆锥面，然后对全部圆弧表面进行半精车（留少量的精车余量），最后换精车刀，将全部圆弧表面一刀精车成型。

在分析了零件图样和确定了工序、装夹方式后，接下来即要确定零件的加工顺序。制定零件车削加工顺序一般遵循下列原则。

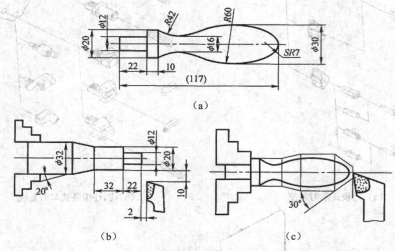

图 3-19　手柄加工工序示意图

（1）先粗后精。

按照粗车→半精车→精车的顺序，逐步提高加工精度。粗车将在较短的时间内将工件表面上的大部分加工余量（如图 3-20 中的双点划线内所示部分）切掉，一方面提高金属切除率，另一方面满足精车的余量均匀性要求。若粗车后所留余量的均匀性满足不了精加工的要求，则要安排半精加工，为精车做准备。精车要保证加工精度，按图样尺寸，一刀车出零件轮廓。

（2）先近后远。

这里所说的远和近是按加工部位相对于对刀点的距离大小而言的。在一般情况下，离对刀点远的部位后加工，以便缩短刀具移动距离，减少空行程时间。而且对于车削而言，先近后远还有利于保持坯件或半成品的刚性，改善其切削条件。

例如，当加工如图 3-21 所示的零件时，如果按 $\phi38\,mm→\phi36\,mm→\phi34\,mm$ 的次序安排车削，不仅会增加刀具返回对刀点所需的空行程时间，而且一开始就削弱了工件的刚性，还可能使台阶的外直角处产生毛刺。对这类直径相差不大的台阶轴，当第一刀的背吃刀量（图中最大背吃刀量可为 3 mm 左右）未超过限时，宜按 $\phi34\,mm→\phi36\,mm→\phi38\,mm$ 的次序先近后远地安排车削。

图 3-20　先粗后精示例

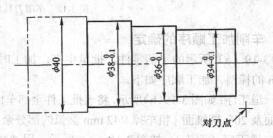

图 3-21　先近后远示例

（3）内外交叉。

对既有内表面（内型腔）又有外表面需加工的零件，安排加工顺序时应先进行内外表面粗加工，后进行内外表面精加工，切不可将零件上一部分表面（外表面或内表面）加工完毕后，再加工其他表面（内表面或外表面）。

6. 进给路线的确定

刀具刀位点相对于工件的运动轨迹和方向称为进给路线，即刀具从对刀点开始运动起直至加工结束所经过的路径，包括切削加工的路径及刀具切入、切出等切削空行程。在数控车削加工中，因精加工的进给路线基本上都是沿零件轮廓的顺序进行的，因此确定进给路线的工作重点主要在于确定粗加工及空行程的进给路线。加工路线的确定必须在保证被加工零件的尺寸精度和表面质量的前提下，按最短进给路线的原则确定，以减少加工过程的执行时间，提高工作效率。在此基础上，还应考虑数值计算的简便，以方便程序的编制。

下面是数控车削加工零件时常用的加工路线。

（1）轮廓粗车进给路线。

在确定粗车进给路线时，根据最短切削进给路线的原则，同时兼顾工件的刚性和加工工艺性等要求，选择确定最合理的进给路线。

图 3-22 给出了 3 种不同的轮廓粗车切削进给路线。其中，图 3-22（a）表示利用数控系统的循环功能控制车刀沿着工件轮廓线进行进给的路线；图 3-22（b）为三角形循环（车锥法）进给路线；图 3-22（c）为矩形循环进给路线，其路线总长最短，因此在同等切削条件下的切削时间最短，刀具损耗最少。

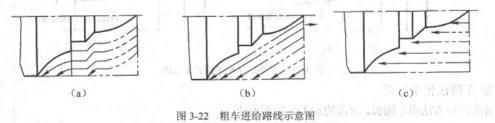

|（a）| （b）| （c）|

图 3-22 粗车进给路线示意图

在确定轮廓粗车进给路线时，车削圆锥、圆弧是常见的车削内容，除使用数控系统的循环功能以外，还可使用下列方法进行。

（2）车削圆锥的加工路线。

在数控车床上车削外圆锥可以分为车削正圆锥和车削倒圆锥两种情况，而每一种情况又有两种加工路线。图 3-23 所示为车削正圆锥的两种加工路线。

图 3-24（a）、3-24（b）为车削倒圆锥的两种加工路线，分别与图 3-23（a）、（b）相对应，其车锥原理与正圆锥相同，有时在粗车圆弧时也经常使用。

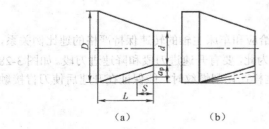

（a） （b）

图 3-23 粗车正圆锥进给路线示意图

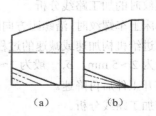

（a） （b）

图 3-24 粗车倒圆锥进给路线示意图

（3）车削圆弧的加工路线。

在粗加工圆弧时，因其切削余量大且不均匀，经常需要进行多刀切削。在切削过程中，可以采用多种不同的方法。现将常用方法介绍如下。

① 车锥法粗车圆弧。

图 3-25 所示为车锥法粗车圆弧的切削路线，即先车削一个圆锥，再车圆弧。在采用车锥法粗车圆弧时，要注意车锥时的起点和终点的确定。

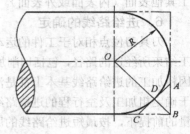

图 3-25　车锥法粗车圆弧示意图

② 车矩形法粗车圆弧（不超过 1/4 的圆弧）。

当圆弧半径较大时，其切削余量往往较大，此时可采用车矩形法粗车圆弧。在采用车矩形法粗车圆弧时，关键要注意每刀切削所留的余量应尽可能保持一致，严格控制后面的切削长度不超过前一刀的切削长度，以防崩刀。图 3-26 是车矩形法粗车圆弧的两种进给路线。图 3-26（a）是错误的进给路线；图 3-26（b）按 1→5 的顺序车削，每次车削所留余量基本相等，是正确的进给路线。

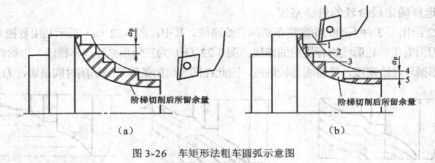

图 3-26　车矩形法粗车圆弧示意图

③ 车圆法粗车圆弧。

前面两种方法粗车圆弧，所留的加工余量都不能达到一致，用 G02（或 G03）指令粗车圆弧，若一刀就把圆弧加工出来，这样吃刀量太大，容易打刀。所以，实际切削时，常常采用多刀粗车圆弧，先将大部分余量切除，最后才车到所需圆弧，如图 3-27 所示。此方法的优点在于每次背吃刀量相等，数值计算简单，编程方便；所留的加工余量相等，有助于提高精加工质量；缺点是加工的空行程时间较长。加工较复杂的圆弧常常采用此类方法。

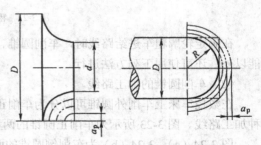

图 3-27　车圆法粗车圆弧示意图

（4）车螺纹时的加工路线分析。

在数控车床上车螺纹时，沿螺距方向的 Z 向进给应和车床主轴的转速保持严格的速比例关系，因此应避免在进给机构加速或减速的过程中切削。为此，要有升速进刀段和降速进刀段。如图 3-28 所示，δ_1 一般为 2～5 mm，δ_2 一般为 1～2 mm。这样在切削螺纹时，能保证在升速后使刀肯接触工件，刀具离开工件后再降速。

（5）车槽加工路线分析。

① 对于宽度、深度值相对不大，且精度要求不高的槽，可采用与槽等宽的刀具，直接切入一

次成型的方法加工，如图 3-29 所示。刀具切入槽底后可利用延时指令使刀具短暂停留，以修整槽底圆度，退出过程中可采用工进速度。

② 对于宽度值不大，但深度较大的深槽零件，为了避免切槽过程中由于排屑不畅，使刀具前部压力过大出现扎刀和折断刀具的现象，应采用分次进刀的方式，刀具在切入工件一定深度后，停止进刀并退回一段距离，达到排屑和断屑的目的，如图 3-30 所示。

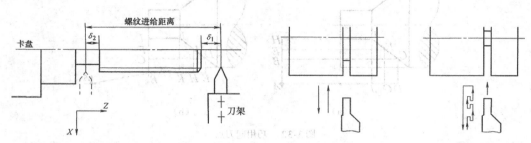

图 3-28 车螺纹时的引入距离和超越距离　图 3-29 简单槽类零件的加工方式　图 3-30 深槽零件的加工方式

③ 宽槽的切削。

通常把大于一个切刀宽度的槽称为宽槽。宽槽的宽度、深度的精度及表面质量要求相对较高。在切削宽槽时常采用排刀的方式进行粗切，然后用精切槽刀沿槽的一侧切至槽底，精加工槽底至槽的另一侧，再沿侧面退出，切削方式如图 3-31 所示。

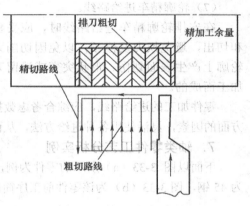

图 3-31　宽槽切削方法示意图

（6）空行程进给路线。

① 合理安排"回零"路线。

合理安排退刀路线时，应使其前一刀终点与后一刀起点间的距离尽量减短，或者为零，以满足进给路线为最短的要求。另外，在选择返回参考点指令时，在不发生加工干涉现象的前提下，宜尽量采用 x、z 坐标轴同时返回参考点指令，该指令的返回路线将是最短的。

② 巧用起刀点和换刀点。

图 3-32（a）为采用矩形循环方式粗车的一般情况。考虑到精车等加工过程中换刀的方便，将对刀点 A 设置在离坯件较远的位置处，同时将起刀点与对刀点重合在一起，按三刀粗车的进给路线安排如下：

第一刀为 $A \to B \to C \to D \to A$；

第二刀为 $A \to E \to F \to G \to A$；

第三刀为 $A \to H \to I \to J \to A$。

图 3-32（b）则是将起刀点与对刀点分离，并设于 B 点位置，仍按相同的切削用量进行三刀粗车，其进给路线安排如下：

车刀先由对刀点 A 运行至起刀点 B；

第一刀为 $B \to C \to D \to E \to B$；

第二刀为 $B \to F \to G \to H \to B$；

第三刀为 $B \to I \to J \to K \to B$。

显然，图 3-32（b）所示的进给路线短。该方法也可用在其他循环（如螺纹车削）的切削加工中。

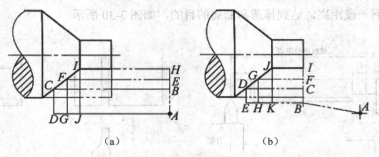

（a）　　　　　　　　　　（b）

图 3-32　巧用起刀点

考虑换刀的方便和安全，有时将换刀点也设置在离坯件较远的位置处（图 3-32 中的 A 点），那么，当换刀后，刀具的空行程路线也较长。如果将换刀点都设置在靠近工件处，则可缩短空行程距离。换刀点的设置，必须确保刀架在回转过程中，所有的刀具不与工件发生碰撞。

（7）轮廓精车进给路线。

在安排轮廓精车进给路线时，应妥善考虑刀具的进、退刀位置，避免在轮廓中安排切入和切出，避免换刀及停顿，以免因切削力突然发生变化而造成弹性变形，致使在光滑连续的轮廓上产生表面划伤、形状突变或滞留刀痕等缺陷。合理的轮廓精车进给路线应是一刀连续加工而成的。

零件加工的进给路线，应综合考虑数控系统的功能、数控车床的加工特点及零件的特点等多方面的因素，灵活使用各种进给方法，从而提高生产效率。

7. 轴类零件工艺分析实例

下面以图 3-33（a）所示的零件为例，分析并制定其数控加工工序的工艺过程。该零件材料为 45 钢，图 3-33（b）为该零件前工序简图。本工序加工部位为图中端面 A 以右的内外表面。

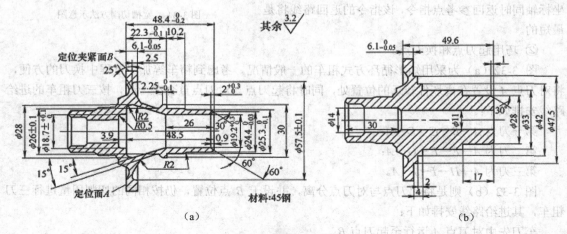

（a）　　　　　　　　　　（b）

图 3-33　零件工序简图

（1）零件工艺分析。

该零件由内、外圆柱面，内、外圆锥面，平面及圆弧等组成，结构形状复杂，加工部多，非常适合数控车削加工。但工件壁薄、易变形，装夹时需采取特殊工艺措施。精度上，该零件的 $\phi 24.4^{0}_{-0.03}$ 外圆和 $6.1^{0}_{-0.05}$ 端面两处尺寸精度要求较高。此外，工件圆锥面上有几处 R2 圆弧面，由于圆弧半径较小，可直接用成形刀车削而不用圆弧插补程序切削，这样既可减小编程工作量，又可提高切削效率。

（2）确定装夹方案。

为了使工序基准与定位基准重合，并敞开所有的加工部位，选择 A 面和 B 面分别为轴向和径向定位基准，限定 5 个自由度。由于该工件属薄壁、易变形件，为减少夹紧变形，选工件上刚度最好的部位 B 面为夹紧表面，采用如图 3-34 所示的包容式软爪夹紧。该软爪以其底部的端齿在卡盘（通常是液压或气动卡盘）上定位，能保证较高的重复安装精度。为方便加工中的对刀和测量，可在软爪上设定一基准面，这个基准面是在数控车床上加工软爪的夹持表面和支靠表面时一同加工出来的，基准面至支撑面的距离可以控制得很准确。

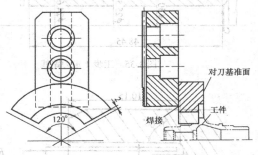

图 3-34　包容式软爪

（3）确定工步顺序、进给路线和所用刀具。

由于采用软爪夹持工件，所有待加工表面都不受夹具紧固件的干涉，因而内外表面的交叉加工可以连续进行，以减少工件加工过程中的变形对最终精度的影响。所选用刀具中的机夹可转位刀片均选用涂层刀片，以减少刀片的更换次数。刀片的断屑槽全部采用封闭槽型，以便变动走刀方向。根据工步顺序和切削加工进给路线的确定原则，本工序具体的工步顺序、进给路线及所用刀具确定如下。

① 粗车外表面。

选用 80° 菱形刀片进行外表面粗车，走刀路线及加工部位如图 3-35 所示，其中 $\phi 24.685$ 外圆与 $\phi 22.55$ 外圆间 R2 过渡圆弧用倒角代替。图中的虚线为对刀时的走刀路线。对刀时要以一定宽度（如 10 mm）的塞块靠在软爪对刀基准面上，然后将刀尖靠在塞块上，通过 CRT 上的读数检查停在对刀点的刀尖至基准面的距离。由于是粗车，可选用一把刀具将整个外表面车削成形。

② 半精车 25°、15° 两外圆锥面及三处 R2 的过渡圆弧。

选用直径为 $\phi 6$ 的圆形刀片进行外锥面的半精车，走刀路线如图 3-36 所示。

③ 粗车内孔端部。

本工步的进给路线如图 3-37 所示。选用三角形刀片进行内孔端部的粗车。此加工共分 3 次走刀，依次将距内孔端部 10 mm 左右的一段车至 $\phi 13.3$、$\phi 15.6$ 和 $\phi 18$。

④ 钻削内孔深部。

进给路线如图 3-38 所示。选用 $\phi 18$ 钻头，顶角为 118°，进行内孔深部的钻削。与内孔车刀相比，钻头的切削效率较高，切屑的排除也比较容易，但孔口一段因远离工件的夹持部位，钻屑不宜过大、过长，安排一个车削工步可减小切削变形，因为车削力比钻削力小，因此前面安排孔口端部车削工步。

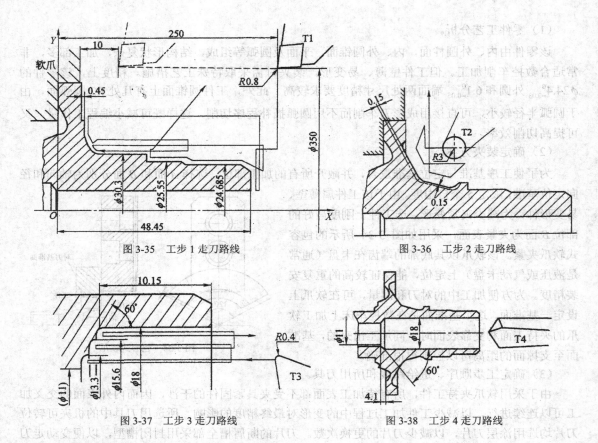

图 3-35　工步 1 走刀路线

图 3-36　工步 2 走刀路线

图 3-37　工步 3 走刀路线

图 3-38　工步 4 走刀路线

⑤ 粗车内锥面及半精车其余内表面。

选用 55° 菱形刀片，进行 ∅19.2 内孔的半精车及内锥面的粗车，以留有精加工余量 0.15 mm 的外端面为对刀基准。由于内锥面需切除的余量较多，故刀具共走刀 4 次，走刀路线及切削部位如图 3-39 所示。每两次走刀之间都安排一次退刀停车，以便操作者及时清除孔内的切屑。主轴旋向为逆时针，具体加工内容为：半精车 $\phi 19.2^{+0.3}_{0}$ 内孔（前序尺寸为 ∅18）至 ∅19.05、粗车 15° 内圆锥面、半精车 R2 圆弧面及左侧内表面。

⑥ 精车外圆柱面及端面。

选用 80° 菱形刀片，精车图 3-40 中的右端面和 ∅24.38、∅25.25、∅30 外圆及 R2 圆弧和台阶面。由于是精车，刀尖圆弧半径选取较小值 R0.4。

⑦ 精车 25° 外圆锥面及 R2 圆弧面。

用带 R2 mm 的圆弧车刀，精车外圆锥面，其进给路线如图 3-41 所示。

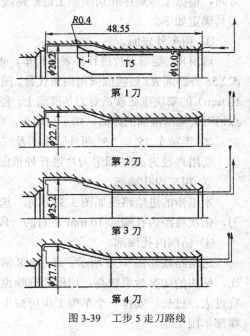

第 1 刀

第 2 刀

第 3 刀

第 4 刀

图 3-39　工步 5 走刀路线

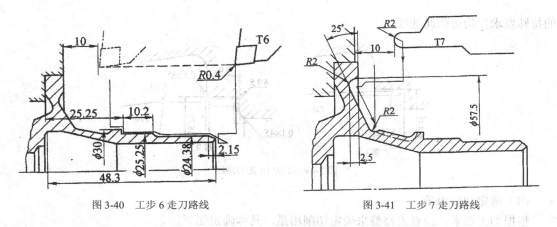

图 3-40 工步 6 走刀路线　　　　　图 3-41 工步 7 走刀路线

⑧ 精车 15° 外圆锥面及 R2 圆弧面。

用带 R2 mm 的圆弧车刀，精车 15° 外圆锥面，其进给路线如图 3-42 所示。程序中同样安排在软爪基准面进行选择性对刀。但应注意，受刀具圆 R2 mm 制造误差的影响，对刀后不一定能满足该零件尺寸 $2.25_{-0.1}^{0}$ 的公差要求。该刀具的轴向刀补还应根据刀具圆弧半径的实际值进行处理，不能完全由对刀决定。

⑨ 精车内表面。

选用 80° 菱形刀片，精车 $\phi 19.2_{0}^{+0.3}$ 内孔、15° 内锥面、R2 圆弧及锥孔端面，进给路线如图 3-43 所示。该刀具在工件外端面上进行轴向对刀，此时外端面上已无加工余量。

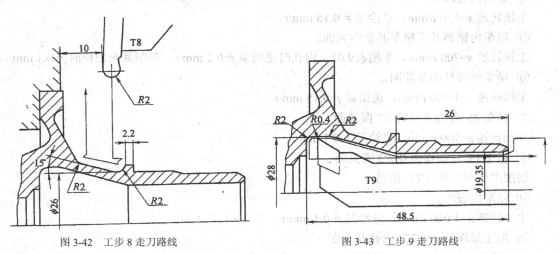

图 3-42 工步 8 走刀路线　　　　　图 3-43 工步 9 走刀路线

⑩ 加工最深处 $\phi 18.7_{0}^{+0.1}$ 内孔及端面。

选用 80° 菱形刀片加工，分 2 次走刀，中间退刀一次，以便清除切屑。该刀具的走刀路线如图 3-44 所示。对于这把刀具，要特别注意妥善安排内孔根部端面车削时的走刀方向。因刀具伸入较多，刀具刚性欠佳，如采用与图示走刀路线相反的方向车削该端面，切削时容易产生震动，加工表面的质量很难保证。

在图 3-44 中可以看到两处 0.1×45° 的倒角加工。类似这样的小倒角或小圆弧的加工，正是数控车削加工特点的突出体现，这样可使加工表面之间圆滑转接过渡。只要图样上无"保持锐角边"

的特殊要求，均可照此处理。

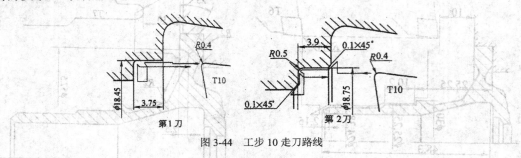

图 3-44 工步 10 走刀路线

（4）确定切削用量。

根据加工要求，经查表修整来确定切削用量，具体确定如下。

① 粗车外表面。

车削端面时主轴转速 $s=1\,400$ r/min，其余部位为 1 000 r/min；端部倒角进给量 $f=0.15$ mm/r，其余部位为 $0.2\sim0.25$ mm/r。

② 半精车 15°、15° 两外圆锥面及三处 $R2$ 的过渡圆弧。

主轴转速 $s=1\,000$ r/min，切入时的进给量 $f=0.2$ mm/r。

③ 粗车内孔端部。

主轴转速 $s=1\,000$ r/min，切入时进给量 $f=0.1$ mm/r，进给时 $f=0.2$ mm/r。

④ 钻削内孔深部。

主轴转速 $s=550$ r/min，进给量 $f=0.15$ mm/r。

⑤ 粗车内锥面及半精车其余内表面。

主轴转速 $s=700$ r/min，车削 $\phi19.05$，内孔时进给量 $f=0.2$ mm/r，车削其余部位时 $f=0.1$ mm/r。

⑥ 精车外圆柱面及端面。

主轴转速 $s=1\,400$ r/min，进给量 $f=0.15$ mm/r。

⑦ 精车 25° 外圆锥面及 $R2$ 圆弧面。

主轴转速 $s=700$ r/min，进给量 $f=0.1$ mm/r。

⑧ 精车 15° 外圆锥面及 $R2$ 圆弧面。

切削用量与工步（7）相同。

⑨ 精车内表面。

主轴转速 $s=1\,000$ r/min，进给量 $f=0.1$ mm/r。

⑩ 加工最深处 $\phi18.7_0^{+0.1}$ 内孔及端面。

主轴转速 $s=1\,000$ r/min，进给量 $f=0.1$ mm/r。

在确定了零件的进给路线，选择了切削刀具之后，视所用刀具的多少，若使用刀具较多，可结合零件定位和编程加工的具体情况，绘制一份刀具调整图。图 3-45 所示为本例的刀具调整图。

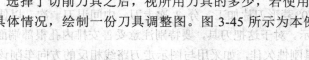

（5）填写工艺文件。

① 按加工顺序将各工步的加工内容、所用刀具及切削用量等填入表 3-5 中。

② 将选定的各工步所用刀具的刀具型号、刀片型号、刀片牌号及刀尖圆弧半径填入表 3-6 中。

③ 完成其他工艺文件（略）。

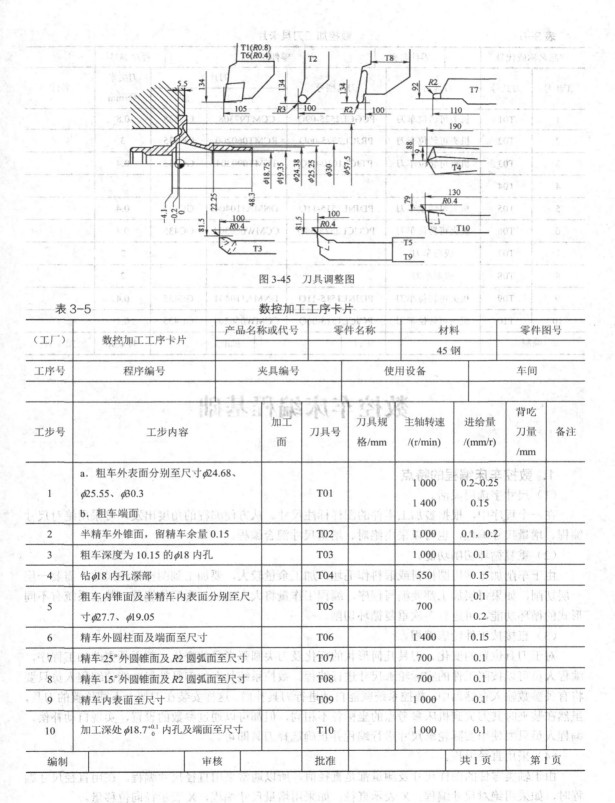

图 3-45　刀具调整图

表 3-5 数控加工工序卡片

（工厂）	数控加工工序卡片		产品名称或代号	零件名称	材料	零件图号
					45 钢	
工序号	程序编号		夹具编号	使用设备		车间

工步号	工步内容	加工面	刀具号	刀具规格/mm	主轴转速/(r/min)	进给量/(mm/r)	背吃刀量/mm	备注
1	a. 粗车外表面分别至尺寸 ϕ24.68、ϕ25.55、ϕ30.3 b. 粗车端面		T01		1 000 1 400	0.2~0.25 0.15		
2	半精车外锥面，留精车余量 0.15		T02		1 000	0.1，0.2		
3	粗车深度为 10.15 的 ϕ18 内孔		T03		1 000	0.1		
4	钻 ϕ18 内孔深部		T04		550	0.15		
5	粗车内锥面及半精车内表面分别至尺寸 ϕ27.7、ϕ19.05		T05		700	0.1 0.2		
6	精车外圆柱面及端面至尺寸		T06		1 400	0.15		
7	精车 25°外圆锥面及 R2 圆弧面至尺寸		T07		700	0.1		
8	精车 15°外圆锥面及 R2 圆弧面至尺寸		T08		700	0.1		
9	精车内表面至尺寸		T09		1 000	0.1		
10	加工深处 ϕ18.7$^{+0.1}_{0}$ 内孔及端面至尺寸		T10		1 000	0.1		

编制		审核		批准		共 1 页	第 1 页

表3-6 数控加工刀具卡片

产品名称或代号		零件名称		零件图号			程序编号	
工步号	刀具号	刀具名称	刀具型号	刀片		刀尖半径/mm	备注	
				型号	牌号			
1	T01	机夹可转位车刀	PCGCL2525-09Q	CCMT97308	GC435	0.8		
2	T02	机夹可转位车刀	PRJCL2525-06Q	RCMT060200	GC435	3		
3	T03	机夹可转位车刀	PTJCL1010-09Q	TCMT090204	GC435	0.4		
4	T04							
5	T05	机夹可转位车刀	PDJNL1515-11Q	DNMA110404	GC435	0.4		
6	T06	机夹可转位车刀	PCGCL2525-08Q	CCMW080304	GC435	0.4		
7	T07	成形车刀				2		
8	T08	成形车刀				2		
9	T09	机夹可转位车刀	PDJNL1515-11Q	DNMA110404	GC435	0.4		
10	T10	机夹可转位车刀	PCJCL1515-06Q	CCMW060204	GC435	0.1		
编制		审核		批准		共1页	第1页	

3.2 数控车床编程基础

1. 数控车床编程的特点

（1）尺寸字选用灵活。

在一个程序中，根据被加工零件的图样标注尺寸。从方便编程的角度出发，可采用绝对尺寸编程、增量尺寸编程，也可以采用绝对、增量尺寸混合编程。

（2）重复循环切削功能。

由于车削加工常用圆棒料或锻料作毛坯，加工余量较大，要加工到图样标注尺寸，需要一层一层切削，如果每层加工都要编写程序，编程工作量将大大增加。为简化编程，数控系统有不同形式的循环功能，可进行多次重复循环切削。

（3）直接按工件轮廓编程。

对于刀具位置的变化、刀具几何形状的变化及刀尖圆弧半径的变化，都无须更改加工程序，编程人员可以按照工件的实际轮廓尺寸进行编程。数控系统具有的刀具补偿功能使编程人员只要将有关参数输入存储器中，数控系统就能自动进行刀具补偿。这样安装在刀架上不同位置的刀具，虽然在装夹时其刀尖到机床参考点的坐标各不相同，但都可以通过参数的设置，实现自动补偿，编程人员只要使用实际轮廓尺寸进行编程并正确选择刀具即可。

（4）采用直径编程。

由于轴类零件的图样尺寸及测量都是直径值，所以通常采用直径尺寸编程。在用直径尺寸编程时，如采用绝对尺寸编程，X 表示直径；如采用增量尺寸编程，X 表示径向位移量。

2. 数控车削加工坐标系

（1）数控车床坐标系。

数控车床坐标系如图 3-46 所示，在机床每次通电之后，必须进行回参考点操作（简称回零操作），使刀架运动到机床参考点，其位置由机械挡块确定。这样通过机床回零操作，确定了机床原点，从而准确地建立机床坐标系。对某台数控车床而言，机床参考点与机床原点之间有严格的位置关系，机床出厂前已调试准确，确定为某一固定值，这就是机床参考点在机床坐标系中的坐标。

（2）工件坐标系。

数控车床加工时，工件通过卡盘夹持于机床坐标系下的任意位置。这样一来，用机床坐标系描述刀具轨迹就显得不太方便。为此，编程人员在编写零件加工程序时，通常要选择一个工件坐标系，也称编程坐标。工件坐标系坐标轴的意义必须与机床坐标轴相同，这样刀具轨迹就变为工件轮廓在工件坐标系下的坐标了，编程人员就不用考虑工件上的各点在机床坐标系下的位置，从而大大简化了问题。

工件坐标系的原点，也称编程原点，其位置由编程者自行确定。数控编程时，应该首先确定工件坐标系和工件原点。工件原点的确定原则是简化编程计算，应尽可能将工件原点设在零件图的尺寸基准或工艺基准处。一般来说，数控车床的 X 向零点应取在工件的回转中心，即主轴轴线上；Z 向零点一般在工件的左端面或右端面，即工件原点一般应选在主轴中心线与工件右端面或左端面的交点处，实际加工时考虑加工余量和加工精度，工件原点应选择在精加工后的端面上或精加工后的夹紧定位面上，如图 3-46 所示。

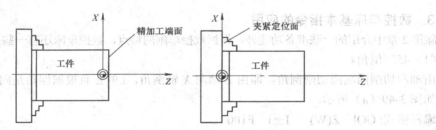

图 3-46 实际加工时的工件坐标系

工件坐标系建立后，还可以根据实际需要通过坐标系设定指令重新设定。

（3）设置工件坐标系的方法。

① 通过指令 G50 或 G92 建立。

指令：G50 或 G92

格式：G50（G92） X α   Z β

G50 指令后的参数（α，β）值是刀具起点在工件坐标系中的坐标值，如图 3-47 所示。执行该指令后，系统内部即对（α，β）进行记忆，相当于在系统内部建立了一个以工件原点为坐标原点的工件坐标系。所以，G50 或 G92 是一个非运动指令，只起预置寄存作用，一般作为第一条指令放在整个程序的前面。

用这种方式设置工件坐标系，尺寸字随刀具起始位置的变化而变化。该指令属于模态指令，其设定值在重新设定之前一直有效。数控机床在执行 G50 指令时并不动作，只是显示器上的坐标值发生了变化。

② 工件原点偏置方法（G54～G59）。

指令：G54～G59

格式：G54～G59

该方法是通过设置工件原点相对于机床坐标系的坐标值来设定工件坐标系，即当工件装夹到机床后求出偏移量，把工件坐标系原点在机床坐标系中的位置（工件零点以机床零点为基准偏移），并通过操作面板输入 G54～G59 的数值区。如图 3-48 所示，将工件装在卡盘上，机床坐标系为 XOZ，工件坐标系 $X_pO_pZ_p$。显然，两者并不重合。假设工件零点 O_p 相对于机床坐标系的坐标值是（α，L），则通过参数设置，将（α，L）输入 G54～G59 中的任何一个，执行 G54～G59 程序段后，即建立了以工件零点为坐标原点的工件坐标系，工件坐标系就取代了机床坐标系。G54～G59 均为模态指令，可相互注销。

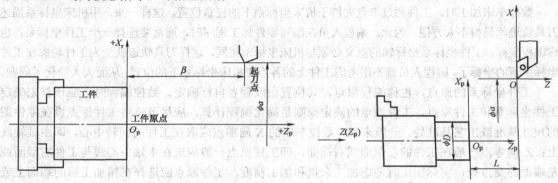

图 3-47　设定工件坐标系方法 1　　　　　　　　图 3-48　设定工件坐标系方法 2

3. 数控车床基本指令的应用

除第 2 章中介绍的一些准备功能外，根据数控车削的特点，数控车床还有一些基本的编程指令。

（1）45°倒角。

由轴向切削向端面切削倒角，即由 Z 轴向 X 轴倒角，i 的正负根据倒角是向 X 轴正向还是负向，如图 3-49（a）所示。

编程格式：GO1　Z(W)　　I±i　F100

由端面切削向轴向切削倒角，即由 X 轴向 Z 轴倒角，k 的正负根据倒角是向 Z 轴正向还是负向，如图 3-49（b）所示。

编程格式：GO1　Z(W)　　K±k　F100

（2）任意角度倒角。

在直线进给程序段尾部加 C，可自动插入任意角度的倒角功能。C 的数值是从假设有倒角的拐角交点距倒角始点或与终点之间的距离，如图 3-50 所示。

例：　G01 X5O ClO F100

　　　X100 Z-100

（3）倒圆角。

编程格式：GO1 X（U）　　R±r 时，圆弧倒角情况如图 3-51（a）所示。

编程格式：GO1 Z（W）　　R±r 时，圆弧倒角情况如图 3-51（b）所示。

（4）任意角度倒圆角。

若程序为：GO1 X5O RlO F100

　　　　　　X100 Z-100

则加工情况如图 3-52 所示。

例：加工图 3-53 所示的零件轮廓，程序如下：

```
GO0 X1O Z22
GO1 Z1O R5 F100
X38 K-4
```

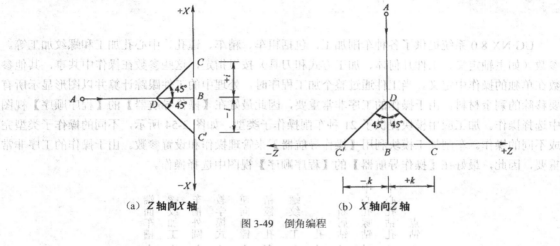

（a）Z 轴向 X 轴　　　　　　（b）X 轴向 Z 轴

图 3-49　倒角编程

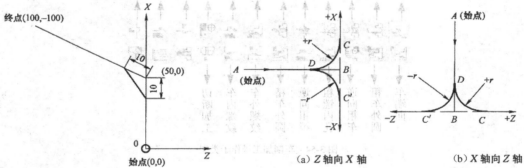

图 3-50　任意角度倒角

（a）Z 轴向 X 轴　　　　　　（b）X 轴向 Z 轴

图 3-51　倒圆角

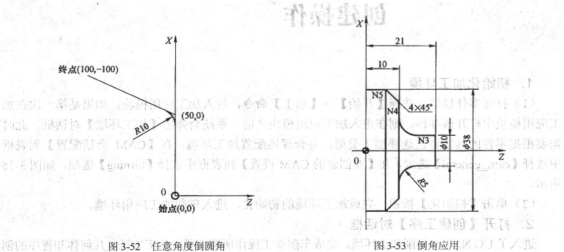

图 3-52　任意角度倒圆角　　　　　　　　　　图 3-53　倒角应用

3.3　UG NX 8.0 车削加工概述

　　UG NX 8.0 系统提供了各种车削加工，包括粗车、精车、镗孔、中心孔加工和螺纹加工等。参数（如主轴定义、工件几何体、加工方式和刀具）按组指定，这些参数在操作中共享，其他参数在单独的操作中定义。当工件通过整个加工程序时，处理中的工件跟踪计算并以图形显示所有要移除的剩余材料。由于操作的工序非常重要，因此最好在【操作导航器】的【程序顺序】视图中选择操作。加工应用模块提供了 21 种车削操作子类型，如图 3-54 所示，不同的操作子类型完成不同的操作。车削加工模块利用【操作导航器】来管理操作和设置参数。由于操作的工序非常重要，因此，最好在【操作导航器】的【程序顺序】视图中选择操作。

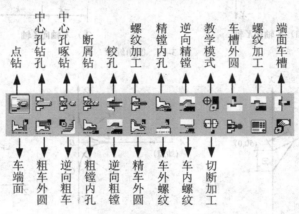

图 3-54　车削加工操作子类型

3.4　创建操作

1. 初始化加工环境

　　（1）打开零件模型，选择【开始】→【加工】命令，进入加工应用模块。如果是第一次在加工应用模块中打开该零件，则在进入加工应用模块之前，系统会弹出【加工环境】对话框。此时需要根据零件的具体特点选择加工类型，并合理地配置加工环境。在【CAM 会话配置】列表框中选择【cam_general】选项，在【要创建的 CAM 设置】列表框中选择【turning】选项，如图 3-55所示。

　　（2）单击【初始化】按钮，完成加工环境的初始化，进入车削加工应用环境。

2. 打开【创建工序】对话框

　　进入了 UG NX 8.0 车削加工环境，完成车削加工操作所需刀具、加工方法、几何体和程序的创建后，就可以创建车削加工操作了。创建车削加工操作的过程如下。

（1）单击【刀片】工具栏中的【创建工序】按钮，或者在主菜单中选择【插入】→【操作】命令，弹出【创建工序】对话框，如图 3-56 所示。

（2）设置【创建工序】对话框中的参数。在【类型】下拉列表中选择【turning】选项，在【工序子类型】面板中单击【粗车外圆】按钮，在【几何体】下拉列表中选择【TURNING_WORKPIECE】选项，其他选项采用系统默认值，单击【确定】按钮完成设置。

3. 打开车削加工操作对话框

在如图 3-56 所示的【创建工序】对话框中，单击【确定】按钮，弹出车削加工操作对话框，即【粗车 OD】对话框，如图 3-57 所示。通过该对话框，可以选择合适的加工几何体，并进行相应参数的设置，最后生成车削加工刀具路径。

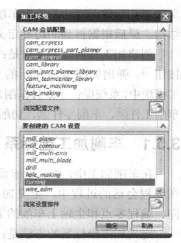

图 3-55 【加工环境】对话框

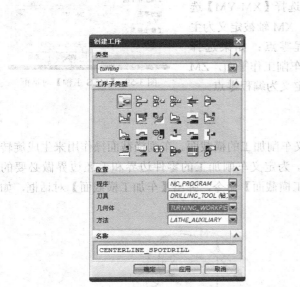

图 3-56 【创建工序】对话框

图 3-57 【粗车 OD】对话框

3.5 创建几何体

车削加工几何体由加工坐标系、零件、毛坯以及避让几何体组成。在实际操作中往往首先定义加工几何体，目的是确定车削的主轴，然后通过主轴定义车削横截面，得到旋转体的截面边界结构，最后根据得到的边界定义零件和毛坯。

创建加工几何体的方法是：单击【刀片】工具栏中的【毛坯】按钮，弹出如图 3-58 所示的【创建几何体】对话框。在车削加工模块中，系统提供了 6 种车削几何体，即加工坐标系、工件、车削工件、车削零件、切削区域约束和避让几何体。

图 3-58　【创建几何体】对话框

3.5.1　车削加工坐标系

在车削加工中，加工坐标系（MCS）是定义在二维截面上的。在编程会话的过程中，定义加工坐标系需要确定车削的主轴方向、编程零点和主轴上车削的工作平面。

定义加工坐标系的方法是：在如图 3-58 所示的【创建几何体】对话框中，单击【加工坐标系】按钮，再单击【确定】按钮，弹出【MCS 主轴】对话框，如图 3-59 所示。设置加工坐标系时，加工坐标轴的方向必须和机床坐标轴的方向一致，坐标系原点的定义以有利于操作者快速准备对刀为最佳，加工坐标系和机床坐标系在同一个坐标原点上。

通过选择【指定平面】下拉列表中的【XM-YM】或者【ZM-XM】选项，可以定义主轴上车床的工作平面。如果选择【XM-YM】选项，则 XM-YM 平面被定义为车削工作平面，XM 轴被定义为主轴中心线，加工坐标系原点被定义为编程零点；如果选择【ZM-XM】选项，则 ZM-XM 平面被定义为车削工作平面，ZM轴被定义为主轴中心线，加工坐标系原点被定义为编程零点。

图 3-59　【MCS 主轴】对话框

3.5.2　车削加工横截面

对旋转体结构进行车削加工时，需要定义车削加工的横截面。车削横截面操作用来生成旋转体过轴线的截面，得到零件横截面的边界线，为定义车削加工的零件边界和毛坯边界做必要的准备。在主菜单中，选择【工具】→【车加工横截面】命令，弹出【车加工横截面】对话框，如图 3-60 所示。

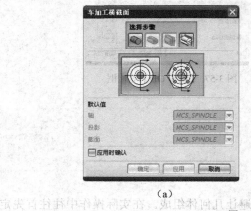

（a）

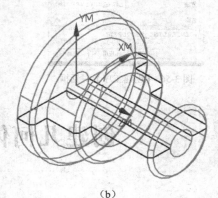

（b）

图 3-60　车加工横截面

3.5.3 工件

工件是用来定义部件几何体和毛坯几何体的。

在图 3-58 所示的【创建几何体】对话框中，单击【工件】按钮，再单击【确定】按钮，弹出【工件】对话框，如图 3-61（a）所示。在该对话框中，分别单击【指定部件】按钮和【指定毛坯】按钮，弹出如图 3-61（b）所示的【部件几何体】对话框和如图 3-61（c）所示的【毛坯几何体】对话框，在绘图区中选择车削零件分别作为部件几何体和毛坯几何体。

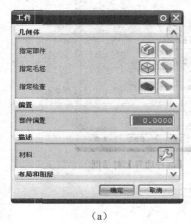  

（a） （b） （c）

图 3-61 定义工件

3.5.4 车削工件

定义车削工件，需要定义零件和毛坯。零件一般继承父结点组的特征，毛坯则需要另行定义。

1. 定义工件边界

在图 3-58 所示的【创建几何体】对话框中，单击【车削工件】按钮，再单击【确定】按钮，弹出车削工件设置对话框，即【车削工件】对话框，如图 3-62 所示。单击该对话框中的【指定部件边界】按钮，弹出【部件边界】对话框，如图 3-63 所示。分别选择【自动】、【开放的】和【左】单选项，单击【成链】按钮，弹出【成链】对话框，如图 3-64（a）所示。在图 3-64（b）所示的绘图区中，依次选取横截面的边界线，单击【确定】按钮，完成车削加工部件边界的定义，回到图 3-62 所示的对话框中。单击【显示】按钮，结果如图 3-64（b）所示。

2. 定义毛坯边界

在图 3-62 所示的【车削工件】对话框中，单击【指定毛坯边界】按钮，弹出【选择毛坯】对话框，如图 3-65 所示。

下面对【选择毛坯】对话框中的各项进行说明。

（1）【棒料】按钮。

该按钮用来定义棒料毛坯。如果要加工的部件几何体是实心的，那么需要使用【棒料】按钮来定义毛坯几何体。单击【棒料】按钮，再单击【选择】按钮，弹出【点】对话框，如图 3-66 所示。该对话框可以指定毛坯的装配位置，用来确定毛坯起始的轴向位置。一般选取坐标原点作为毛坯的装配点。在【选择毛坯】对话框中，分别在【长度】和【直径】文本框中输入数值，可以确定毛坯的长度和直径。

图3-62 【车削工件】对话框

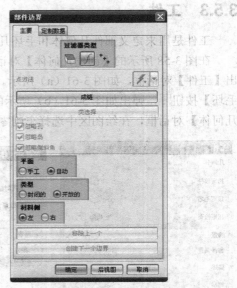

图3-63 【部件边界】对话框

（a）

（b）

图3-64 选取部件边界

（2）【管料】按钮。

该按钮用来定义管料毛坯。如果要加工的部件几何体是带有中心线钻孔的，那么需要使用【管料】按钮来定义毛坯几何体。定义管料毛坯的方法和定义棒料毛坯的方法相似。

（3）【从曲线料】按钮。

该按钮用来定义复杂轮廓毛坯的边界。该原料是预成形的，对部件进行精加工时，可以减少移除的材料量。单击【从曲线料】按钮，再单击【选择】按钮，弹出【毛坯边界】对话框，如图3-67所示。通过单击【面】按钮、【线】按钮和【点】按钮，可以定义毛坯的边界曲线。

图3-65 【选择毛坯】对话框

下面对控制毛坯边界偏置的方法进行说明。

①【等距偏置】选项：该选项对毛坯边界进行沿曲线法向等距离的偏置处理。

图 3-66 【点】对话框 　　　　　　　图 3-67 【毛坯边界】对话框

② 【面偏置】选项：该选项对毛坯边界进行沿主轴方向两侧的偏置处理。

③ 【径向偏置】选项：该选项对毛坯边界进行沿旋转体半径方向的偏置处理。

（4）【从工作区】按钮 ⛏。

该按钮用来将现在已有的工件作为毛坯。在同一主轴上加工多个主轴或旋转工件时，可以选择前一个操作的最终结果作为下一组操作的毛坯几何体。

（5）【在主轴箱处】单选项。

该单选项用来指定毛坯沿坐标轴正向放置。

（6）【离开主轴箱】单选项。

该单选项用来指定毛坯沿坐标轴负向放置。

3.5.5 车削部件

回到【创建几何体】对话框中，单击【车削部件】按钮 ⚙，再单击【确定】按钮，弹出车削部件设置对话框，如图 3-68 所示。单击【指定部件边界】按钮 ⛏，弹出【部件边界】对话框，通过设置部件边界可以定义车削部件几何体，如图 3-69 所示。

图 3-68 【车削部件】对话框 　　　　　　图 3-69 【部件边界】对话框

3.6　创建刀具

车削加工刀具大致可以分为标准车刀、割槽刀具、成形刀具、螺纹加工刀具和中心钻削刀具等。

车刀的选择需要综合考虑加工的部位以及刀具的形状与尺寸等各种参数。创建车削加工刀具的方法是：在【刀片】工具栏中，单击【创建刀具】按钮，弹出【创建刀具】对话框，如图 3-70 所示。不同的车削加工类型对应着不同的车削刀具，从刀具的编号中可以看出其适用的车削加工类型。

1. 标准车削刀具

标准车削刀具大多为菱形、平行四边形、三角形等结构。在图 3-70 所示的【创建刀具】对话框中，单击【确定】按钮，弹出【车刀-标准】对话框，如图 3-71 所示。下面对该对话框中的各项进行说明。

图 3-70　【创建刀具】对话框

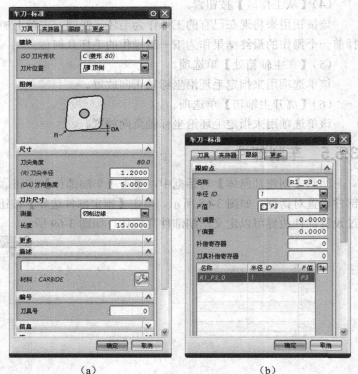

（a）

（b）

图 3-71　【车刀-标准】对话框

（1）【键块】面板。

该面板用来指定 ISO 刀片的形状和位置。

① 【ISO 刀片形状】选项：该选项用来选择刀片的形状。系统提供了平行四边形、菱形、六角形、矩形、八边形、五边形、方形、三角形、圆形等多种刀片形状，如图 3-72 所示。而且，用户也可以自定义刀片形状。

② 【刀片位置】选项：当选择【 📷 顶侧】选项时，它使主轴顺时针旋转；当选择【 📷 底侧】选项时，它使主轴逆时针旋转。

（2）【尺寸】面板。

该面板用来显示刀尖角度，输入刀尖半径和方向角度的数值。

① 【刀尖角度】选项：该选项用来显示和输入刀片的刀尖角。如果是用户自定义刀具，则该选项被激活，在其文本框中输入数值，可以定义刀尖角。

② 【(R) 刀尖半径】选项：该选项用来输入刀尖圆角的半径。

③ 【(OA) 方向角度】选项：该选项用来输入刀具刃口与加工表面之间的夹角，从而确定刀柄相对于车床主轴轴线的位置。

（3）【刀片尺寸】面板。

该面板用来设置刀片的尺寸，系统提供了 3 种方式，如图 3-73 所示。【切削边缘】、【内切圆（IC）】和【ANSI（IC）】这 3 种方式分别通过定义刀片切边长度、刀片内切圆直径和 ANSI 标准的刀片内切圆直径来设置刀片的尺寸。

（4）【更多】面板。

该面板中的【离隙角】和【厚度】选项分别用来设置刀片的刃倾角和刀片的厚度。

（5）【跟踪点】面板。

该面板用来定义刀具的刀轨输出位置，系统使用刀具上的参考点来计算刀轨。跟踪点与刀具刀尖半径相关联，车削系统使用默认的刀尖半径。另外，可以选择任何有效的刀片拐角作为活动的刀尖半径。

① 【半径 ID】选项：该选项用来指定跟踪点的刀尖半径的 ID 号。跟踪点刀尖半径的 ID 号如图 3-74 所示。系统默认半径从 R1 开始，按逆时针方向依次为刀尖半径编号。

② 【P 值】选项：该选项用来从活动拐角周围的 9 个可用点中选择一个点作为跟踪点。P 值如图 3-75 所示。

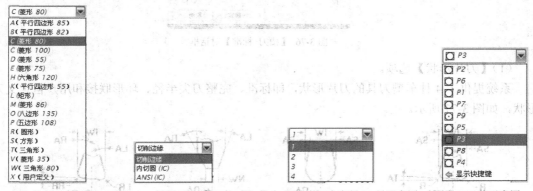

图 3-72　选择刀片形状　　图 3-73　设置刀片的尺寸　　图 3-74　跟踪点刀尖半径 ID 号示意图　　图 3-75 P 值示意图

③ 【X 偏置】选项：该选项用来指定跟踪点相对于车床参考点在 X 方向的偏置距离。

④ 【Y 偏置】选项：该选项用来指定跟踪点相对于车床参考点在 Y 方向的偏置距离。

⑤ 【补偿寄存器】选项：该选项用来指定刀具偏置坐标在控制器内存中的位置。

⑥ 【刀具补偿寄存器】选项：该选项用来调整刀轨以适应刀具大小的变化。

⑦ 【名称】选项：该选项用来显示当前选定跟踪点的名称。跟踪点可以看作半径编号、跟踪

点编号和偏置编号的组合，如 R1_P3_10。

2．车槽刀具

车槽刀具用于车削零件中的退刀槽等凹槽结构，这是标准车刀无法加工的。在图 3-70 所示的【创建刀具】对话框中，单击【OD_GROOVE_L】按钮，再单击【确定】按钮，弹出【槽刀-标准】对话框，如图 3-76 所示。车槽刀具的参数大多与标准车刀相似。下面对该对话框中的选项进行说明。

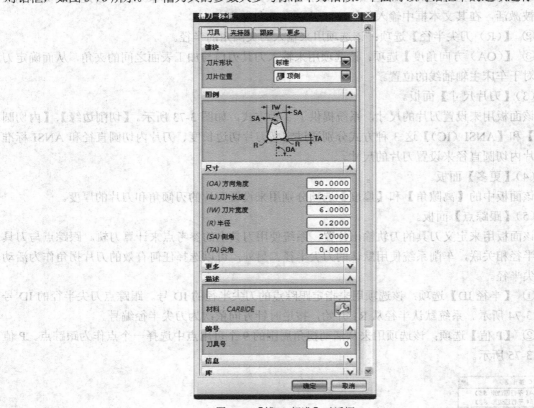

图 3-76　【槽刀-标准】对话框

（1）【刀片形状】选项。

系统提供了 4 种车槽刀具的刀片形状，即标准、完整刀尖半径、环形联接和用户自定义刀尖形状，如图 3-77 所示。

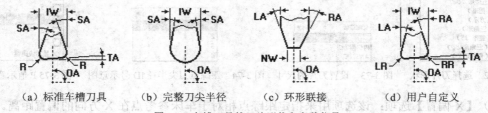

（a）标准车槽刀具　　（b）完整刀尖半径　　（c）环形联接　　（d）用户自定义

图 3-77　车槽刀具的刀片形状和参数代号

（2）【（IL）刀片长度】和【（IW）刀片宽度】选项。

这两个选项用来设置刀片的总长度和总厚度。

（3）【（R）半径】和【（SA）侧角】选项。

这两个选项用来设置刀片的角处的圆半径和刀具两侧的间隙角。

（4）【（TA）尖角】选项。

该选项用来定义刀具底端与旋转轴的角度。

3. 成形刀具

成形刀具是为加工特定形状的零件而定制的刀具，没有标准化的形状。在图 3-70 所示的【创建刀具】对话框中，单击【FORM_TOOL】按钮，再单击【应用】按钮，弹出【成形刀具】对话框，如图 3-78 所示，基本参数与标准车刀相似。

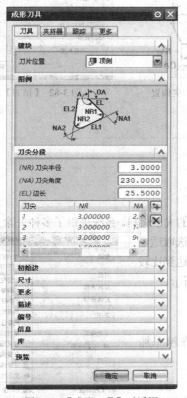

图 3-78 【成形刀具】对话框

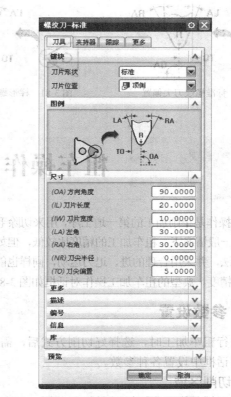

图 3-79 【螺纹刀-标准】对话框

4. 螺纹车削刀具

在图 3-70 所示的【创建刀具】对话框中，单击【OD_THREAD_L】按钮，再单击【应用】按钮，弹出【螺纹刀-标准】对话框，如图 3-79 所示。螺纹车削加工有两种形状的刀具，即标准螺纹刀具和梯形螺纹刀具。螺纹车削刀具的方向角度从正向旋转轴按逆时针测量，外直径螺纹加工刀具的方向角度为 90°。对于标准螺纹刀片，刀尖偏置是尖刀的最前端与刀具左侧面的偏置，如图 3-80 所示；对于梯形螺纹刀片，刀尖偏置是刀具底边的右端点与左侧面的偏置，如图 3-81 所示，TO 线段代表的是梯形螺纹刀片的刀尖偏置量。

5. 中心孔钻削刀具

中心孔钻削是一种车削加工，它利用车削主轴中心线上非旋转刀具，通过旋转工件来进行钻孔。在【创建刀具】对话框中，单击【DRILLING_TOOL】按钮，再单击【确定】按钮，弹出【钻刀】对话框，如图 3-82 所示。

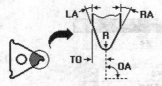

图 3-80　标准螺纹刀尖偏置

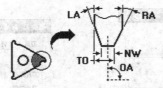

图 3-81　梯形螺纹刀尖偏置

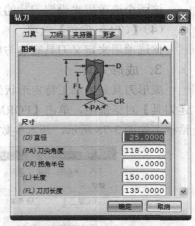

图 3-82　【钻刀】对话框

3.7　粗车操作

　　粗车操作是车削加工的第一道工序，用来切除毛坯的大量材料。系统提供了多种去除大量材料的切削技术。一般情况下，粗车加工的精度比较低，但如果选取适当的加工方法，并采用合理的进、退刀运动，同样也能够达到比较高的加工精度。典型的粗车加工操作对话框如图 3-83 所示。

3.7.1　参数设置

　　在进行粗车加工时，选择好切削方式后，需要在粗车加工操作对话框中设置各种参数。

1.　切削区域

　　切削区域是粗车加工刀具的切削范围，即刀具实际可切削的最大面积。在定义了粗车操作的各个参数后，系统会综合这些参数计算出切削区域。

　　定义【切削区域】的方法有径向或轴向修剪平面、修剪点和区域选择等，如图 3-84 所示。

　　（1）【修剪平面】选项。

　　可以将加工操作限制该按钮用来设置在平面的一侧，包括【径向修剪平面 1】、【径向修剪平面 2】、【轴向修剪平面 1】和【轴向修剪平面 2】。通过指定修剪平面，系统根据修剪平面的位置、部件与毛坯边界以及其他设置参数计算出加工区域。可以使用的修剪平面组合有三种形式。

　　① 指定一个修剪平面（轴向或径向）限制加工部件；

图 3-83　粗车加工操作对话框

② 指定两个修剪平面限制加工部件；

③ 指定三个修剪平面限制在区域内加工部件。

（2）【修剪点】 选项。

【修剪点】可以相对整个成链的部件边界指定切削区域的起始点和终止点，最多可以选择两个修剪点。

（3）【区域选择】 选项。

在车削操作中，有时需要手工选择切削区域。在【切削区域】对话框的【区域选择】栏中选择【指定】，将弹出【指定点】栏，区域选择如图 3-85 所示。单击【指定点】右侧的 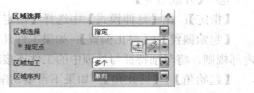 按钮，将弹出【点】对话框，即可进行点的指定。

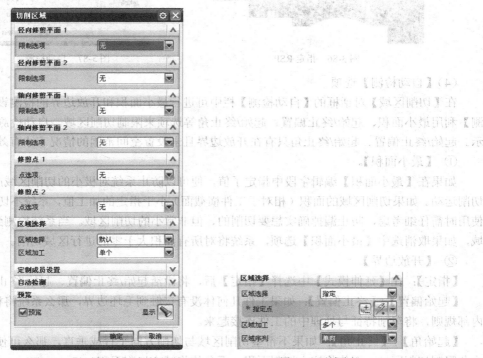

图 3-84 【切削区域】对话框　　　　　　　图 3-85 区域选择

在以下情形下，可能需要进行手工选择：

① 系统检测到多个切削区域；

② 需要指示系统在中心线的另一侧执行切削操作；

③ 系统无法检测任何切削区域；

④ 系统计算出的切削区域数不一致或切削区域位于中心线错误的一侧；

⑤ 对于使用两个修剪点的封闭部件边界，系统会将部件边界的错误部分标识为封闭部件边界（此部分以驱动曲线的颜色显示）。

利用手工选择切削区域时，在图形窗口中单击要加工的切削区域，系统将用字母 RSP（区域选择点）对其进行标识，如图 3-86 所示。如果系统找到多个切削区域，将在图形窗口中自动选择距定点最近的切削区域。

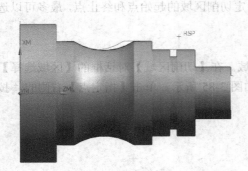

图 3-86 指定 RSP

图 3-87 自动检测

（4）【自动检测】选项。

在【切削区域】对话框的【自动检测】栏中可进行最小面积和开放边界的检测设置。【自动检测】利用最小面积、起始/终止偏置、起始/终止角等选项来限制切削区域。自动检测如图 3-87 所示。起始/终止偏置、起始/终止角只有在开放边界且未设置空间范围的情况下才有效。

① 【最小面积】。

如果在【最小面积】编辑字段中指定了值，便可以防止系统对极小的切削区域产生不必要的切削运动。如果切削区域的面积（相对于工件横截面）小于指定的加工值，系统不切削这些区域。使用时需仔细考虑，防止漏掉确实想要切削的、但非常小的切削区域。当系统检测到多个切削区域，如果取消选中【最小面积】选项，系统将对所有面积大于零的进行区域切削。

② 【开放边界】。

【指定】：在【延伸模式】中选择【指定】后，将激活起始/终止偏置、起始/终止角等选项。

【起始偏置】/【终止偏置】：如果工件几何体没有接触到毛坯边界，那么系统将根据其自身的内部规则，将车削特征与处理中的工件连接起来。

【起始角】/【终止角】：如果不希望切削区域与切削方向平行或垂直，那么可使用起始角/终止角限制切削区域。正值将增大切削面积，而负值将减小切削面积。

③ 【相切的】。

在【延伸模式】中选择【相切的】后，将会禁用【起始偏置】/【终止偏置】、【起始角】/【终止角】参数，如图 3-88 所示。其与处理中的形状相连。

2．切削策略

【粗车 OD】对话框中的【策略】提供了进行粗加工的基本规则，包括线性切削、倾斜切削、轮廓切削和插削。可根据切削的形状选择切削策略，实现对切削区域的切削。

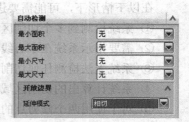

图 3-88 自动检测（相切）

（1）【策略】选项。

在【策略】栏中选择具体的切削策略，主要包括 2 种线性切削、2 种倾斜切削、2 种轮廓切削和 4 种插削。

① 【单向线性切削】按钮≡：沿直线走刀，各层切削方向相同，均平行于前一个切削层，生成的刀轨如图3-89所示。

② 【线性往复切削】按钮≡：沿直线走刀，各切削层彼此平行。它与单向线性切削方式不同的是，各层切削方向交替改变，生成的刀轨如图3-90所示。

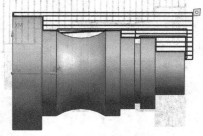
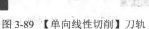

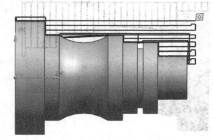

图3-89 【单向线性切削】刀轨   图3-90 【线性往复切削】刀轨

③ 【倾斜单向切削】按钮≡：各层切削方向不变，但切削深度是变化的。

④ 【倾斜往复切削】按钮≡：各层切削方向交替改变，切削深度也是变化的。

⑤ 【单向轮廓切削】按钮≡：切削层平行于轮廓，而且各层切削方向相同，生成的刀轨如图3-91所示。

⑥ 【轮廓往复切削】按钮≡：切削层平行于轮廓，而且各层切削方向交替改变，生成的刀轨如图3-92所示。

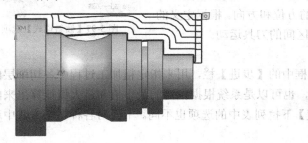

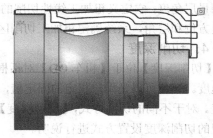

图3-91 【单向轮廓切削】刀轨   图3-92 【轮廓往复切削】刀轨

⑦ 【单向插削】按钮：一种典型的与开槽刀配合使用的粗加工切削方式，生成的刀轨如图3-93所示。

⑧ 【往复插削】按钮：在车削加工过程中，刀具首先冲削到指定的切削深度，然后进行一系列的冲削，以去除处于此深度的所有材料，以往复方式来回往复执行以上一系列切削，直至达到车槽底部，生成的刀轨如图3-94所示。

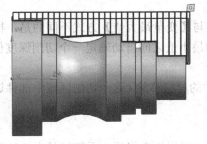

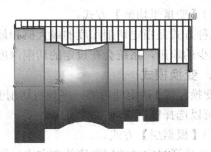

图3-93 【单向插削】刀轨   图3-94 【往复插削】刀轨

⑨　【交替插削】按钮⚃：中间开槽并交替加工车槽两侧，生成的刀轨如图 3-95 所示。

⑩　【交替插削（余留塔台）】按钮⚃：槽刀交替移动切削，在刀片两侧实现对称刀具磨品走刀，生成的刀轨如图 3-96 所示。

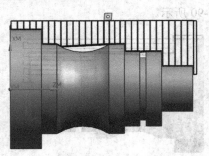

图 3-95　【交替插削】刀轨

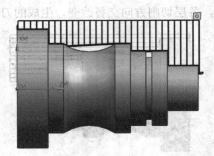

图 3-96　【交替插削（余留塔台）】刀轨

（2）倾斜模式。

在【策略】栏中如果选择了【倾斜单向切削】或【倾斜往复切削】，将激活【倾斜模式】。在图 3-97 所示的【倾斜模式】选项中可指定斜切策略的基本规则，主要包括 4 种选项。

3. 层角度

【层角度】用于定义单独层切削的方位。从中心线按逆时针方向测量层角度，它定义粗加工线性切削的方位和方向。根据定义的刀具方位和层角，系统确定粗加工切削区间的刀具运动。

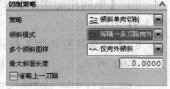

图 3-97【倾斜模式】选项

4. 切削深度

【切削深度】位于【粗车 OD】对话框中的【步进】栏，用来指定粗加工过程中各切削层的加工速度。该值可以是用户指定的固定值，也可以是系统根据指定的最小值和最大值计算出来的可变值。对于不同的切削方式，【切削深度】下拉列表中的选项也不同。下面对各种切削方式中可能出现的切削深度设置方式进行说明。

（1）【恒定】方式。

此种方式用来设置切削深度为一个常量，在切削过程中，系统将按照这个值进行走刀。但是，如果剩余的切削深度值小于给定的这个常量，周围系统将会一次性去除剩余的材料。

（2）【变量最大值】方式。

此种方式可以指定切削深度的最大值和最小值。系统会尽量地采用最大值进行切切，但如果加工余量在设定的切削深度最大值和最小值之间，系统将会一次性地去除剩余的材料。

（3）【变量平均值】方式。

此种方式是指定切削深度的最大值和最小值。它与【变量最大值】方式不同的是，根据走刀次数最少的原则，系统会在设定的切削深度最大值和最小值之间自动确定一个切削深度值。

5. 变换模式

【变换模式】决定使用哪一序列将切削变换区域中的材料移除（这一切削区域中部件边界的凹部），可以选择以下选项。

（1）【根据层】方式。

该方式通过定义的层角度的方向来设置加工顺序。采用该方式后，系统以最大的切削深度走刀到凹形区域，然后按照层角度的方向从切削起始点开始，依次对凹形区域进行切削。【根据层】方式的示意图如图 3-98 所示。

（2）【最接近】方式。

选择该方式后，系统总是选择距离当前刀具位置最近的凹形区域进行切削。其优点在选择往复切削方式时得到很好的体现，对于特别复杂的工件边界，可以减少刀轨，提高工作效率。

（3）【向后】方式。

该方式在对遇到的第一个反向进行完整深度切削后对更低反向进行粗切削时使用。初始切削时完全忽略其他颈状区域，仅在进行完开始的切削之后才对其进行加工。图 3-99 所示的为【向后】变换模式。

（4）【省略】方式。

【省略】方式将不切削在第一个反向之后遇到的任何颈状的区域。图 3-100 所示的为【省略】变换模式。

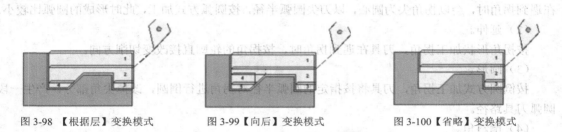

图 3-98 【根据层】变换模式　　　图 3-99【向后】变换模式　　　图 3-100【省略】变换模式

6. 清理

在粗车加工中存在着一个普遍的问题，即刀具每次走刀都会在切削层留有残余波峰或梯级，造成粗车加工的精度不足。通过设置【清理】复选项，就能够改善这种状况。在一个粗加工切削完成后，它能够控制刀具遇到轮廓元素时的走刀方式。【清理】适用于所有粗加工的切削方式。系统提供了 7 种设置【清理】的方式，如表 3-7 所示。

表 3-7　　　　　　　　　　　　　　设置【清理】的方式

设 置 方 式	说　明
全部	清除所有的轮廓元素
仅陡峭的	仅清除陡峭面
除陡峭的以外所有的	清除陡峭面以外的所有轮廓元素
仅层	仅对层进行清理
除层以外所有的	清理除层以外的所有轮廓元素
仅向下	清理所有端面的轮廓元素
每个交变区域	依次清理各个凹槽表面

7. 拐角

【拐角】选项用来指定凸角处的切削行为。系统提供了 4 种拐角的类型，如图 3-101 所示。

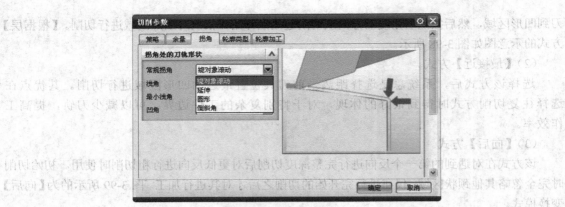

图 3-101　【拐角】选项卡

（1）绕对象滚动。

系统在拐角周围切削一条平滑的刀轨，但是会留下一个尖角，加工拐角时绕顶点转动，刀具在遇到拐角时，会以拐角尖为圆心，以刀尖圆弧半径，按圆弧方式加工，此时形成的圆弧比较小。

（2）延伸。

按拐角形状加工拐角，刀具在遇到拐角时，按拐角的轮廓直接改变切削方向。

（3）圆形。

按倒圆方式加工拐角，刀具将按指定的圆弧半径对拐角进行倒圆，改掉尖角部分，产生一段圆弧刀具路径。

（4）倒斜角。

【倒斜角】指定按倒角方式加工拐角，按指定参数对拐角倒斜角，切掉尖角部分，产生一段直线刀具路径。

8．轮廓类型

【轮廓类型】指定由面、直径、陡峭区域或层区域表示的特征轮廓情况，可定义每个类别的最小角值和最大角值。【轮廓类型】选项卡如图 3-102 所示。这些角度分别定义了一个圆锥，它可过滤切矢小于最大角且大于最小角的所有线段，并将这些线段分别划分到各自的轮廓类型中。

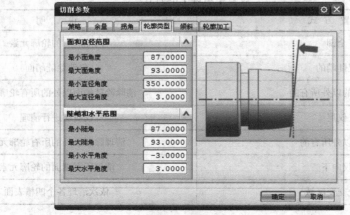

图 3-102　【轮廓类型】选项卡

（1）面角度：可用于粗加工和精加工；

（2）直径角度：可用于粗加工和精加工；

（3）陡角和层角度：层和陡峭角是相对于粗加工操作指定的层角度和陡角方向进行跟踪的。

9. 轮廓加工

【轮廓加工】用来清理经过多次粗加工后的零件表面。与【清理】选项不同的是，【轮廓加工】将沿着整个布件边界或边界的一部分。轮廓加工中提供的策略与精加工中的策略相同，因此在粗加工中提供的轮廓加工功能可以达到足够的加工精度。在粗车加工操作对话框中，选择【附加轮廓加工】复选项，可以激活轮廓加工功能。单击【轮廓加工】按钮，弹出【轮廓加工】选项卡，如图3-103所示。系统为轮廓加工提供了8种不同的加工策略，以确定刀具的运动，如图3-104所示。

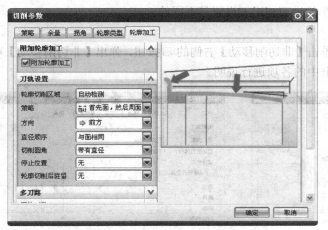

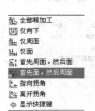

图 3-103 【轮廓加工】选项卡　　　　　　　图 3-104 【策略】里的8种轮廓加工

（1）策略。

①全部精加工 ：系统对每种几何体按其刀轨进行轮廓加工，不考虑轮廓类型。

②仅向下 ：始终从顶部切削到底部。

③仅周面 ：仅切削被指定为直径的几何体。

④仅面 ：可以在【轮廓类型】选项卡中指定面的构成。

⑤首先周面，然后面 ：指定为直径和面的几何体，先切削周面（直径），后切削面。

⑥首先面，然后周面 ：指定为直径和面的几何体，先切削面，后切削周面（直径）。

⑦指向拐角 ：系统自动计算进刀角值并与角平分线对齐。

⑧离开拐角 ：系统自动计算退刀角值并与角平分线对齐。

（2）多刀路。

在【多刀路】部分指定切削深度和切削深度对应的备选刀路数。【多刀路】对应的切削深度选项如下。

①恒定深度：指定一个恒定的切削深度，用于各个刀路。在第一个刀路之后，系统会创建一系列等深度的刀路。第一个刀路可小于指定深度，但不能大于这个深度。

②刀路数：指定系统应有的刀路数。

③单个的：指定生成一系列不同切削深度的刀路。

④精加工刀路：包括【保持切削方向】 和【变换切削方向】 两项。

（3）切削圆角。

①带有直径：如果倒圆形状比较接近端面或斜面，系统自动将倒圆视为端面或斜面进行处理；

②带有面：如果倒圆形状比较接近圆柱面，系统自动将倒圆视为圆柱面进行处理；

③分割：当倒圆角比较大，部分形状比较接近外圆表面，部分形状接近端面或斜面时，选择该选项，系统将自动把倒圆从中间部分分成两种表面进行处理；

④无：忽略倒圆半径的处理。

10. 进刀/退刀

【进刀/退刀】设置用来确定刀具进入和离开工件的方式。在刀具接近工件的过程中，刀具以快进速度运动，这时就可以设置刀具的进刀和退刀方式，刀具以进给速度进入和离开工件，以防止碰刀。车削加工中的粗车和精车的进刀和退刀设置是不同的。

（1）进刀和退刀方式。

在粗车加工操作对话框中，单击【非切削移动】右侧的圆按钮，弹出【非切削移动】对话框，如图 3-105 所示。下面对该对话框中的各项进行说明。

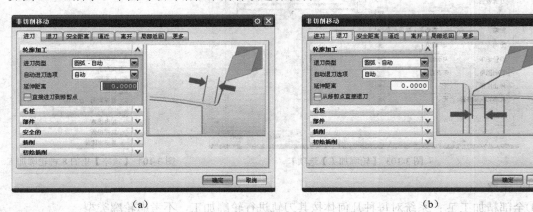

（a）　　　　　　　　　　　　　　　（b）

图 3-105 【非切削移动】对话框

①【轮廓加工】按钮：该按钮用来设置轮廓加工的进刀和退刀方式。

②【毛坯】按钮：该按钮适用于直线型车削，用来设置每一层中刀具进入和离开毛坯的方式。

③【部件】按钮：该按钮用来设置刀具沿部件几何体边界走刀的运动方式，进刀的终止点在部件的表面。通常在腔室中使用此方式。

④【安全的】按钮：在大部分余量加工完成后，刀具非常接近切削区域的零件底面，这时通过设置【安全的】选项，可以避免刀具过切。该按钮用来设置轮廓加工的进刀和退刀方式。

⑤【插削】按钮：该按钮用来设置插入型车削方式的进刀和退刀方式。

⑥【初始插削】按钮：该按钮用来设置第一步插入型车削的进刀和退刀方式。

（2）进刀和退刀路径。

对于不同的进刀和退刀方式，系统提供了相应的路径方法。下面对各种进刀和退刀的路径方法进行说明。

①【圆弧-自动】方式：此方式的进刀和退刀路径是一条圆弧，刀具以圆周运动的方式进入和离开工件或者毛坯。这种方式的特点是刀具可以平滑地移动，而且中途不必停止。

自动：系统自动生成的角度为90°，半径为刀具切削半径的两倍。

用户定义：需要在【非切削移动】对话框中输入角度和半径。

② 【线性-自动】方式：该方式沿着第一次切削的方向进入和离开工件，其运动长度与刀具刀尖半径相等。

③ 【线性-增量】方式：该方式通过输入 X 和 Y 的数值来定义矢量，以控制进刀和退刀路径。这个矢量值始终是与加工坐标系（WCS）关联的。

④ 【线性】方式：该方式通过直线控制进刀和退刀路径。

⑤ 【线性-相对于切削】方式：该方式通过输入角度和距离来定义进刀和退刀路径。

⑥ 【点】方式：该方式通过指定一点来控制刀具从该点进刀和退刀至该点。

⑦ 【两个圆周】方式：此方法仅适用于【毛坯】情形。选择此方法后，将激活【第一个半径】和【第二个半径】两个选项。

⑧ 【两点相切】方式：【两点相切】可以使刀具产生圆弧进刀/退刀运动。

11．进给率

【进给率】选项用来设置刀具在切削方向上的进给量和浅显速度。车加工模块包含大量进给率控制参数。在粗车加工操作对话框中，单击【进给率和速度】右侧的按钮 ，弹出【进给率和速度】对话框，如图 3-106 所示。下面对该对话框中的各项进行说明。

（1）【输出模式】选项。

该选项用来指定进给率的方法。系统提供了 3 种输入模式，即 RPM、SFM 和 SMM。RPM 即每分钟的转数，SFM 即每分钟曲面英尺，SMM 即每分钟曲面米。

（2）【表面速度（smm）】选项。

表面速度是加工过程中任一时刻在部件表面测得的速度。

（3）【最大 RPM】选项。

该选项用来定义运动过程中可达到的最大 RPM 值。

（4）【预设 RPM】选项。

该选项用来在输入 SFM 或 SMM 模式之前，输出主轴的 RPM 值。

（5）【主轴速度】选项。

图 3-106 【进给率和速度】对话框

输出模式选择 RPM 值时，该选项被激活，系统会在进刀运动之前，切换为进刀主轴速度，并在随后回到常规主轴速度。

3.7.2 粗车加工实例

前面已经介绍了粗车加工的步骤以及参数的设置，下面将具体讲解一个粗加工的实例，零件模型如图 3-107 所示。

具体的操作步骤如下。

1．打开模型文件

启动 UG NX 8.0，打开模型零件文件。

2．初始化加工环境

选择【开始】→【加工】命令，进入初始化加工环境。弹出【加工环境】对话框，如图 3-108 所示。在【CAM 会话配置】中选择【cam_general】选项，在【要创建的 CAM 设置】列表框中选择【turning】选项，单击【确定】按钮，完成加工模块的初始化工作。

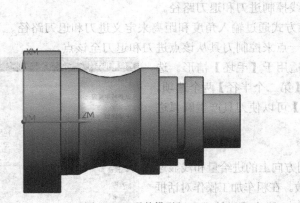

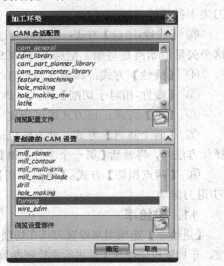

图 3-107　零件模型　　　　　　　　　　图 3-108　【加工环境】对话框

3. 创建程序

打开操作导航器，并切换到【程序顺序】视图，选择【NC_PROGRAM】结点并右击，在弹出的快捷菜单中选择【插入】→【程序组】命令，弹出【创建程序】对话框，如图 3-109 所示。在该对话框中选择【类型】下拉列表中的【turning】选项，单击【确定】按钮，弹出【程序】对话框，如图 3-110 所示。单击【确定】按钮，完成程序的创建。

图 3-109　【创建程序】对话框　　　　　　图 3-110　【程序】对话框

4. 创建粗车刀具

打开操作导航器，并切换到【机床】视图，选择【GENERIC-MACHINE】结点并右击，在弹出的快捷菜单中选择【插入】→【刀具】命令，弹出【创建刀具】对话框，各选项设置如图 3-111 所示。单击【确定】按钮，弹出【车刀-标准】对话框。各选项设置如图 3-112 所示。

5. 创建加工坐标系

打开操作导航器，并切换到【几何体】视图，选择【MCS_SPINDLE】结点并双击，如图 3-113 所示。弹出【Turn Orient】对话框，如图 3-114 所示。选择默认的加工坐标系，并选择 ZM-XM 平面为车削工作平面。

单击【从库中调用刀具】命令按钮，在弹出的【搜索库】对话框中，一步一步操作到最后，
在弹出的【库类选择】对话框中，选择默认的选项，如图 3-113 所示，在弹出的【搜索结果】对
话框中，单击【确定】按钮，在弹出的【Turn Bnd】按钮中的【确定】按钮上，可以看出，
部件边界。

图 3-111 【创建刀具】对话框

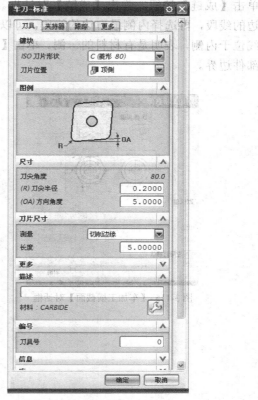

图 3-112 【车刀-标准】对话框

图 3-113 【几何体】视图

图 3-114 【Turn Orient】对话框

6. 定义车削加工横截面

选择【工具】→【车加工横截面】命令，弹出【车加工横截面】对话框，如图 3-115 所示。
单击【简单截面】按钮，再单击【体】按钮，然后在绘图区中选择整个零件，再单击【剖切
平面】按钮，选择默认的截面设置选项【MCS_SPINDLE】，单击【确定】按钮，完成如图
3-116 所示的车削加工横截面的定义。

7. 创建部件边界

在【几何体】视图中，双击【TURN_WORKPIECE】结点，弹出【Turn Bnd】对话框，
如图 3-117 所示。单击【指定部件边界】按钮，弹出【部件边界】对话框，如图 3-118 所示。

单击【成链】按钮，弹出【成链】对话框。在绘图区的车削加工横截面上，先选择外侧最右边的线段，再选择内侧最右边的线段，可以生成部件边界，如图 3-119 所示。边界曲线上的短线位于内侧，表明是有材料的一侧。单击【Turn Bnd】对话框中的【显示】按钮，可以查看部件边界。

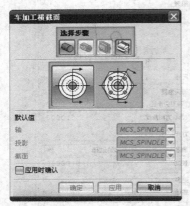

图 3-115　【车加工横截面】对话框

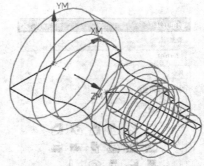

图 3-116　定义的车削加工横截面

图 3-117　【Turn Bnd】对话框

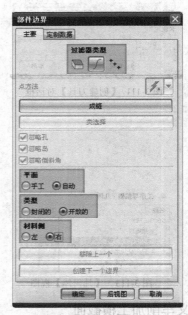

图 3-118　【部件边界】对话框

8. 创建毛坯边界

单击【指定毛坯边界】按钮，弹出【选择毛坯】对话框，如图 3-120 所示。单击【棒料】按钮，再单击【选择】按钮，弹出【点】对话框。指定坐标原点为安装位置，在【长度】和【直径】文本框中分别输入 120 和 86，单击【确定】按钮，完成如图 3-121 所示的毛坯边界的定义。单击【Turn Bnd】对话框中的【显示】按钮，可以查看毛坯的边界。

9．创建粗车加工操作

在【加工创建】工具栏中，单击【创建工序】按钮 ，弹出【创建工序】对话框。单击【粗车 OD】按钮 ，该对话框中各项参数设置如图 3-122 所示。单击 确定 按钮，弹出【粗车 OD】对话框，参数设置如图 3-123 所示。

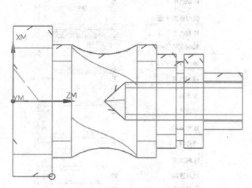

图 3-119　定义部件边界

图 3-120　【选择毛坯】对话框

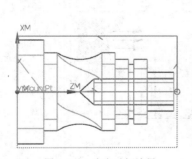

图 3-121　定义毛坯边界

图 3-122　【创建工序】对话框

10．选择切削方式

单击【粗车 OD】对话框中的【单向线性切削】按钮 ，确定该粗车操作的切削策略。

11．设置切削区域

单击【切削区域】右侧的【编辑】按钮 ，弹出【切削区域】对话框，各项设置如图 3-124 所示。

12．选择轮廓加工类型

选择【切削参数】右边的按钮 ，选择【轮廓加工】，弹出【轮廓加工】选项卡，如图 3-125 所示。选择【策略】中的【全部精加工】选项。

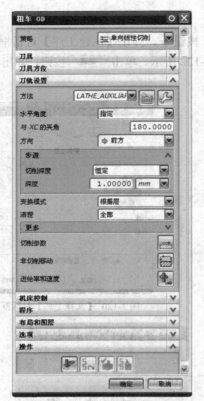

图 3-123　【粗车 OD】对话框

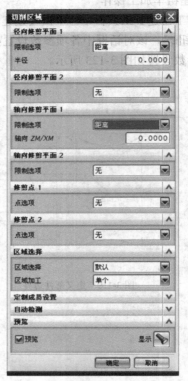

图 3-124　【切削区域】对话框

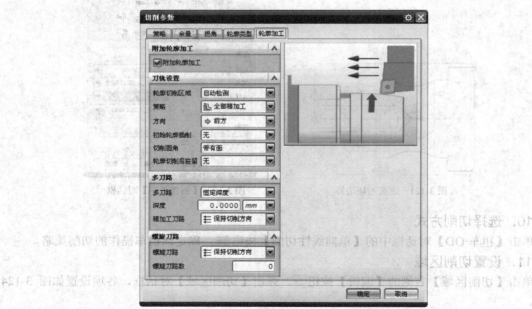

图 3-125　【轮廓加工】选项卡

13．设置加工余量

单击图 3-126 中的【余量】标签，弹出【余量】选项卡，参数设置如图 3-126 所示。

14．生成刀轨

在【粗车 OD】对话框中，单击【生成刀轨】按钮![按钮]，查看粗车加工的刀具轨迹，如图 3-127 所示。单击【验证刀轨】按钮![按钮]，可以进行切削仿真。至此，就完成了该零件的粗车加工。

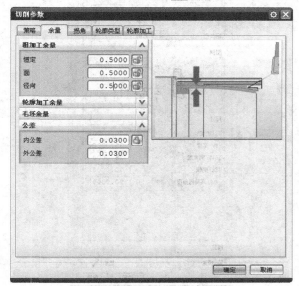

图 3-126　【余量】选项

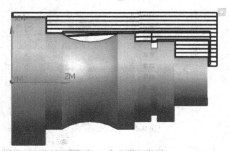

图 3-127　生成的粗车加工刀具轨迹

3.8 精车操作

UG NX 8.0 为粗车操作提供了较好的轮廓加工功能，能够达到半精加工的程度。对精车加工后的表面进行加工，目的是提高零件的尺寸精度和表面质量。在这个基础上，精车操作更加简单。现在精车刀具时，应保证刀具的材料、几何参数和工件材料以及机床的性能相匹配。只有这样，才能达到较好的加工效果。系统为精车操作提供了 8 种切削策略，其功能和粗车操作相同。精车加工操作的参数设置也和粗车加工相同。

下面通过一个实例的讲解，帮助读者熟悉一下精车加工操作。本例是在粗车加工的基础上完成精车加工的。

1．打开模型文件并进入车削加工环境

启动 UG NX 8.0，打开模型零件文件。选择【开始】→【加工】命令，进入车削加工环境。

2．创建精车刀具

单击【刀具子类型】面板中的【OD_55_L】按钮![按钮]，单击【应用】按钮，弹出精车刀具设置对话框，各项参数设置如图 3-128 所示。

3．创建精车操作

在【加工创建】工具栏中，单击【创建工序】按钮![按钮]，弹出【创建工序】对话框。单击精车操作按钮![按钮]，父结点组设置如图 3-129 所示。单击【确定】按钮，弹出【精车 OD】对话框，参数设置如图 3-130 所示。

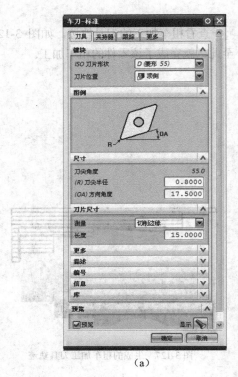

（a）

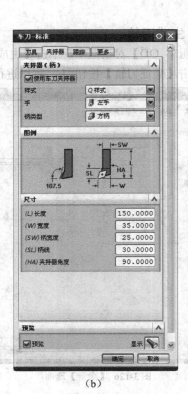

（b）

图 3-128 精车刀具设置对话框

图 3-129 【创建工序】对话框

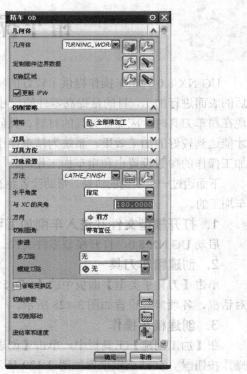

图 3-130 【精车 OD】对话框

4. 选择切削方式

单击【精车 OD】对话框中的【全部完成】按钮，确定精车操作的切削方式。

5. 设置切削区域

单击【切削区域】按钮，弹出【切削区域】对话框，各项设置如图 3-131 所示。

图 3-131 【切削区域】对话框

6. 设置加工余量

单击【切削参数】按钮，弹出【切削参数】对话框，设置各项参数，如图 3-132 所示。

7. 生成刀轨

在【精车 OD】对话框中，单击【生成刀轨】按钮，查看生成的刀具轨迹，如图 3-133 所示。单击【验证刀轨】按钮，进行仿真加工。

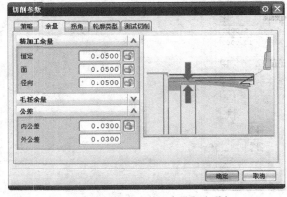

图 3-132 切削参数【余量】选项卡

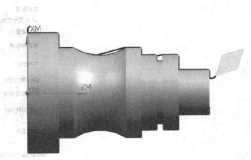

图 3-133 生成的精车加工刀具轨迹

3.9 车槽操作

车槽加工可以切削内直径、外直径和车断面。在切槽时，可以采用轴向走刀逐层切削的方法，也可以采用径向走刀的方法。车槽加工示意图如图 3-134 所示。利用自动模式，可以通过选择边界几何体定义割槽；利用冲削模式，可以通过输入数值定义割槽，不需要任何模块化的几何体。

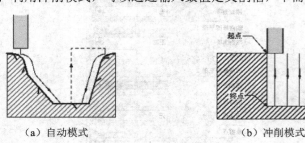

（a）自动模式 （b）冲削模式

图 3-134 车槽加工示意图

3.9.1 车槽加工参数设置

车槽操作对话框如图 3-135 所示。该对话框中的大部分参数设置与粗车操作相同，下面仅就不同的选项进行说明。

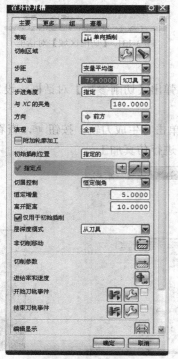

图 3-135 车槽操作对话框

（1）【步距】选项。

该选项用来设置每次走刀的横向进给量。系统提供了3种【步距】的方式，如图3-136所示。

（2）【切屑控制】选项。

该选项用来设置车槽加工的断屑方式。系统提供了4种【切屑控制】的方法，如图3-137所示。

图3-136 【步距】选项　　　　图3-137 【切屑控制】选项

① 【恒定倒角】方式：该方式的进刀深度恒定不变，每次往复提刀一定的距离，这样易于断屑。

② 【可变倒角】方式：选择该方式后，可以设置走刀次数，并为每次走刀定义不同的进刀深度，同样也是采用提刀的方式断屑。

③ 【恒定安全设置】方式：该方式的进刀深度恒定不变，刀具完全从槽中退出，以达到断屑的目的，缺点是加工效率较低。

④ 【可变安全设置】方式：选择该方式后，可以设置走刀次数，并为每次走刀定义不同的进刀深度。断屑时，刀具完全从槽中退出。其缺点是加工效率较低。

3.9.2 车槽加工实例

1．打开模型文件并进入车削加工环境

启动UG NX 8.0，打开模型零件文件。选择【开始】→【加工】命令，进入车削加工环境。在进行了粗加工和精加工后，开始进行车槽加工。

2．创建车槽刀具

单击【加工创建】工具栏中的【创建刀具】按钮，弹出【创建刀具】对话框。单击【刀具子类型】面板中的【OD_GROOVE_L】按钮，单击【应用】按钮，弹出创建车槽刀具对话框，各项参数设置如图3-138所示。

3．创建车槽操作

在【加工创建】工具栏中，单击【创建工序】按钮，弹出【创建工序】对话框。单击车槽操作按钮，父结点组设置如图3-139所示。单击【确定】按钮，弹出【在外径开槽】对话框，参数设置如图3-140所示。

4．选择切削方式

选择【在外径开槽】对话框中的【单向插削】选项，确定车槽操作切削方式。

5．设置切削区域

单击【切削区域】按钮，弹出如图3-141所示的对话框。在【区域选择】下拉列表中选择【指定】选项，在【区域序列】下拉列表中选择【双向】，然后单击按钮，弹出【点】对话框。在模型上选择图3-142所示的RSP点（此点由用户自定义，位置大致相同即可），在【点】对话框中单击【确定】按钮。

6．设置切削参数

（1）单击【槽 OD】对话框中的附加轮廓加工复选框，选中【切削参数】按钮，弹出【切削参数】对话框。在【切削参数】对话框中选择【轮廓加工】选项卡，然后在【策略】下拉列表中选择

【全部精加工】选项，参数设置如图 3-143 所示。单击【确定】按钮，返回【槽 OD】对话框中。

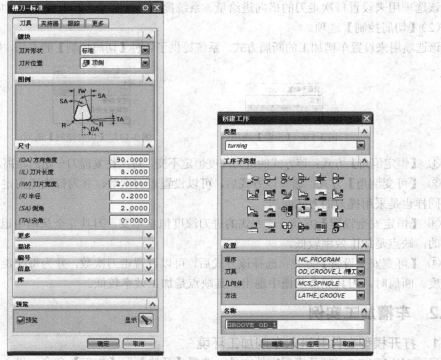

图 3-138　创建车槽刀具对话框

图 3-139　【创建工序】对话框

图 3-140　【在外径开槽】对话框

图 3-141　【切削区域】对话框

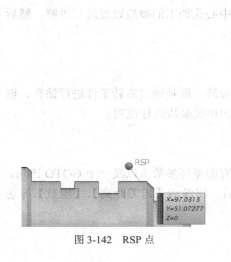

图 3-142 RSP 点

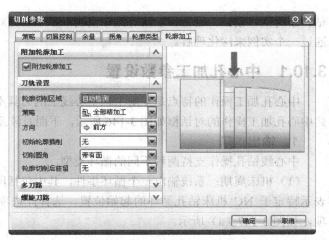

图 3-143 【轮廓加工】选项卡

（2）单击【槽 OD】对话框中的 【非切削移动】按钮 ，弹出【非切削移动】对话框。然后在【进刀】选项卡的【轮廓加工】区域的【进刀类型】下拉列表中选择【线性-自动】选项，其他参数采用系统默认设置，如图 3-144 所示。单击【确定】按钮，回到【槽 OD】对话框中。

7. 生成刀路轨迹

在【槽 OD】对话框中，单击【生成刀轨】按钮 ，查看生成的刀具轨迹，如图 3-145 所示。

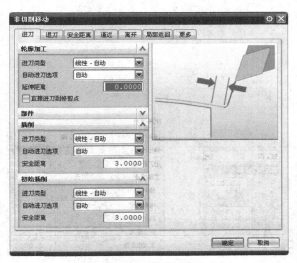

图 3-144 【非切削移动】选项卡

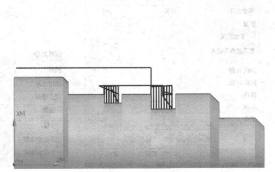

图 3-145 生成的槽加工刀具轨迹

3.10 中心孔加工操作

中心孔加工操作是车削加工操作的形式之一。系统为中心孔加工操作提供了中心孔钻削、啄钻、断屑钻、铰钻、锪钻和攻丝等操作模块。本节首先对中心孔加工的参数设置进行讲解，然后通过一个实例来深化理解。

3.10.1　中心孔加工参数设置

中心孔加工操作的特点是车削主轴中心线上的刀具不旋转，而是通过旋转工件进行钻孔。创建中心孔加工操作的对话框如图 3-146 所示，下面对涉及的相关参数进行说明。

1．输出选项

中心线钻孔操作支持两种不同的循环类型。

（1）机床周期：系统输出一个循环事件，其中包括所有的循环参数，以及一个 GOTO 语句，表示特定于 NC 机床钻孔循环的起始位置。选择此选项后，将激活【退刀距离】、【步数】等选项，如图 3-147（a）所示。

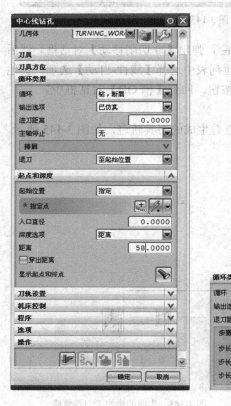

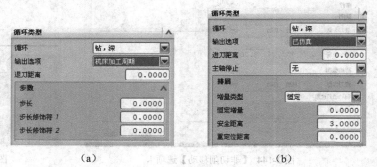

（a）　　　　　　　　　　　　（b）

图 3-146　【中心线钻孔】对话框　　　　　　　　图 3-147　输入选项

（2）已仿真：系统计算出一个中心线钻孔刀轨，输出一系列 GOTO 语句，没有循环事件。选择此选项后，将激活【进刀距离】、【排屑】等选项，如图 3-147（b）所示。

2．排屑

【排屑】用于【钻，深】和【钻，断屑】循环，可指定钻孔时除屑或断屑的增量类型。【增量类型】包括两种选项。

（1）恒定：刀具每向前移动一次的距离。

（2）可变：可指定刀具按指定深度切削所需的次数。

3. 安全/退刀距离

（1）断屑钻：需要设置【离开距离】，以指定每次切削后，刀具往后移动多少距离。

（2）【钻，深】：需要设置【安全距离】，如图3-148所示。钻刀的切削方式如下。

①在深钻序列中使用安全距离；

②切削至指定的增量深度（A），如图3-148（a）所示；

③退出钻孔，移刀到距离起点（C）为最小安全距离（B）处，如图3-148（b）所示；

④返回离开上一步切削（D）所形成孔深的材料为安全距离的位置，如图 3-148（c）所示；

⑤重复这三个步骤直到钻至指定的深度，如图3-148（d）所示。

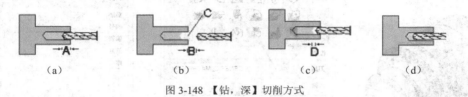

（a）　　　　　　　　（b）　　　　　　　　（c）　　　　　　　　（d）

图3-148 【钻，深】切削方式

4. 深度选项

（1）距离：可以沿钻孔轴加工的深度值，必须为正值。

（2）端点：利用【点】构造器定义钻孔深度，利用指定的【起点】和定义的【端点】计算钻孔深度。

（3）横孔尺寸：可以输入定义钻孔深度的信息，当钻至这一深度时，刀具将钻入一个横孔中。

（4）横孔：可选择现有的圆作为横孔。

（5）刀肩深度：当使用刀肩深度指定总深度时，系统会自动将刀尖长度添加到所输入的深度中，从而获得刀尖深度。

（6）埋头直径：系统将根据所选的刀具自动确定沉孔深度。

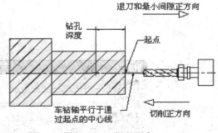

图3-149 穿出距离

（7）穿出距离：指定刀具超出指定总深度的过肩距离，如图3-149所示。

3.10.2 中心孔加工实例

对如图3-150所示的零件模型，进行中心孔加工操作。

1. 创建中心孔刀具

单击【加工创建】工具栏中的【创建刀具】按钮，弹出【创建刀具】对话框，如图 3-151所示。单击【DRILLING_TOOL】按钮，单击 确定 按钮，弹出创建中心孔刀具对话框，参数设置如图3-152所示。

2. 创建中心孔操作

在【创建工序】对话框中，单击【CENTERLINE_DRILLING】按钮，父结点组设置如图3-153所示。单击【确定】按钮，弹出【中心线钻孔】对话框，各项参数设置如图3-154所示。

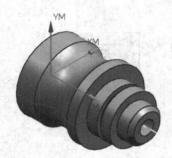

图 3-150　中心孔加工零件模型

图 3-151　【创建刀具】对话框

图 3-152　创建中心孔刀具对话框

图 3-153　【创建工序】对话框

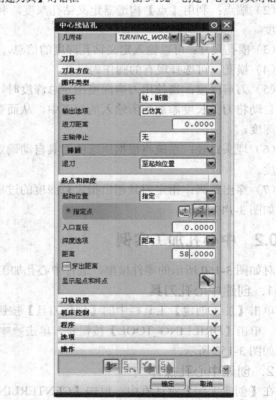

图 3-154　【中心线钻孔】对话框

3. 设置循环类型

在【循环】下拉列表中选择【钻，断屑】选项，在【输出选项】中选择【已仿真】选项，各项参数设置如图 3-155 所示。

（a） （b）

图 3-155 设置循环类型

4. 定义刀具起始点

选择【起始位置】的【指定】，选择【指定点】按钮，选择图 3-156 所示的起点。

5. 设置钻孔深度

在【中心线钻孔】对话框中，单击【起点和深度】按钮，弹出【起点和深度】选项组。在【距离】中输入深度 30，各项参数设置如图 3-157 所示。

6. 生成刀轨

单击【生成刀轨】按钮，可以查看生成的中心孔加工刀具轨迹，如图 3-158 所示。

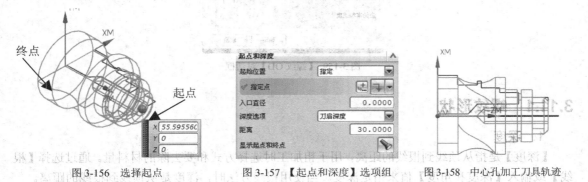

图 3-156 选择起点 图 3-157 【起点和深度】选项组 图 3-158 中心孔加工刀具轨迹

3.11 车螺纹

螺纹分为外螺纹和内螺纹。外螺纹是在圆柱工件表面上沿着螺旋线所形成的，具有相同剖面的连续凸起和沟槽。用车削的方法加工螺纹是目前常用的加工方法。车削螺纹有两种形式，即切削直螺纹和锥螺纹。

车螺纹时，可以控制粗加工刀路的深度以及精加工刀路的数量和深度，通过指定【螺距】、【导程角】或【每毫米螺纹圈数】，并选择顶线（峰线）和根线（或深度）以生成螺纹刀轨。在图 3-159 所示的【螺纹 OD】对话框中进行车螺纹相关参数的设置。

图 3-159 【螺纹 OD】对话框

3.11.1 螺纹形状

1．深度

【深度】是指从顶线到根线的距离，用于粗加工时选择方式和要去除的材料量。通过选择【根线】或输入【深度和角度】值来指定深度。当使用根线方法时，深度是从顶线到根线的距离。

螺纹几何体通过选择顶线来定义螺纹起点和终点。螺纹长度由顶线的长度指定，可以通过指定起点和终点偏置来修改此长度。要创建倒角螺纹，可通过设置合适的偏置确定。螺纹长度的计算如图 3-160 所示，图中 a 表示终止偏置，b 表示起始偏置，c 表示顶线，d 表示根线。

2．选择根线

【选择根线】既可建立总深度，也可建立螺纹角度。在选择根线后重新选择顶线，不会导致重新计算螺纹角度，但会导致重新计算深度。根线的位置由所选择的根线加上【根线偏置】值确定；如果【根线偏置】值为 0，则所选线的位置即为根线位置。

3．选择顶线

顶线的位置由所选择的顶线加上【顶线偏置】值确定；如果【顶线偏置】值为 0，则所选线的位置即为顶线位置。选择顶线如图 3-161 所示，现在是离光标点最近的顶线端点将作为起点，另一个端点为终点。

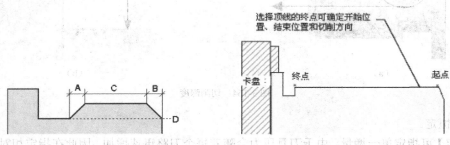

图 3-160 螺纹长度的计算　　　　　　　　　图 3-161 选择顶线

4. 深度和角度

【深度和角度】用于为总深度和螺纹角度键入值。【深度】可以通过输入值建立起从顶线起测量的总深度。【角度】用于产生拔模螺纹，输入的角度值是从顶线起测量的。螺旋角如图 3-162 所示。图中，A 为角度，设置为 174°，从顶线逆时针计算；B 为顶线；C 为总深度。如果输入深度和角度值而非选择根线，则重新选择顶线时系统将重新计算螺旋角度，但不重新计算深度。

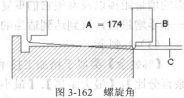

图 3-162 螺旋角

5. 偏置

【偏置】用于调整螺纹的长度。正偏置值将加长螺纹，负偏置值将缩短螺纹。

（1）起始偏置：输入所需的偏置值以调整螺纹的起点。

（2）终止偏置：输入所需的偏置值以调整螺纹的终点。

（3）顶线偏置：输入所需的偏置值以调整螺纹的顶线位置，正值会将螺纹的顶线背离部件偏置，负值会将螺纹的顶线向着部件偏置。如图 3-163（a）所示，C 为顶线，D 为根线。当未选择根线时，螺纹会上下移动而不会更改其角度或深度。当选择了根线，但未输入根偏置值时，螺旋角度和深度将随顶线偏置而变化，如图 3-163（b）所示。

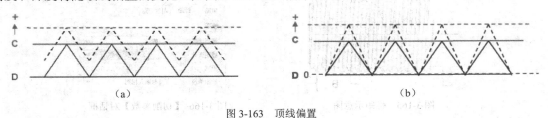

　（a）　　　　　　　　　　　　　　　　（b）

图 3-163 顶线偏置

（4）根偏置：输入所需的偏置值可调整螺纹的根线位置。

6. 选择终止线

【终止线】通过选择与顶线相交的线来定义螺纹终端。当指定终止线时，交点即可决定螺纹的终端，【终止偏置】值将添加到该交点。如果没有选择终止线，则系统将使用顶线的端点。

7. 切削深度

粗加工螺纹深度等于总螺纹深度减去精加工深度，即粗加工螺纹深度由总螺纹深度和精加工深度决定，如图 3-164 所示。

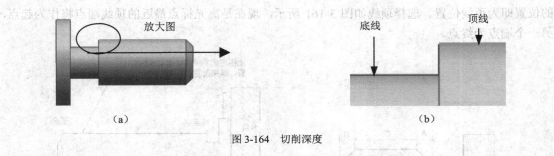

图 3-164 切削深度

（1）恒定。

【恒定】可指定单一增量。由于刀具压力会随着每个刀路迅速增加，因此在指定相对少的粗加工刀路时可使用此方式。当刀具沿着螺纹角切削时会移动输入距离，直到达到粗加工螺纹深度为止。

（2）单个的。

【单个的】可指定一组可变增量以及每个增量的重复次数以最大限度地控制单个刀路。输入所需的增量距离以及希望它们重复的次数。如果增量的和不等于粗加工螺纹深度，则系统将重复上一非零增量值，直到达到适当的深度。

（3）%剩余。

【%剩余】类似于精加工技术，在粗加工螺纹中特别有用。选择【%剩余】选项，将激活【剩余百分比】、【最大距离】、【最小距离】等选项。

8．切削参数

（1）螺距选项。

【螺距选项】包括【螺距】、【导程角】和【每毫米螺纹圈数】三个选项。

① 【螺距】是指两条相邻螺纹沿与轴线平行方向上测量的相应点之间的距离，如图 3-165 中的 A。

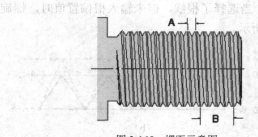

图 3-165 螺距示意图

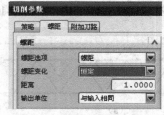

图 3-166 【切削参数】对话框

② 【导程角】是指螺纹在每一圈上在轴的方向上前进的距离。对于单螺纹，前进度等于螺距；对于双螺纹，前进度是螺距的两倍。

③ 【每毫米螺纹圈数】 是在与轴平行的方向上测量的每毫米的螺纹数量，如图 3-165 中的 B。

（2）螺距变化。

在【切削参数】对话框中可以对【螺距变化】进行设置。【切削参数】对话框如图 3-166 所示。

① 恒定：该选项允许指定单一【距离】或【每毫米螺纹圈数】，并将其应用于螺纹长度。系

统将根据此值和指定的【螺纹头数】自动计算两个未指定的参数。对于【螺距】和【导程角】，两个未指定的参数是【螺距】和【输出单位】；对于【每毫米螺纹圈数】，两个未指定的参数是【每毫米螺纹圈数】和【输出单位】。

② 起点和终点/增量：【起点和终点】或【起点和增量】可定义增加或减小螺距、前进度或每毫米螺纹圈数。【起点和终点】通过指定【开始】与【结束】确定变化率；【起点和增量】通过指定【开始】与【增量】确定变化率。如果【开始】值小于【结束】值或者【增量】值为正，则车螺纹对话框中的【螺距】/【导程角】/【每毫米螺纹圈数】将变大。如果【开始】值大于【结束】值或者【增量】值为负，则车螺纹对话框中的【螺距】/【导程角】/【每毫米螺纹圈数】将变小。

（3）输出单位。

【输出单位】显示以下选项：【与输入相同】、【螺距】、【导程角】和【每毫米螺纹圈数】。

（4）精加工刀路。

指定加工工件时所使用的增量和精加工刀路数。精加工螺纹深度由所有刀路数和增量决定，是所有增量的和。

当生成螺纹刀轨时，首先由刀具切削到粗加工螺纹深度。粗加工螺纹深度由以下方式确定：由【螺纹 OD】对话框中的【切削深度】增量方式和切削的【深度】值决定的刀路数以及【深度和角度】或【根线】决定的总深度确定。

3.11.2 车螺纹实例

加工如图 3-167 所示的部件，具体的创建操作如下。

1．创建几何体

在【刀片】工具条中单击【创建几何体】图标 ，弹出如图 3-168 所示的【创建几何体】对话框。选择【turning】类型，选择【MCS_SPINDLE】几何体子类型，【名称】为"MCS_SPINDLE"，其他采用默认设置，单击【确定】按钮，弹出如图 3-169 所示的【MCS 主轴】对话框。单击 图标，指定 MCS 的坐标原点与绝对 CSYS 的坐标原点重合，指定平面为 ZM-XM，单击【确定】按钮。

图 3-167 加工零件　　　　图 3-168 【创建几何体】对话框　　　图 3-169 【MCS 主轴】对话框

2．创建刀具

在【刀片】工具条中单击【创建刀具】图标 ，弹出如图 3-170 所示的【创建刀具】对话框。选择【turning】类型，选择【OD_THREAD_L】刀具子类型，【名称】为"OD_THREAD_L"，其他采用默认设置，单击【确定】按钮，弹出【螺纹刀-标准】对话框。输入参数，如图 3-171 所示，其他采用默认设置，单击【确定】按钮。

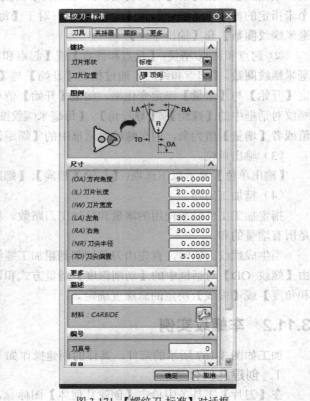

图 3-170 【创建几何体】对话框 　　　　图 3-171 【螺纹刀-标准】对话框

3．指定车螺纹边界

（1）将操作导航器调整到【几何】视图状态，【工序导航器-几何】视图如图 3-172 所示。在视图中双击【TURNING_WORKPIECE】，打开如图 3-173 所示的【Turn Bnd】对话框，进行车削边界的指定。

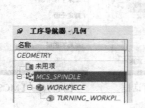

图 3-172 【工序导航器-几何】视图

图 3-173 【Turn Bnd】对话框

（2）在【Turn Bnd】对话框中单击【指定部件边界】图标，系统将弹出【部件边界】对话框。选择部件边界，指定的部件边界如图 3-174 所示。

（3）在【Turn Bnd】对话框中单击【指定毛坯边界】图标，系统将弹出【选择毛坯】对话框。选择杆材。如图 3-175 所示。指定的部件边界如图 3-176 所示。

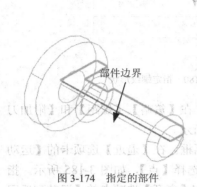

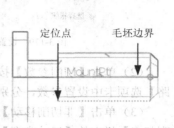

图 3-174 指定的部件　　　　　图 3-175 【选择毛坯】对话框　　　　　图 3-176 指定的毛坯边界

4. 创建工序

（1）在【刀片】工具条中单击【创建工序】图标 ，弹出如图 3-177 所示的【创建工序】对话框。选择【turning】类型，选择【THREAD_OD】图标 ，选择【OD_THREAD_L】刀具，其他采用默认设置，单击【确定】按钮，弹出如图 3-178 所示的【螺纹 OD】对话框。单击【Select Crest Line】右边的 按钮选择顶线，指定螺纹形状，如图 3-179 所示。【深度选项】选择【根线】，单击【选择根线】右边的 按钮选择如图 3-180 所示的根线。输入偏置参数，如图 3-181 所示，其他采用默认设置，单击【确定】按钮。

图 3-177 【创建工序】对话框　　　　　图 3-178 【螺纹 OD】对话框

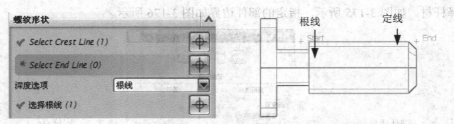

图 3-179　设置【螺纹】形状　　　　　　图 3-180　指定螺纹形状

（2）单击【切削参数】按钮，弹出【切削参数】对话框。在【策略】、【螺距】和【附加刀路】选项卡中设置参数，分别如图 3-182、图 3-183、图 3-184 所示。

（3）单击【非切削移动】按钮，弹出【非切削移动】对话框。在【逼近】选项卡的【运动到起点】栏中的【运动类型】中选择【直接】，在【点选项】中选择【点】，如图 3-185 所示。指定点的坐标为 X=60，Y=20，Z=0，参数设置如图 3-186 所示。在【离开】选项卡的【运动到返回点/安全平面】栏中的【运动类型】中选择【径向→轴向】，在【点选项】中选择【点】，指定点的坐标为 X=60，Y=20，Z=0，参数设置如图 3-187 所示。

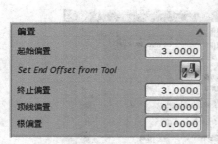

图 3-181　设置【偏置】

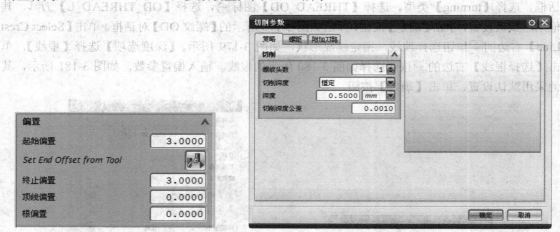

图 3-182　【策略】选项卡

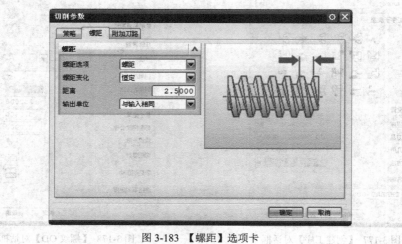

图 3-183　【螺距】选项卡

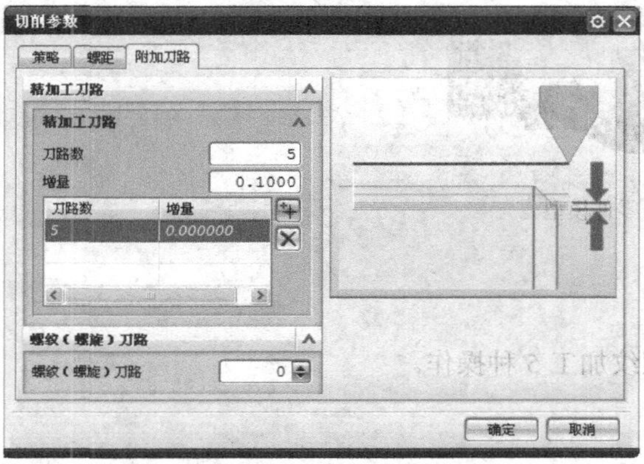

图 3-184 【附加刀路】选项卡

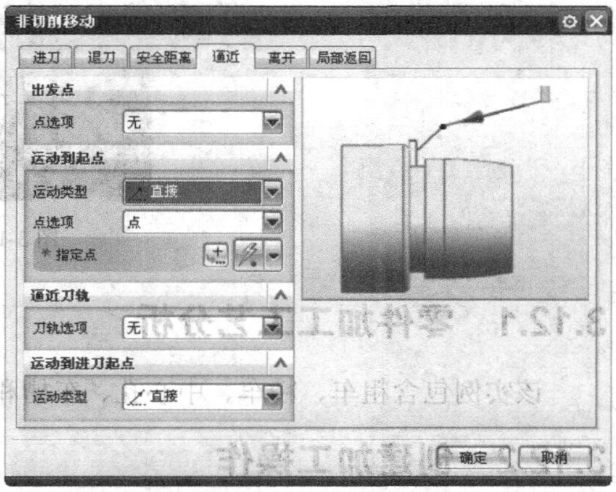

图 3-185【逼近】选项卡

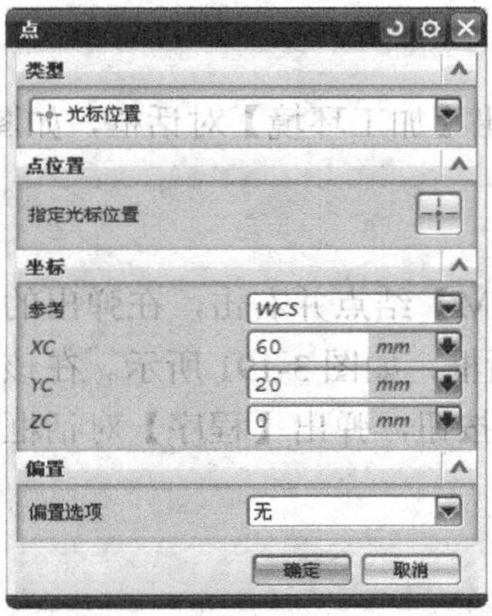

图 3-186 【点】对话框

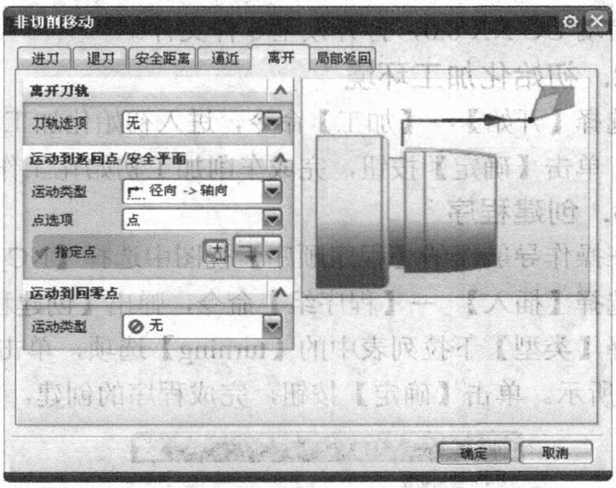

图 3-187 【离开】选项卡

（4）在【螺距 OD】对话框中选择【生成】按钮，生成刀轨，如图 3-188（a）所示。单击【确认】图标，如图 3-188（b）所示。

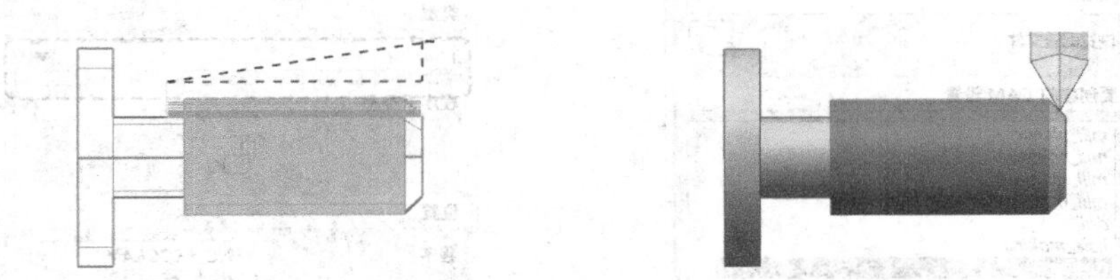

（a） （b）

图 3-188 螺纹刀轨

3.12 数控车削综合实例

本实例的零件模型如图 3-189 所示。

图 3-189 零件模型

3.12.1 零件加工工艺分析

该实例包含粗车、精车、中心孔、车槽和螺纹加工 5 种操作。

3.12.2 创建加工操作

1．打开模型文件

启动 UG NX 8.0，打开模型零件文件。

2．初始化加工环境

选择【开始】→【加工】命令，进入初始化加工环境，弹出【加工环境】对话框，如图 3-190 所示。单击【确定】按钮，完成车削加工初始化工作。

3．创建程序

在操作导航器的【程序顺序】视图中选择【NC_PROGRAM】结点并右击，在弹出的快捷菜单中选择【插入】→【程序组】命令，弹出【创建程序】对话框，如图 3-191 所示。在该对话框中选择【类型】下拉列表中的【turning】选项，单击【确定】按钮，弹出【程序】对话框，如图 3-192 所示。单击【确定】按钮，完成程序的创建。

图 3-190 【加工环境】对话框

图 3-191 【创建程序】对话框

4．创建中心孔加工刀具

在操作导航器的【机床】视图中选择【GENERIC MACHINE】结点并右击，在弹出的快捷菜单中选择【插入】→【刀具】命令，弹出【创建刀具】对话框，如图 3-193 所示。单击【刀具子类型】面板中的【DRILLING_TOOL】按钮，单击【应用】按钮，弹出【钻刀】对话框，各项参数设置如图 3-194 所示。

图 3-192 【程序】对话框　　　　图 3-193【创建刀具】对话框　　　　图 3-194 【钻刀】对话框

5. 创建粗车加工刀具

单击【刀具子类型】面板中的【OD_80_L】按钮 ▣，单击【应用】按钮，弹出粗车刀具设置对话框，各项参数设置如图 3-195 所示。

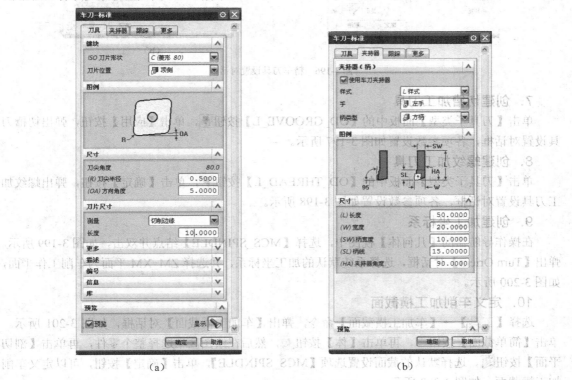

（a）　　　　　　　　　　　　　　　　（b）

图 3-195　粗车刀具设置对话框

6. 创建精车加工刀具

单击【刀具子类型】面板中的【OD_55_L】按钮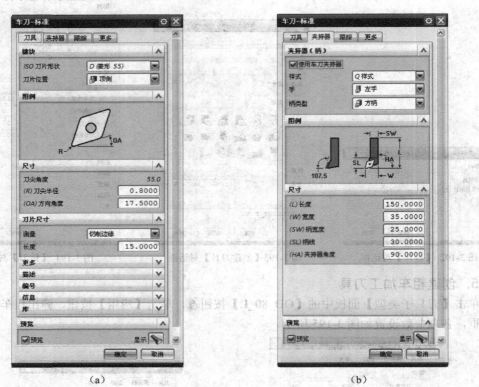，单击【应用】按钮，弹出精车刀具设置对话框，各项参数设置如图 3-196 所示。

（a）　　　　　　　　　　　　　　　（b）

图 3-196　精车刀具设置对话框

7. 创建切槽加工刀具

单击【刀具子类型】面板中的【OD_GROOVE_L】按钮，单击【应用】按钮，弹出切槽刀具设置对话框，各项参数设置如图 3-197 所示。

8. 创建螺纹加工刀具

单击【刀具子类型】面板中的【OD_THREAD_L】按钮，单击【确定】按钮，弹出螺纹加工刀具设置对话框，各项参数设置如图 3-198 所示。

9. 创建加工坐标系

在操作导航器的【几何体】视图中，选择【MCS_SPINDLE】结点并双击，如图 3-199 所示。弹出【Turn Orient】对话框，选择系统默认的加工坐标系，并选择 ZM-XM 平面为车削工作平面，如图 3-200 所示。

10. 定义车削加工横截面

选择【工具】→【车加工横截面】命令，弹出【车加工横截面】对话框，如图 3-201 所示。单击【简单截面】按钮，再单击【体】按钮，然后在绘图区中选择整个零件，再单击【剖切平面】按钮，选择默认的截面设置选项【MCS_SPINDLE】，单击【确定】按钮，可以定义车削加工横截面，如图 3-202 所示。

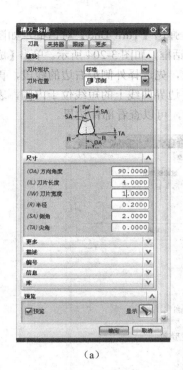

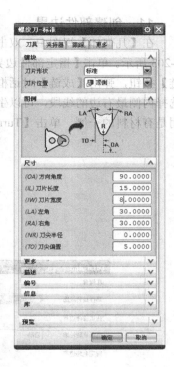

(a)　　　　　　　　　　　　　　(b)

图 3-197　切槽刀具设置对话框　　　　　　　　　图 3-198　螺纹加工刀具设置对话框

图 3-199　几何体视图　　　　　　　图 3-200　【Turn Orient】对话框

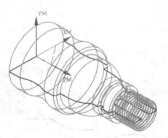

图 3-201　【车加工横截面】对话框　　　　　图 3-202　定义的车削加工横截面

11. 创建部件边界

在【几何体】视图中，双击【TURN_WORKPIECE】结点，弹出【Turn Bnd】对话框，如图 3-203 所示。单击【指定部件边界】按钮，弹出【部件边界】对话框，如图 3-204 所示。单击【成链】按钮，弹出【成链】对话框，在绘图区的车削加工横截面上，先选择外侧最右边的线段，再选择内侧最右边的线段，可以生成部件边界，如图 3-205 所示。边界曲线上的短线位于内侧，表明是有材料的一侧。单击【Turn Bnd】对话框中的【显示】按钮，可以查看部件边界。

图 3-203 【Turn Bnd】对话框

图 3-204 【部件边界】对话框

12. 创建毛坯边界

单击【指定毛坯边界】按钮，弹出【选择毛坯】对话框，如图 3-206 所示。单击【棒料】按钮，再单击【选择】按钮，弹出【点】对话框，如图 3-207 所示。指定坐标原点为安装位置，在【长度】和【直径】文本框中分别输入 204 和 104，单击【确定】按钮，完成毛坯边界的定义。单击【Turn Bnd】对话框中的【显示】按钮，可以查看毛坯的边界，如图 3-208 所示。

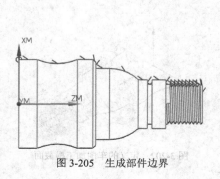

图 3-205 生成部件边界

图 3-206 【选择毛坯】对话框

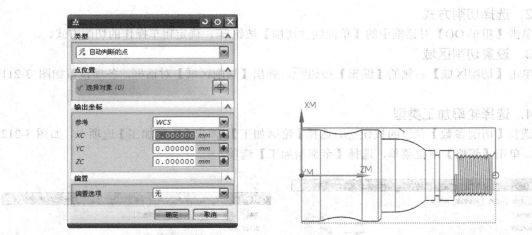

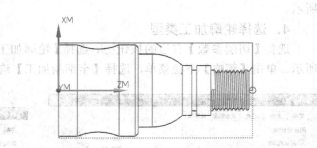

图 3-207 【点】对话框   图 3-208 定义毛坯边界

3.12.3 粗加工

1. 创建粗车加工操作

在【加工创建】工具栏中，单击【创建工序】按钮，弹出【创建工序】对话框。单击【粗车 OD】按钮，该对话框中各项参数设置如图 3-209 所示。单击【确定】按钮，弹出【粗车 OD】对话框，参数设置如图 3-210 所示。

图 3-209 【创建工序】对话框   图 3-210 【粗车 OD】对话框   图 3-211 【切削区域】对话框

2．选择切削方式

单击【粗车 OD】对话框中的【单向线性切削】按钮，确定粗车操作的切削方式。

3．设置切削区域

单击【切削区域】右侧的【编辑】按钮，弹出【切削区域】对话框，各项设置如图 3-211 所示。

4．选择轮廓加工类型

选择【切削参数】右边的按钮，选择【轮廓加工】，弹出【轮廓加工】选项卡，如图 3-212 所示。单击【策略】下拉菜单，选择【全部精加工】选项。

图 3-212　【轮廓加工】选项卡

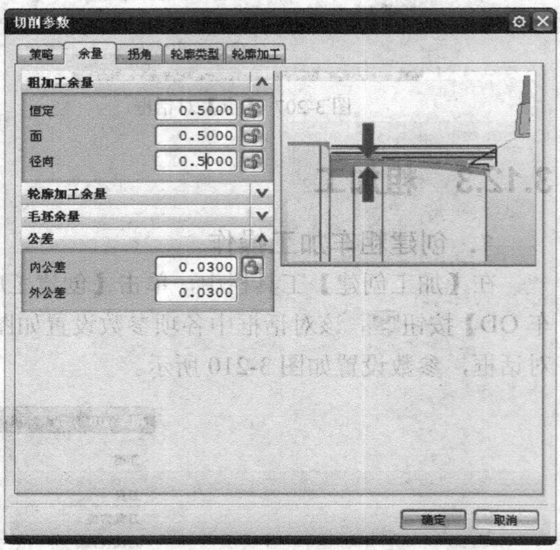

图 3-213　【余量】选项卡

5．设置加工余量

单击图 3-212 中的【余量】标签，弹出【余量】选项卡，参数设置如图 3-213 所示。

6．生成刀轨

在【粗车 OD】对话框中，单击【生成刀轨】按钮，查看粗车加工刀具轨迹，如图 3-214 所示。

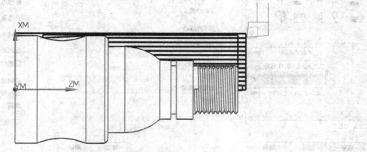

图 3-214　生成的粗车加工刀具轨迹

3.12.4 精加工

1. 创建精车加工操作

（1）选择【插入】→【操作】命令，弹出图 3-215 所示的【创建工序】对话框。在【类型】下拉列表中选择【turning】选项，在【工序子类型】区域中单击【精车 OD】按钮，在【刀具】下拉列表中选择【OD_55_L】选项，在【方法】下拉列表中选择【LATHE_FINISH】选项，单击【确定】按钮，弹出【精车 OD】对话框，如图 3-216 所示。在【策略】下拉列表中选择【全部精加工】选项。

图 3-215 【创建工序】对话框

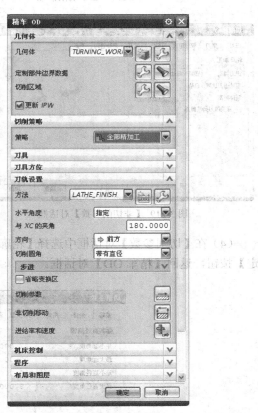

图 3-216 【精车 OD】对话框

（2）单击【切削区域】对话框中的按钮，在图形区中显示出切削区域，如图 3-217 所示。

2. 设置切削参数

（1）单击【精车 OD】对话框中的【步进】区域使其显示出来，然后在【多刀路】下拉列表中选择【刀路数】选项，在【刀路数】文本框中输入 1，如图 3-218 所示。

（2）单击【精车 OD】对话框中的【非切削移动】按钮，弹出【非切削移动】对话框，在【进刀】选项卡的【轮廓加工】区域的【进刀类型】下拉列表中选择【圆弧-自动】选项，其他采用默认设置，如图 3-219 所示。

（3）单击【精车 OD】对话框中的【切削参数】按钮，弹出【切削参数】对话框。在该对话框中选择【余量】选项卡，然后在【公差】区域的【内公差】文本框中输入 0.01，在【外公差】

文本框中输入 0.01，其他采用默认设置，如图 3-220 所示。

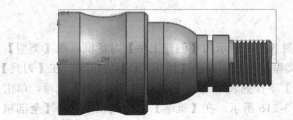

图 3-217　显示切削区域

图 3-218　【精车 OD】中的【步进】区域

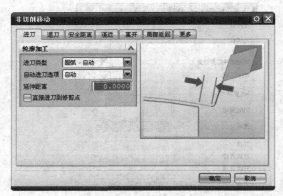

图 3-219　【非切削参数】对话框

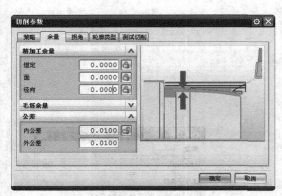

图 3-220　【余量】选项卡

（4）在【切削参数】对话框中选择【轮廓类型】选项卡，参数设置如图 3-221 所示，单击【确定】按钮，返回【精车 OD】对话框。

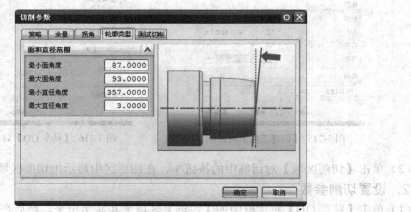

图 3-221　【轮廓类型】选项卡

3．生成刀轨

单击【精车 OD】对话框中的【生成刀轨】按钮，查看精车加工刀具轨迹，如图 3-222 所示。

4．3D 动态仿真

单击【精车 OD】对话框中的【确认】按钮，弹出【刀轨可视化】对话框。在【刀轨可视化】对话框中单击【3D 动态】选项卡，采用系统默认设置，调动动画速度后单击【播放】按钮 ▶ ，即可观察到 3D 动态仿真加工，加工后结果如图 3-223 所示。

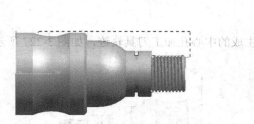 

图 3-222 生成的精车加工刀具轨迹 　　　　　　图 3-223 3D 动态仿真加工结果

3.12.5 中心孔加工

1. 创建中心孔加工操作

在【创建工序】对话框中，单击【CENTERLINE_DRILLING】按钮 ，在【刀具】下拉列表中选择【DRILLING_TOOL】选项，单击【确定】按钮，弹出【中心线钻孔】对话框，各项参数设置如图 3-224 所示。

2. 设置循环类型

在【循环】下拉列表中选择【钻，断屑】选项，各项参数设置如图 3-225 所示。

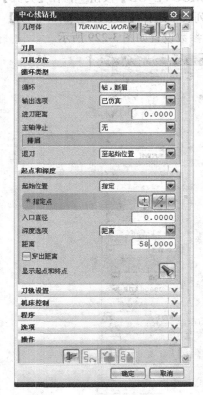

　　　　　　　　　　　　　　（a）　　　　　　　　　　　　　　（b）

图 3-224 【中心线钻孔】对话框 　　　　　　图 3-225 设置循环类型

3．设置钻孔深度

在【中心线钻孔】对话框中，单击【起点和深度】按钮，弹出【起点和深度】区域，各项参数设置如图 3-226 所示。

4．生成刀轨

单击【生成刀轨】按钮，可以查看生成的中心孔加工刀具轨迹，如图 3-227 所示。

图 3-226【起点和深度】区域

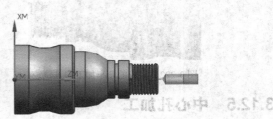

图 3-227 生成的中心孔加工刀具轨迹

3.12.6 车槽加工

1．创建车槽加工操作

选择【插入】→【操作】命令，弹出图 3-228 所示的【创建工序】对话框。在【类型】下拉列表中选择【turning】选项，在【工序子类型】区域中单击【GROOVE_OD】按钮，在【刀具】下拉列表中选择【OD_GROOVE _L】选项，在【方法】下拉列表中选择【LATHE_ GROOVE】选项，单击【确定】按钮，弹出【在外径开槽】对话框，各项参数设置如图 3-229 所示。

图 3-228 【创建工序】对话框

图 3-229 【槽_OD】对话框

2．指定切削区域

单击【在外径开槽】对话框中的【编辑】按钮，弹出图 3-230 所示的【切削区域】对话框。在【径向修剪平面1】下拉列表中选择【点】选项，点取按钮，选择图 3-231 所示的径向点 1；在【径向修剪平面2】下拉列表中选择【点】选项，点取按钮，选择图 3-231 所示的径向点 2；在【轴向修剪平面1】下拉列表中选择【点】选项，点取按钮，选择图 3-231 所示的轴向点 1；在【轴向修剪平面2】下拉列表中选择【点】选项，点取按钮，选择图 3-231 所示的轴向点 2。单击【确定】按钮，回到【在外径开槽】对话框中。

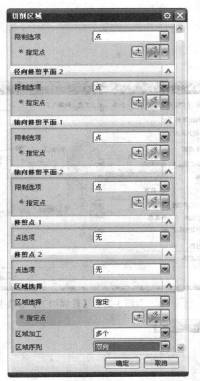

图 3-230 【创建工序】对话框

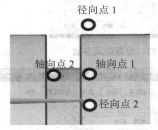

图 3-231 切削区域选择位置

单击【切削区域】对话框中的按钮，可以观察到图 3-232 所示的切削区域，完成切削区域的定义。

3．设置切削参数

（1）单击【在外径开槽】对话框中的【更多】按钮，打开隐藏选项，选中附加轮廓加工复选框，如图 3-233 所示。

（2）单击【切削参数】按钮，弹出【切削参数】对话框。在【切削参数】对话框中选择【轮廓加工】选项卡，在【策略】下拉列表中选择【全部精加工】选项，其他采用默认设置，如图 3-234 所示。单击【确定】按钮，回到【在外径开槽】对话框中。

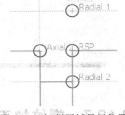

图 3-232 切削区域显示位置

（3）单击【非切削移动】按钮，弹出【非切削移动】对话框。在【进刀】选项卡的【轮廓加工】区域的【进刀类型】下拉列表中选择【线性-自动】选项，其他采用默认设置，如图 3-235

所示。单击【确定】按钮，回到【在外径开槽】对话框中。

4. 生成刀路轨迹

单击【生成刀轨】按钮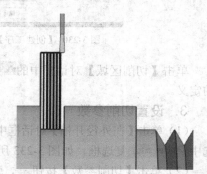，可以查看生成的车槽加工刀具轨迹，如图 3-236 所示。

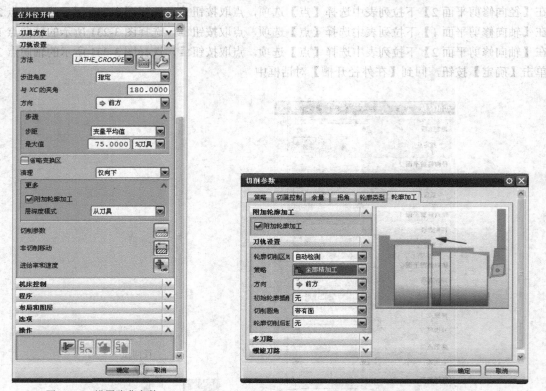

图 3-233　设置隐藏参数

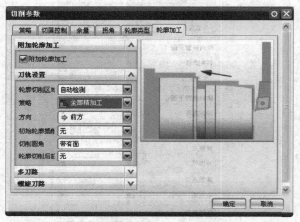

图 3-234　【轮廓加工】选项卡

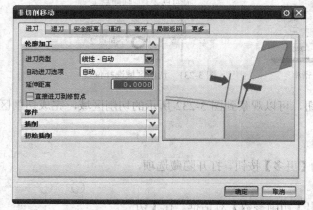

图 3-235　【进刀】选项卡

图 3-236　生成的车槽加工刀具轨迹

3.12.7　螺纹加工

1. 创建螺纹加工

选择【插入】→【操作】命令，弹出图 3-237 所示的【创建工序】对话框。在【类型】下拉列表中选择【turning】选项，在【工序子类型】区域中单击【螺纹 OD】按钮，在【刀具】下拉列表中选择【OD_THREAD_L】选项，在【方法】下拉列表中选择【LATHE_THREAD】 选项，单击【确定】按钮，弹出【螺纹 OD】对话框，各项参数设置如图 3-238 所示。

图 3-237 【创建工序】对话框

图 3-238 【螺纹 OD】对话框

2. 定义螺纹几何体

选取螺纹起始线，在模型上选择图 3-239 所示的螺纹顶线，单击该对话框中的【选择根线】按钮，在模型上选择如图 3-240 所示的螺纹根线。单击【螺纹 OD】对话框中的【偏置】区域使其显示出来，设置参数如图 3-241 所示。

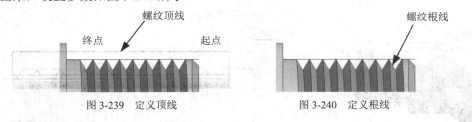

图 3-239 定义顶线

图 3-240 定义根线

3. 设置刀轨参数

在【深度】文本框中输入 1，在【切削深度公差】文本框中输入 0.001，在【螺纹头数】中输入 1，如图 3-242 所示。

4. 设置切削参数

在 【螺纹 OD】对话框中，单击【切削参数】按钮，弹出【切削参数】对话框，各项参数设置如图 3-243 所示。

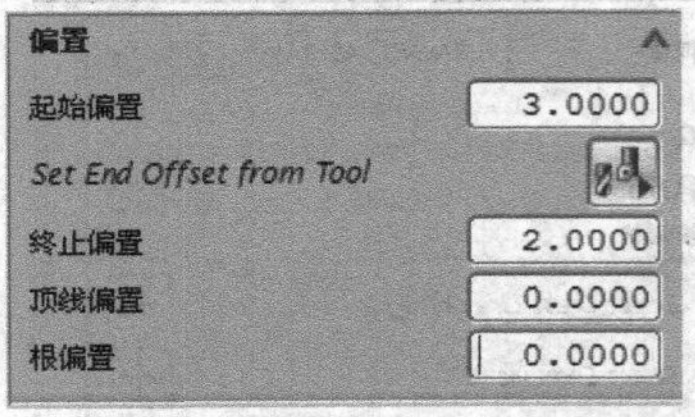

图 3-241 【螺纹_OD】对话框

图 3-242 设置刀轨参数

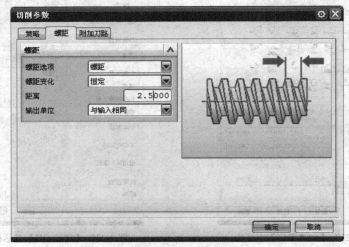

图 3-243 【切削参数】对话框

5. 生成刀轨

在【螺纹 OD】对话框中，单击【生成刀轨】按钮，可以查看生成的螺纹加工刀具轨迹，如图 3-243 所示。

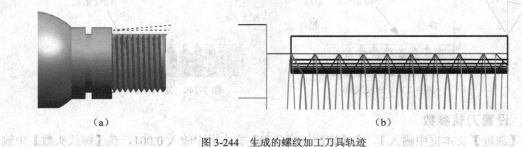

(a)   (b)

图 3-244 生成的螺纹加工刀具轨迹

6. 保存文件

在【文件】下拉菜单中选择【保存】命令，保存已完成的加工文件。

习题

　　用数控车削编程完成如图 3-245 所示的轴零件的车端面、粗车、精车、切槽、螺纹切削等操作加工任务。

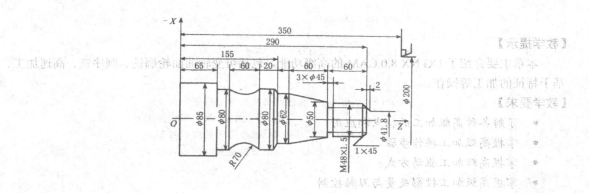

图 3-245　轴零件图

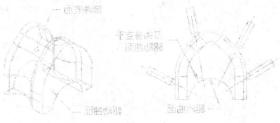

第4章 UG NX 8.0 数控高级加工

【教学提示】

本章主要介绍了 UG NX 8.0 CAM 的高级功能，包括可变轴曲面轮廓铣、顺序铣、高速加工、基于特征的加工等操作。

【教学要求】

- 了解各种高级加工的特点和应用
- 掌握高级加工操作步骤
- 掌握高级加工驱动方式
- 掌握高级加工投影矢量与刀轴控制

4.1 可变轴曲面轮廓铣

UG NX 8.0 CAM 可变轴曲面轮廓铣加工，包括加工步骤、加工几何体、驱动方式、投影矢量以及刀轴设置等。

4.1.1 可变轴曲面轮廓铣的定义

可变轴曲面轮廓铣是用于精加工由轮廓曲面形成的区域的加工方法。它可以通过精确控制刀轴和投影矢量，使刀轨沿着非常复杂的曲面的轮廓移动。在加工过程中，刀轴的轴线方向可以随着被加工表面法向矢量的改变而改变，从而改善加工过程中刀具的受力情况，如图 4-1 所示。

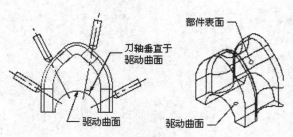

图 4-1　可变轴曲面轮廓铣

可变轴曲面轮廓铣的加工原理与固定轴曲面轮廓铣相似，主要区别在于投影矢量可控，如图 4-2 所示。通过将驱动点从驱动曲面投影到部件表面上来创建操作。首先在选定的驱动曲面上创建驱动点阵列，然后沿指定的投影矢量将其投影到部件表面上，刀具定位到部件表面上的接触点，当刀具从一个接触点移动到另一个时，可使用刀尖的输出刀位点来创建刀轨。

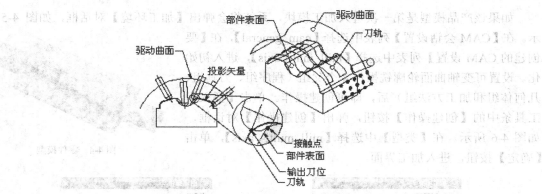

图 4-2　可变轴曲面轮廓铣的加工原理

4.1.2　可变轴曲面轮廓铣的特点

可变轴曲面轮廓铣通常指 4 轴或 4 轴以上的加工，一般用于精加工操作。可变轴曲面轮廓铣是铣削加工中最为复杂的加工操作，通常应用于航空航天、船舶等军用领域，是复杂零件精加工的主要手段。可变轴曲面轮廓铣加工对于机床要求较高，一般要求使用 5 轴机床。

4.1.3　可变轴曲面轮廓铣的操作步骤

创建可变轴曲面轮廓铣的一般步骤如图 4-3 所示。

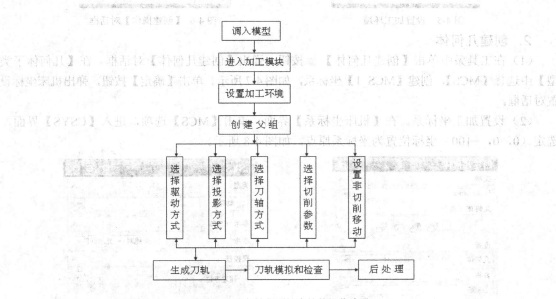

图 4-3　可变轴曲面轮廓铣的操作步骤

4.1.4　可变轴曲面轮廓铣的创建

1．进入加工环境

打开 UG NX 8.0 软件，调入需要加工的零件模型，如图 4-4 所示，然后进入加工模块。

　　如果该产品模型是第一次进入加工模块，系统将会弹出【加工环境】对话框，如图 4-5 所示。在【CAM 会话设置】列表中选择【cam_general】，在【要创建的 CAM 设置】列表中选择【mill_multi-axis】，进入初始化。设置可变轴曲面轮廓铣操作 4 个父组（程序组、刀具组、几何体组和加工方法组）后，即可创建操作。单击【插入】工具条中的【创建操作】按钮，弹出【创建操作】对话框，如图 4-6 所示。在【类型】中选择【mill_multi- axis】，单击【确定】按钮，进入加工界面。

图 4-4　零件模型

图 4-5　设置加工环境

图 4-6　【创建操作】对话框

2．创建几何体

　　（1）在工具条中单击【创建几何体】 按钮，弹出【创建几何体】对话框。在【几何体子类型】中选择【MCS】，创建【MCS_1】坐标系，如图 4-7 所示。单击【确定】按钮，弹出机床坐标设置对话框。

　　（2）设置加工坐标系。在【机床坐标系】界面，单击【MCS】选项，进入【CSYS】界面，选定（0，0，-100）坐标位置为坐标系原点，如图 4-8 所示。

图 4-7　【创建几何体】对话框

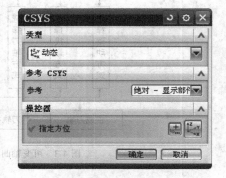

图 4-8　设置加工坐标系

　　（3）设置切削几何体。

　　在可变轴轮廓铣中，加工几何体共有部件、检查、切削区域、底面、辅助底面和壁几何体等。根据所选择的驱动方法来选择合适的几何体。

① 部件几何体：使用【部件几何体】可以指定表示加工后的部件的整个几何体。很多情况下，在加工后的部件的截面上既进行粗加工操作，也进行精加工操作。

② 检查几何体：【检查几何体】代表夹具或其他避免加工区域的实体、面、曲线。当刀轨遇到检查曲面时，刀具将退出，直至到达下一个安全的切削位置。

③ 切削区域几何体：指定几何体或特征以创建此操作要加工的切削区域，切削区域的每个成员必须包括在部件几何体中。如果不指定切削区域，系统会使用刀具可以进入的整个已定义部件几何体（部件轮廓）作为切削区域。指定切削区域之前，必须指定部件几何体。

④ 底面：【底面】是靠着壁放置刀时用于限制刀具位置的几何体。

⑤ 辅助底面：【辅助底面】几何体起辅助作用。定义辅助底面的方法有两种：选择几何体和使用自动生成辅助底面。

⑥ 壁：【壁几何体】可定义要切削的区域。刀具最初靠着壁放置，刀轴确定后，就靠着底面放置。【壁几何体】可以由任意多个已修剪的面或未修剪的面组成。唯一的限制就是这些面都必须包括在部件几何体中。

设置切削几何体的具体操作：在界面左侧选择【工序导航器】，单击鼠标右键，选择【几何视图】，在【MCS_1】坐标系下双击【WORKPIECE_1】，进入【铣削几何体】对话框，如图 4-9 所示。单击【指定部件几何体】按钮，进入【部件几何体】对话框，如图 4-10 所示。选择整个部件作为【选择对象】，单击【确定】按钮，设置完毕。选择整个部件作为【毛坯几何体】，切削几何体设置完毕。

3．创建刀具

单击【创建刀具】按钮，弹出【创建刀具】对话框。在【类型】下拉列表中选择【mill_multi-axis】，【刀具子类型】选择【BALL_MILL】（球头刀），命名为"t1d8"，直径设置为 8 mm。

图 4-9 【切削几何体】对话框   图 4-10 【部件几何体】对话框

4．创建工序

（1）插入操作。

在工具条中单击【创建工序】按钮，进入【创建工序】对话框，如图 4-11 所示。设置工序位置：【刀具】为【t1d8】，【几何体】为【WORKPIECE_1】，【方法】为【MILL_FINISH】。单击【确定】按钮，进入【可变轮廓铣】对话框，如图 4-12 所示。

（2）设置驱动方法。

在【可变轮廓铣】对话框中的【驱动方法】下的【方法】下拉列表中选择【曲面】，进入【曲面区域驱动方法】对话框，如图 4-13 所示。

图 4-11　【创建工序】对话框　　　　　　　　图 4-12　【可变轮廓铣】对话框

驱动方法用于定义创建刀轨所需的驱动点。某些驱动方法可以沿一条曲线创建一串驱动点，而其他驱动方法则可以在边界内或在所选曲面上创建驱动点阵列。驱动点一旦定义，就可用于创建刀轨。如果没有选择部件几何体，则刀轨直接从驱动点创建。否则，驱动点投影到部件表面以创建刀轨。选择合适的驱动方法，应该由加工表面的形状和复杂性以及刀轴和投影矢量要求决定。所选的驱动方法决定可以选择的驱动几何体的类型，以及可用的投影矢量、刀轴和切削类型。

可变轴曲面轮廓铣加工中提供了多种驱动方式，与固定轴曲面轮廓铣的驱动方法相同，详见第 2 章 2.7.3 小节 "固定轴曲面轮廓铣操作的主要步骤"。本例驱动方法设置如下。

单击【指定驱动几何体】按钮，进入【驱动几何体】对话框。在模型上依次选择驱动曲面，如图 4-14 所示，单击【确定】按钮，驱动曲面选择完毕。在【曲面区域驱动方法】对话框中设置【驱动设置】，【切削模式】选择【往复】，【步距数】设为 100，单击【确定】按钮，设置完毕。

图 4-13　【曲面区域驱动方法】对话框　　　　　图 4-14　选择驱动曲面

（3）设置刀轴与投影矢量。

可变轴曲面轮廓铣提供了多种制定投影矢量的方法，包括制定矢量、刀轴、远离点、朝向点、远离直线、朝向直线、垂直于驱动体、朝向驱动体和侧刃划线等。它们与固定轴曲面轮廓铣的投影矢量基本相同。

在可变轴曲面轮廓铣中，刀轴矢量用于定义可变刀轴的方位。可变刀轴在沿刀轨运动时将不断改变方向，以便更好地进行加工。刀轴矢量可以通过输入坐标值、选择几何体、选择垂直或相对于零件几何体有关的表面等方式来定义。在可变轴曲面轮廓铣中，系统提供了 20 多种刀轴矢量定义方法。下面对常用刀轴控制方法进行说明。

① 远离点。

定义偏离焦点的可变刀轴。可使用"点"子功能来指定点。刀轴矢量从定义的焦点离开并指向刀具夹持器，如图 4-15 所示。

② 朝向点。

定义向焦点收敛的可变刀轴。可使用"点"子功能来指定点。刀轴矢量指向定义的焦点并指向刀具夹持器，如图 4-16 所示。

图 4-15　使用【远离点】定义刀轴

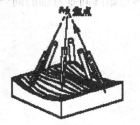

图 4-16　使用【朝向点】定义刀轴

③ 远离直线。

定义偏离聚焦线的可变刀轴。刀轴沿聚焦线移动，同时与该聚焦线保持垂直。刀具在平行平面间运动。刀轴矢量从定义的聚焦线离开并指向刀具夹持器，如图 4-17 所示。

④ 朝向直线。

定义向聚焦线收敛的可变刀轴。刀轴沿聚焦线移动，同时与该聚焦线保持垂直。刀具在平行平面间运动。刀轴矢量指向定义的聚焦线并指向刀具夹持器，如图 4-18 所示。

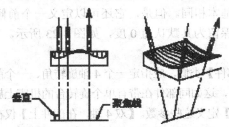

图 4-17　使用【远离直线】定义刀轴

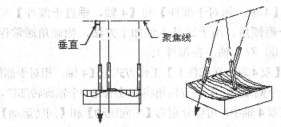

图 4-18　使用【朝向直线】定义刀轴

⑤ 相对于矢量。

【相对于矢量】通过定义相对于带有指定的【前倾角】和【侧倾角】的矢量来定义可变刀轴，如图 4-19 所示。

⑥ 垂直于部件。

【垂直于部件】定义在每个接触点处垂直于部件表面的刀轴，如图 4-20 所示。

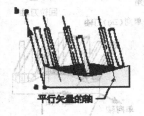

图 4-19　使用【相对于矢量】定义刀轴

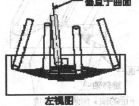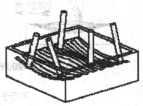

图 4-20　使用【垂直于部件】定义刀轴

⑦ 相对于部件。

【相对于部件】定义一个可变刀轴，它相对于部件表面的另一垂直刀轴向前、向后、向左或向右倾斜，如图 4-21 所示。

⑧ 4 轴，垂直于部件。

【4 轴，垂直于部件】定义使用 4 轴旋转角度的刀轴。4 轴方向使刀具绕着所定义的旋转轴旋转，同时始终保持刀具和旋转轴垂直。旋转角度使刀轴相对于部件表面的另一垂直轴向前或向后倾斜。4 轴旋转角始终向垂直轴的同一侧倾斜，它与刀具运动方向无关，如图 4-22 所示。

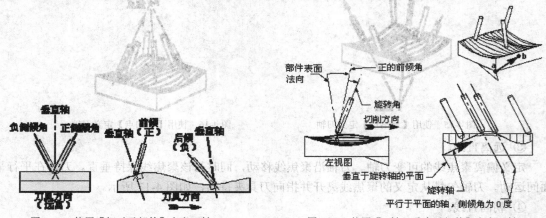

图 4-21　使用【相对于部件】定义刀轴　　　　图 4-22　使用【4 轴，垂直于部件】定义刀轴

⑨ 4 轴，相对于部件。

【4 轴，相对于部件】与【4 轴，垂直于部件】基本相同。但是，它还可以定义一个前倾角和一个侧倾角。由于这是 4 轴加工方法，侧倾角通常保留为其默认值 0 度，如图 4-23 所示。

⑩ 双 4 轴，在部件上。

【双 4 轴，在部件上】工作方式与【4 轴，相对于部件】类似，应指定一个 4 轴旋转角、一个前倾角和一个侧倾角。4 轴旋转角将有效地绕一个轴旋转部件，这如同部件在带有单个旋转台的机床上旋转。但在双 4 轴中，可以分别为【单向运动】和【回转运动】定义这些参数。【双 4 轴，在部件上】仅在使用【往复】切削类型时可用。旋转轴定义了单向和回转平面，刀具将在这两个平面间运动，如图 4-24 所示。

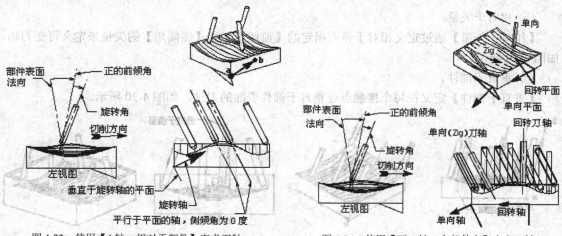

图 4-23　使用【4 轴，相对于部件】定义刀轴　　　　图 4-24　使用【双 4 轴，在部件上】定义刀轴

⑪ 插补矢量。

【插补矢量】用来定义矢量控制特定点处的刀轴。它可以控制刀轴的过大变化（通常由非常复杂的驱动或部件几何体引起），而无须构造额外的刀轴控制几何体（例如点、线、矢量和光顺驱动曲面等）。插补还可用于调整刀轴，以避免遇到悬垂情况或其他障碍。可以根据需要定义从驱动几何体的指定位置处延伸的多个矢量，从而创建光顺的刀轴运动。驱动几何体上任意点处的刀轴都将被用户指定的矢量插补。指定的矢量越多，越容易对刀轴进行控制。仅在可变轴曲面轮廓铣中使用曲线驱动方法或曲面区域驱动方法时，此选项才可用，如图4-25所示。

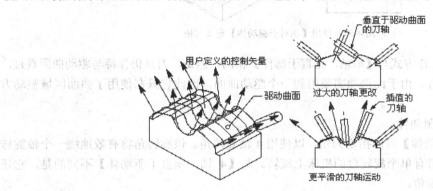

图4-25 使用【插补矢量】定义刀轴

⑫ 垂直于驱动体。

【垂直于驱动体】定义在每个驱动点处垂直于驱动曲面的可变刀轴。由于此选项需要用到一个驱动曲面，因此它只在使用了曲面区域驱动方法后才可用。【垂直于驱动体】可用于在非常复杂的部件表面上控制刀轴的运动，如图4-26所示。

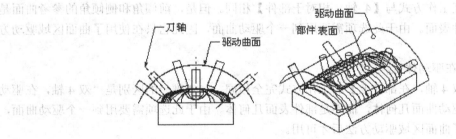

图4-26 使用【垂直于驱动体】定义刀轴

⑬ 相对于驱动体。

【相对于驱动体】定义一个可变刀轴，它相对于驱动曲面的另一垂直刀轴向前、向后、向左或向右倾斜。同样，此选项的工作方式与【相对于部件】相同。由于此选项需要用到一个驱动曲面，因此它只在使用了曲面区域驱动方法后才可用。【相对于驱动体】可用于在非常复杂的部件表面上控制刀轴的运动，如图4-27所示。

⑭ 4轴，垂直于驱动体。

【4轴，垂直于驱动体】定义使用4轴旋转角度的刀轴。该旋转角将有效地绕一个轴旋转部件，如同部件在带有单个旋转台的机床上旋转。4轴方向将使刀具在垂直于所定义旋转轴的平面内运动。旋转角度使刀轴相对于驱动曲面的另一垂直轴向前倾斜。与前倾角不同，4轴旋转角始终

向垂直轴的同一侧倾斜。它与刀具的运动方向无关。

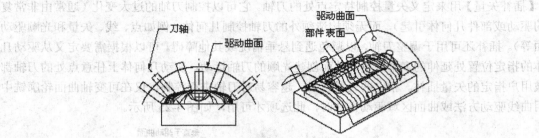

图 4-27　使用【相对于驱动体】定义刀轴

同样，此选项的工作方式与【4 轴，垂直于部件】相同。但是，刀具仍保持与驱动曲面垂直，而不是与部件表面垂直。由于此选项需要用到一个驱动曲面，因此它只在使用了曲面区域驱动方法后才可用。

⑮ 4 轴，相对于驱动体。

【4 轴，相对于驱动体】可以指定刀轴，以使用 4 轴旋转角。该旋转角将有效地绕一个轴旋转部件，这如同部件在带有单个旋转台的机床上旋转。与【4 轴，垂直于驱动体】不同的是，它还可以定义前倾角和侧倾角。

前倾角定义了刀具沿刀轨前倾或后倾的角度。正的前倾角的角度值表示刀具相对于刀轨方向向前倾斜，负的前倾角的角度值表示刀具相对于刀轨方向向后倾斜。前倾角是从 4 轴旋转角开始测量的。

侧倾角定义了刀具从一侧到另一侧的角度。正值将使刀具向右倾斜（按照所观察的切削方向），负值将使刀具向左倾斜。

此选项的交互工作方式与【4 轴，相对于部件】相同。但是，前倾角和侧倾角的参考曲面是驱动曲面而非工件表面。由于此选项需要用到一个驱动曲面，因此它只在使用了曲面区域驱动方法后才可用。

⑯ 双 4 轴，在驱动体上。

该方式与【双 4 轴，在部件上】的工作方式完全相同。二者唯一的区别是"双 4 轴，在驱动体上"参考的是驱动曲面几何体，而不是部件表面几何体。由于此选项需要用到一个驱动曲面，因此它只在使用了曲面区域驱动方法后才可用。

本例中刀轴与投影矢量的设置如下。

选择【可变轮廓铣】对话框中的【投影矢量】，选择【刀轴】作为【投影矢量】选项，在【刀轴】选项下拉列表中选择【垂直于驱动体】选项。

（4）刀轨设置。

【刀轨设置】的选项参数根据加工实际情况设置，与其他加工方法参数的描述类似。

（5）刀轨生成。

单击【生成刀轨】按钮，生成刀具轨迹，如图 4-28所示。利用【变换】指令可以使模型其他各面生成刀轨，从而完成整个部件的加工。

图 4-28　生成的刀具轨迹

（6）保存文件。

选择【文件】下拉菜单，单击【保存】命令，保存文件。

4.2 顺序铣

在加工复杂零件几何体时，多个不同方向矢量表面的连续加工，往往会使刀轴不断变化。顺序铣则为这类表面的精加工提供了很好的解决方案。

4.2.1 顺序铣的定义

顺序铣加工设计是一种用于一系列连续表面精加工的方法。可以通过一个表面到另一个表面的连续铣削加工零件轮廓，这一系列铣削运动称为子操作，这些子操作允许对刀具的运动进行灵活的控制。顺序铣可以用于固定轴曲面轮廓铣，也可以用于可变轴曲面轮廓铣，如图 4-29 所示。

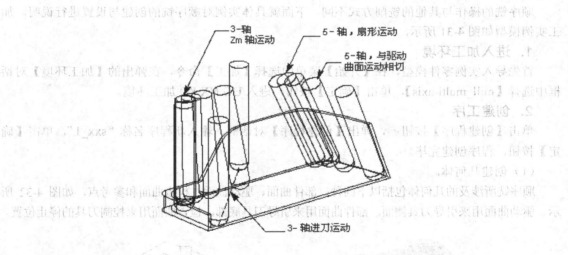

图 4-29　顺序铣

4.2.2 顺序铣的特点

顺序铣模块可以控制刀具路径生成过程中每一步骤的情况，支持 2～5 轴的铣削编程，允许用户交互式地一段一段地生成道具路径，并保持对过程中的每一步控制，提供的循环功能使用户可以仅定义某个曲面上最内和最外的刀具路径，由该模块自动生成中间的步骤，该模块是 NX 数控加工中的特有模块，适用于高难度的数控程序编制。

4.2.3 顺序铣的操作步骤

创建顺序铣的一般步骤如图 4-30 所示。

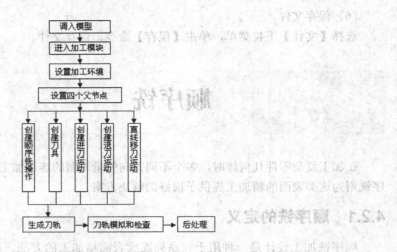

图 4-30　顺序铣的操作步骤

4.2.4　顺序铣的创建

顺序铣的操作与其他的铣削方式不同，下面就具体实例对顺序铣的创建与设置进行说明。加工实例模型如图 4-31 所示。

1．进入加工环境

首先导入实例零件模型，在【开始】菜单中选择【加工】命令，在弹出的【加工环境】对话框中选择【mill_multi-axis】，单击【确定】按钮，进入 UG NX 8.0 加工环境。

2．创建工序

单击【创建程序】按钮　，弹出【创建程序】对话框，输入新程序名称"sxx_1"，单击【确定】按钮，程序创建完毕。

（1）创建几何体。

顺序铣所涉及的几何体包括以下四种：部件曲面、驱动曲面、检查曲面和参考点，如图 4-32 所示。驱动曲面用来引导刀具侧面，部件曲面用来引导刀具底部，检查曲面用来控制刀具的停止位置。

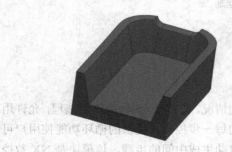

图 4-31　顺序铣加工模型

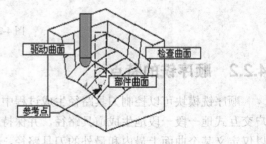

图 4-32　顺序铣几何体

（2）创建刀具。

单击【创建刀具】按钮，弹出【创建刀具】对话框。选择【BALL_MILL】刀具，命名为"T1D6R3"，单击【确定】按钮，进入刀具设置对话框。设置【刀具直径】为 6 mm，刀具设置完毕。

（3）创建工序。

单击【创建工序】按钮 ，弹出【创建工序】对话框。在【类型】列表中选择【mill_multi-axis】，在【工序子类型】中选择【SEQUENTIAL_MILL】图标 ，指定所在程序组【sxx_1】、使用刀具【T1D6R3】、几何体【WORKPIECE】、加工方法【MILL_FINISH】，填写操作名称【SEQUENTIAL_MILL】，单击【确定】按钮，弹出【顺序铣】对话框，如图4-33所示。

① 顺序铣加工公差的设置。

设置【曲面内公差】为【0.01】、【曲面外公差】为【0.01】、【刀轴（度）】为【0.01】，如图4-34所示。在此对话框中还可以进行【全局余量】、【最小安全距离】、【避让几何体】、【显示选项】和【机床控制】等参数的设置。设置完【顺序铣】对话框中的参数后，单击【确定】按钮，进入【进刀运动】对话框。

图4-33 【顺序铣】对话框

图4-34 设置顺序铣加工公差

② 进刀方法的设置。

在【进刀运动】对话框单击 进刀方法 按钮，弹出如图4-35所示的【进刀方法】对话框。这里有7种进刀方法，如图4-36所示。

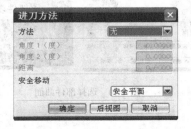

图4-35 【进刀方法】对话框

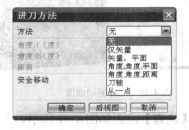

图4-36 7种进刀方法

本例中选择进刀方法为【刀轴】，单击【确定】按钮，设置完毕。

③ 设置进给率。

在【进刀运动】对话框中勾选【定制进刀速率】选项，设置【进给率】为"200 mm/min"，如图 4-37 所示。

④ 参考点设置。

刀具进刀时需要参考点位置，可在【参考点】位置下拉
菜单中选择。单击下拉菜单中【点】选项，进入点选择对话
框，选择模型前侧边线中点作为参考点，如图 4-38 所示。

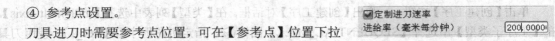

图 4-37　设置进给率

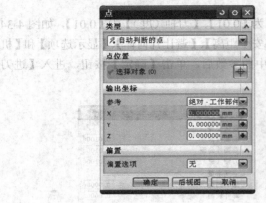

图 4-38　参考点设置

⑤ 刀轴矢量设置。

在【刀轴】下拉列表用于指定刀轴矢量，包括 "ZM 轴"、"矢量"、"从刀轴" 和 "上一刀轴"。

⑥ 进刀几何体。

【进刀几何体】用于指定驱动曲面、部件加工曲面和检查曲面，从而确定零件的具体加工位置。
单击【几何体】按钮，弹出【进刀几何体】对话框，选择部件侧面作为【驱动】曲面，如图 4-39
所示。

选择部件底面作为【部件】曲面，如图 4-40 所示。

图 4-39　选择驱动曲面

图 4-40　选择部件曲面

选择【检查】曲面如图 4-41 所示。

几何体设置完毕，单击【确定】按钮，进入顺序铣的【连续刀轨运动】对话框。

⑦ 刀轴。

【刀轴】用来根据正在加工的曲面来指定刀具方向。刀轴的控制有 "3 轴"、"4 轴"、"5 轴"
三种方式。本例中选择 "5 轴" 控制方式。

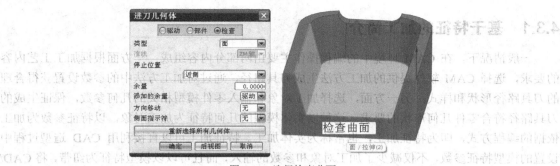

图 4-41　选择检查曲面

⑧ 方向。

【方向】表示刀具将以指定的大致方向从其当前位置开始移动。有 8 种定义进给方向的方法，如图 4-42 所示。

⑨ 设置检查曲面生成刀具轨迹。

单击界面中【检查曲面】按钮，进入相应的对话框，如图 4-43 所示。依次设置各连续检查曲面，设置完成后单击【结束操作】按钮，进入【结束操作】对话框，如图 4-44 所示。单击【生成刀轨】按钮，生成顺序铣刀具轨迹，如图 4-45 所示。

图 4-42　8 种定义进给方向的方法

图 4-43　【检查曲面】对话框

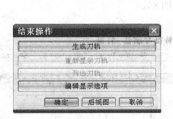

图 4-44　【结束操作】对话框

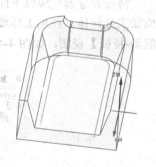

图 4-45　顺序铣刀具轨迹

4.3　基于特征的加工

UG NX 8.0 基于特征的加工功能使用户可以在最短的时间内、接受最少培训的情况下，自由创建稳定、可用的刀具路径。强大的自动特征识别功能，加速了从设计到加工的全过程。使用它，零件加工编程更方便、更简单，可极大地缩短加工编程实践，加工管理也更加有效。

4.3.1 基于特征的加工简介

一般情况下，在 CAM 环境中的编程操作主要由两部分内容组成：一方面根据加工工艺内容的要求，选择 CAM 软件提供的加工方法生成刀具路径，通过对加工方法中的参数设置获得合理的刀具路径形状和样式；另一方面，选择加工对象和输入零件模型相关的几何参数，保证生成的刀具路径符合零件几何形状的要求。这种以实体模型的几何特征为加工对象，以特征参数为加工依据的编程方式，即为特征加工，也常称为实体加工。特征加工可以直接利用 CAD 造型过程中设置的模型特征参数，不仅减少了加工对象和参数的输入，而且可以以模型特征为纽带，将 CAD/CAM 系统连接起来，实现数据的动态关联。

UG NX 8.0 的特征加工可以直接在部件模型中创建制造特征，以多种方法实现几何信息的识别与提取，通过加工模板集告诉系统如何识别特征，并且为此特征指定加工方法。在模板里，特征的子类型是生成各种类型的特征。基于特征加工的步骤如下。

（1）识别 CAD 特征或者使用用户自定义特征，指定几何体或标记几何体，并且将这些加工特征分类。

（2）将加工方法指定给加工特征。列出加工特征，并且将这些加工特征按加工方法排序。

（3）为这些分组的工步赋予不同的加工刀具。

（4）按照 KF 定义规则给这些工步赋予不同的加工参数。

4.3.2 加工特征管理器和特征工具条

1．加工特征管理器

特征管理器完成以下四种主要功能：创建加工特征、通过属性标记特征、删除加工特征和生成加工几何体。在加工环境中，单击窗口右侧的【加工特征导航器】按钮，打开【加工特征导航器-特征】视图，如图 4-46 所示。

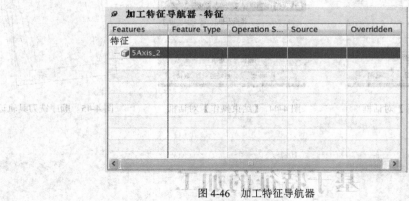

图 4-46　加工特征导航器

2．加工特征工具条

【特征】工具条主要用于创建特征的相关操作，包括标记特征、查找特征、删除特征等，如图 4-47 所示。

【特征】工具条的主要命令如图 4-48 所示。

图 4-47 【特征】工具条

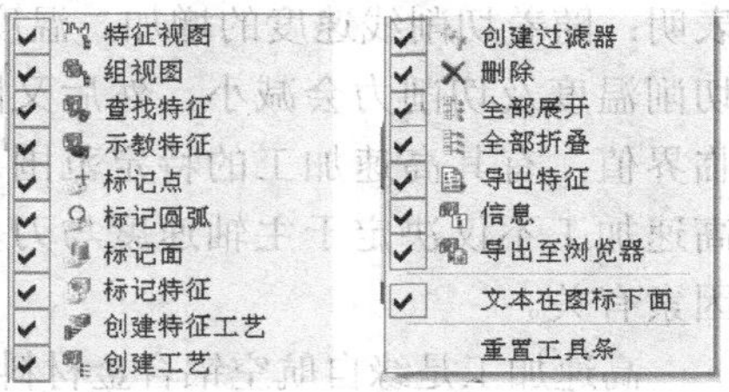

图 4-48 【特征】工具条的主要命令

4.3.3 特征加工模板

UG NX 8.0 中有两种加工模板类型：一种是孔加工模板，加工特征的子类型是生成简单孔特征、沉头孔特征、埋头孔特征和螺纹孔特征等；另一种是特征铣加工模板，加工特征的子类型是生成面特征、开口腔特征和封闭腔特征等。

1. 孔加工模板

孔加工模板用于创建点为加工的工步和刀具轨迹，这些点为加工可以是钻孔、攻丝和铰孔等。孔加工模块高度自动化，可以识别特征，加工各种类型的孔。

孔加工模块支持特征识别和属性识别。特征识别通过用户自定义特征和标准特征来确定孔和生成工步；属性识别用于识别非特征几何体，包括点、边、圆弧和圆柱面等，这些非特征几何体被赋予了与 CAM 相关的信息，使用标记功能可以为这些非特征几何体添加属性。

2. 特征铣加工模板

特征铣加工模板用于自动创建加工工步和刀具轨迹，这些特征包括型腔、面及键槽等。

特征铣加工支持特征识别和属性识别。特征识别通过用户自定义特征和标准特征来确定铣加工和生成工步；属性识别用于识别非特征几何体，包括点、边、圆弧和圆柱面等，这些非特征几何体被赋予了与 CAM 相关的信息，使用标记功能可以为这些非特征几何体添加属性。

工步是基于知识熔接处理器识别的工步，工步参数值是基于 KF 规则的，加工规则决定了采用哪些工步来加工这些特征。

4.4 高速加工

高速切削加工是面向 21 世纪的一项高新技术。它以高效率、高精度和高表面质量为基本特征，在汽车工业、航空航天、模具制造和仪器仪表等行业中获得了越来越广泛的应用，并已取得了重大的技术经济效益，是当代先进制造技术的重要组成部分。高速加工技术随着数控加工设备与高性能加工刀具技术的发展而日益成熟，极大地提高了模具加工速度，减少了加工工序，缩短甚至消除了耗时的钳工修复工作，从而大大地缩短了产品的生产周期。

4.4.1 高速加工的定义

60 多年前，Salomon 提出高速加工的概念，并对高速加工进行了深入的研究。其研究成果表明：随着切削线速度的增加，温度及刀具磨损会剧烈增加；当切削线速度达到某临界值时，切削温度及切削力会减小，然后又随着切削速度的增加而急剧增加。不同材料有不同的加工临界值，有其高速加工的特定范围。刀具材料与质量是高速加工最主要的限制条件之一，故高速加工不仅决定于主轴速度与刀具直径，还与所切削的材料、刀具寿命及加工工艺等综合因素有关。

高速加工是缘自航空铝合金材料零件的加工，高水平合金涂层刀具的寿命不是主要的限制因素。高速加工主要受设备主轴速度及材料熔点的限制，一般主轴速度为 50 000～60 000 r/min 或更高。本文主要关注塑料模具、压铸模具、冲压模具及锻模等用的合金模具钢的高速加工，这种材料的硬度一般超过洛氏 50 度，故高速加工的限制因素主要是刀具寿命，而非铝加工中的主轴速度。对于小型模具细节结构的加工，主轴速度可达 40 000 r/min 以上；而大型汽车覆盖件模具的加工，一般主轴速度为 12 000 r/min 以上的加工即可称为高速加工。

4.4.2　高速加工的特点

高速切削与加工材料、加工方式、刀具及切削参数等有很大的关系。一般认为，高速切削的切削速度是常规切削速度的 5～10 倍，铝合金为 1 500～5 500 m/min，铜合金为 900～5 000 m/min，钛合金为 100～1 000 m/min，铸铁为 750～4 500 m/min，钢为 600～800 m/min。各种材料的高速切削进给速度范围为 2～25 m/min。高速切削之所以得到工业界越来越广泛的应用，是因为它相对传统加工具有显著的优越性，具体说来，有以下特点。

1．可提高生产效率

高速切削加工允许使用较大的进给率，比常规切削加工提高 5～10 倍，单位时间材料切除率可提高 3～6 倍。当加工需要大量切除金属的零件时，可使加工时间大大减少。

2．降低了切削力

由于高速切削采用极浅的切削深度和窄的切削宽度，因此切削力较小。与常规切削相比，切削力至少可降低 30%，这对于加工刚性较差的零件来说可减少加工变形，使一些薄壁类精细工件的切削加工成为可能。

3．提高了加工质量

因为高速旋转时刀具切削的激励频率远离工艺系统的固有频率，不会造成工艺系统的受迫震动，保证了较好的加工状态。切削深度、切削宽度和切削力都很小，使得刀具、工件变形小，保持了尺寸的精确性，也使得切削破坏层变薄，残余应力小，实现了高精度、低粗糙度加工。

从动力学角度分析频率的形成可知，切削力的降低将减小由于切削力产生的震动（强迫震动）的振幅；转速的提高使切削系统的工作频率远离机床的固有频率，避免共振的发生。因此，高速切削可大大降低加工表面的粗糙度，提高加工质量。

4．加工能耗低，节省制造资源

单位功率的金属切除率高、能耗低以及工件的在制时间短，从而提高了能源和设备的利用率，降低了切削加工在制造系统资源总量中的比例，符合可持续发展的要求。

5．简化了加工工艺流程

常规切削加工不能加工淬火后的材料，淬火变形必须进行人工修整或通过放电加工解决。高速切削则可以直接加工淬火后的材料，在很多情况下可完全省去放电加工工序，消除了放电加工所带来的表面硬化问题，减少或免除了人工光整加工。

高速切削的特点决定了高速切削可以节省切削液、刀具材料和切削工时，从而可极大限度地节约自然资源和减少对环境的污染，提高生产率和产品质量。因此，高速切削在工业生产，尤其是规模较大的汽车企业和与之相关的模具制造业上的应用具有"燎原"之势。

4.4.3 高速加工的基本条件

1．高速加工对机床的要求

高速加工对机床提出了很多新的要求，主要表现在以下方面。

（1）主轴转速高、功率大。

为了适应零件型腔曲面的高速加工，刀具的半径应小于型腔曲面的最小圆角半径，以免加工过程中刀具与工件发生"干涉"（实际上是过切），所以加工中常用小直径的球头铣刀。由于刀具直径小（1～12 mm），因此要求主轴的转速非常高，有的高达 20 000～80 000 r/min，以便实现高速切削；型腔的粗、精加工常常在工件一次装夹中完成，故主轴功率要大，中等尺寸加工中心的主轴功率常为 10 kW 到 40 kW，有的甚至更高。

（2）机床刚度好。

高速切削被加工材料的强度和硬度都很高，加上常常采用伸长量较大的小直径端铣刀加工零件型腔，因此加工过程容易发生颤震，一般都采用精度高、刚度大的高速电主轴。为了确保零件的加工精度和表面质量，用于模具制造的高速机床必须有很高的静、动刚度，以提高机床的定位精度、跟踪精度和抗震能力。

（3）主轴转动和工作台直线运动都要有极高的加速度。

主轴从启动加速到最高转速（一般高于 10 000 r/min），通常只用 1～2 秒的时间。工作台的加、减速度也从常规数控机床的 $0.1g$～$0.2g$ 提高到 $1g$～$5g$（g 为重力加速度，$g=9.81$ m/s^2），以便可靠地实现小圆角半径曲面的高速加工，并达到必要的型面几何精度。近年来，矢量控制的变频调速永磁式主轴电动机和大推力、大行程直线电动机在高速机床上的应用、制造中广泛采用，高速加工技术提供了更加有利的条件。

（4）控制系统。

机床控制系统应该具备高速处理能力，要有对加工指令的预处理功能。由于多段预测计算复杂，插补和预处理最好两个 CPU 并列处理，保证数据的连续性、实时性。插补时前馈控制减小加速度、摩擦变化等引起的误差采用大容量 NC 代码储存器（40 GB 以上）或高速传输方式（如速度大于 10 Mbps 的以太网，采用 TCP/IP 通信协议），避免一般传输引起的数据饥饿现象。

2．高速加工对刀具系统的要求

在高速切削应用历程中，刀具的地位举足轻重。高速切削时产生的切削热和对刀具的磨损比普通速度切削时要高得多，因此高速切削对刀具材料的性能有更高的要求，具体表现在：

① 硬度高、强度高、耐磨性好；

② 韧度高、抗冲击能力强；

③ 热硬性和化学稳定性好，抗热冲击能力强。

在工程实际中，同时满足这些要求的刀具材料至今还没有找到。目前，一般都在有较高抗冲击能力的刀具材料的基体上，覆盖一层或多层具有高热硬性和高耐磨性的涂层，做成高速刀具。另外，也可将 cbn 或金刚石等超硬材料烧结在硬质合金或陶瓷材料的基体上，形成综合性能非常好的高速加工刀具。刀具材料主要根据工件材料、加工工序、加工精度与表面质量的要求来选择。

除了正确选择刀具材料以外，刀具结构与精度、切削刃的几何参数、排屑与断屑功能、刀具的动平衡等对高速切削的生产效率、表面质量、刀具寿命等也有很大的影响，必须精心设计或选择。至于刀具和机床的连接方式，目前在高速加工中已基本上不用传统的 7:24 长锥度刀柄，而广泛采用锥部与主轴端面同时接触的 hsk 空心刀柄，其锥度为 1:10，以确保高速运转刀具的安全和轴向加工精度。

3．高速加工对 CAD/CAM 软件的要求

高速加工有着不同于传统加工的特殊的加工工艺要求，而数控加工的数控指令包含了所有的工艺过程，故应用于高速加工的数控自动编程系统——CAM 系统必须能够满足相应的特殊要求。

（1）CAM 系统应具有很高的计算编程速度。

高速加工中采用非常小的进给量与切深，故对 NC 程序的要求比对传统系统的 NC 程序的要求要严格得多，要求计算速度要快且方便、节约编程时间等。另外，快的编程速度使操作人员能够对多种加工工艺策略进行比较，以便采取最佳的工艺方案，并对刀具轨迹进行编辑、优化，以达到最佳的加工效率。

（2）CAM 系统应具有全程自动防过切处理能力及自动刀柄干涉检查。

高速加工以高出传统加工近 10 倍的切削速度加工，一旦发生过切，其后果不堪设想，故 CAM 系统必须具有全程自动防过切处理能力。传统的曲面 CAM 系统是局部加工的概念，极容易发生过切现象，一般都靠人工选择干预的办法来防止，很难保证过切防护的安全性。只有通过新一代的、智能化的、面向对象的 CAM 系统，才能实现防过切处理全部由系统自动完成，才能真正保证其安全性。

高速加工的重要特征之一就是能够使用较小直径的刀具加工模具的细节结构。系统能够自动提示最短夹刀长度并自动进行刀具干涉检查，这对于高速加工非常重要。

（3）CAM 系统应具有进给率优化处理功能。

为了能够确保最大的切削效率，并保证在高速切削时加工的安全性，应根据加工瞬时余量的大小，由 CAM 系统自动对进给率进行优化处理。

（4）符合高速加工要求的丰富的加工策略。

与传统方式相比，高速加工对加工工艺走刀方式有着特殊要求，因而要求 CAM 系统能够满足以下这些特定的工艺要求。

① 应避免刀具轨迹中走刀方向的突然变化，以避免因局部过切而造成刀具或设备的损坏。

② 应保持刀具轨迹的平稳，避免突然加速或减速。

③ 下刀或行间过渡部分最好采用斜式下刀或圆弧下刀，避免垂直下刀直接接近工件材料。

④ 行切的端点采用圆弧连接，避免直线连接。

⑤ 除非情况必须如此，否则仍应避免全力宽切削。

⑥ 残余量加工或清根加工是提高加工效率的重要手段，一般应采用多次加工或采用系列刀具从大到小分次加工，直至达到所需尺寸，避免用小刀一次加工完成。

⑦ 刀具轨迹编辑优化功能非常重要，应避免多余空刀，可通过对刀具轨迹的摄像、复制、旋转等操作来避免重复计算。

⑧ 刀具轨迹裁剪修复功能也很重要，可通过精确裁剪减少空刀，提高效率；也可用于零件局部变化编程，仅需编辑修改边际，无须对整个模型重新编程。

4．高速加工对编程人员的要求

采用高速加工设备之后，对编程人员的需求量将会增加，因高速加工工艺要求严格，过切保

护更加重要，故需多花时间对 NC 指令进行仿真检验。一般而言，高速加工编程时间比普通加工编程时间要长得多，然而却大大缩短了加工时间。为了保证高速加工设备足够的使用率，需配置更多的 CAM 人员。

传统 CAD/CAM 中，NC 指令的编制是由远离加工现场的 CAD/CAM 工程师来完成的，因编程与加工地点分离，往往因编程人员对现场条件及加工工艺不够清楚而需要对 NC 指令进行反复检验与修改，影响正常使用。编程的复杂程度与零件的复杂程度无关，只与加工工艺有关，因而非常易于掌握，只需短时间培训即可掌握使用。在欧美发达国家，为了充分发挥 NC 设备操作人员的优势，缩短加工时间间隔，机侧编程已经成为逐渐流行的发展趋势。

4.4.4　高速切削加工工艺

高速切削加工工艺和常规切削加工工艺有很大的不同。常规切削认为高效率应由低转速、大切深、缓进给、单行程等要素决定。而高速切削则追求高转速、中切深、快进给、多行程等要素实现高效率。

1．合理选择切削用量

在高速切削加工中，必须对切削用量参数进行合理的选择，其中包括刀具接近工件的方向、接近角度、移动的方向和切削过程等。

2．工艺路径的拟定

工艺路径的拟定是制定加工工艺的总体布局，目前主要考虑如何选择各个表面的加工方法，确定各个表面的加工顺序等。拟定工艺路径时，先确定各个表面的加工方法，根据零件的实际情况保证加工精度与表面质量，再根据最优化原则，确定最短的走刀路线和最少的换刀次数，以减少加工辅助时间。

3．切削刀具的选择

当然，切削刀具的选择也是加工工艺必需的程序。切削刀具现状已由传统的切削工具时代过渡到了高效率、高精度、高可靠性和专用化的数控刀具时代，实现了向高科技产品的飞跃。而选用合理的切削刀具，即在保证加工质量的前提下，能够获得最高刀具的耐用度，从而达到提高切削效率、节约时间、提高加工效率的目的，以满足高速切削加工的需求。

4．合理地选择冷却润滑方式

在高速切削加工中会产生大量的高温热，切削必须及时将它从工作台上清楚掉，避免使机床、刀具和工件产生热变型。合理地选择冷却润滑方式是保证加工质量的先决定条件。由于在高速切削加工时，常规的冷却液很难进入加工区域，所以，目前干切削和微量油雾冷却是在高速加工过程中使用较多的工艺方法。

习题

1．如图 4-49 所示，对模型零件进行分析，并选择【可变轴曲面轮廓铣】加工方法对模型零件进行精加工，生成刀具轨迹，进行后处理并生成 NC 加工程序。

2．如图 4-50 所示，对模型零件进行分析，并利用【顺序铣】加工方法对模型零件进行精加工，生成刀具轨迹，进行后处理并生成 NC 加工程序。

3．如图 4-51 所示，根据 UG NX 8.0 高速加工的特点对模型零件进行分析，选择合适的加工方法、刀具切削参数对零件进行粗、精加工，生成相应的刀具轨迹和 NC 加工程序。

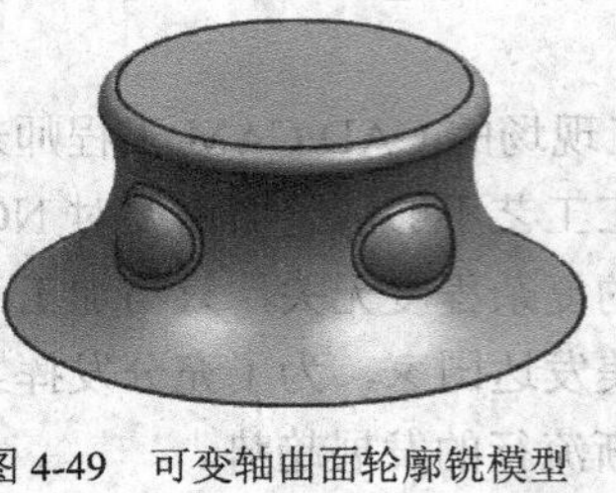

图 4-49　可变轴曲面轮廓铣模型 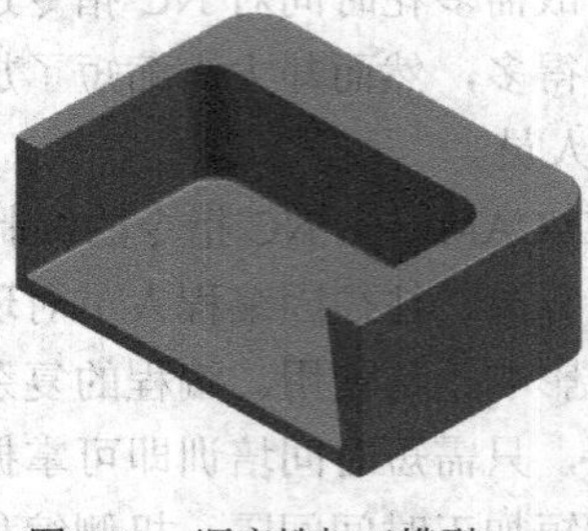　　　　　图 4-50　顺序铣加工模型

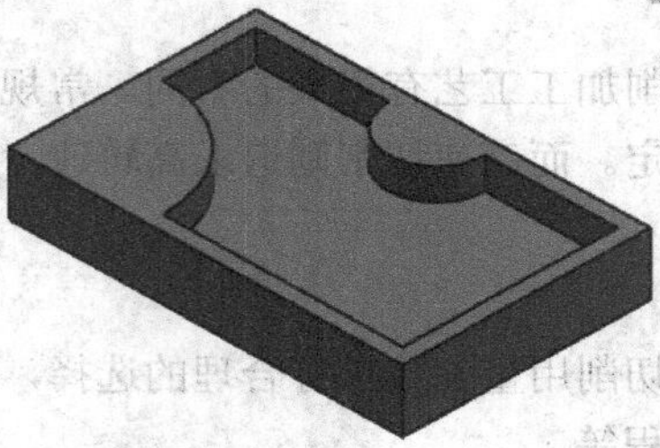

图 4-51　高速切削模型

第5章 后处理

【教学提示】

任何自动编程软件都需要后处理程序将加工生成的轨迹变成数控机床所能够执行的程序，即NC 代码。

【教学要求】

- 了解后处理概述
- 掌握后处理创建设置
- 掌握后处理参数设置
- 掌握后处理应用

5.1 后处理简述

CAM 软件的主要用途是生成在机床上加工零件的刀具轨迹（简称刀轨）。一般来说，不能直接传输 CAM 软件内部产生的刀轨到机床上进行加工，因为各种类型的机床在物理结构和控制系统方面可能不同，由此而对 NC 程序中指令和格式的要求也可能不同。因此，刀轨数据必须经过处理以适应每种机床及其控制系统的特定要求。这种处理在大多数 CAM 软件中，叫作"后处理"。后处理的结果是使刀轨数据变成机床能够识别的刀轨数据，即 NC 代码。

可见，后处理必须具备两个要素：刀轨——CAM 内部产生的刀轨；后处理器——一个包含机床及其控制系统信息的处理程序。

UG 系统提供了一般性的后处理器程序——UG/Post，它使用 UG 内部刀轨数据作为输入，经后处理后输出机床能够识别的 NC 代码。UG/Post 有很强的用户化能力，它能适应从非常简单到任意复杂的机床及其控制系统的后处理。

MOM（Manufacturing Output Manager），即加工输出管理器。MOM 是 UG 提供的一种事件驱动工具，UG/CAM 模块的输出均由它来管理，其作用是从存储在 UG/CAM 内的数据中提取数据来生成输出。UG/Post 就是这种工具的一个具体运用。MOM 是 UG/post 后处理器的核心。UG/post 使用 MOM 来启动解释程序，向解释程序提供功能和数据，并加载事件处理器（Event Handler）和定义文件（Definition File）。

除 MOM 外，UG/post 主要由事件生成器、事件处理器、定义文件和输出文件等四个元素组成。一旦启动 UG/post 后处理器来处理 UG 内部刀轨，其工作过程大致如下：事件生成器从头至尾扫描整个 UG 刀具轨迹数据，提取出每一个事件及其相关参数信息，并把它们传递给 MOM 去处理；然后，MOM 传送每一事件及其相关参数给用户预先开发好的事件处理器，并由事件处理器根据本身的内容来决定对每一事件如何进行处理；接着，事件处理器返回数据给 MOM 作为其输出，MOM 读取定义文件的内容来决定输出数据如何进行格式化；最后，MOM 把格式化好的输出数据写入指定的输出文件中。

5.2　后处理操作的步骤

创建后处理的主要步骤如图 5-1 所示。

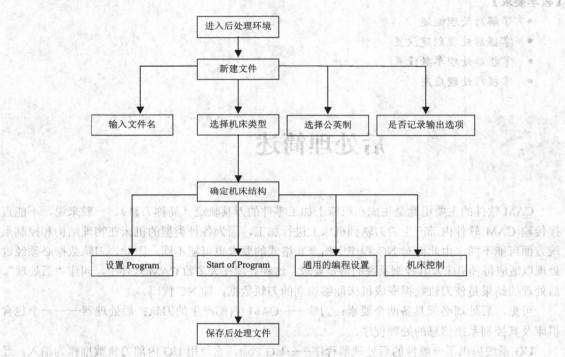

图 5-1　后处理操作的主要步骤

5.3　UG 后处理的创建

本节以设置一个 FANUC 系统的数控铣后处理器为例，讲解 UG NX 8.0 后处理器的创建过程。

5.3.1　进入后处理构造器工作环境

单击计算机桌面左下角【开始】按钮，选择【程序】，在级联菜单中选择【Siemens NX 8.0】，进一步选择【加工】→【后处理构造器】，如图 5-2 所示，弹出【后处理构造器】界面，如图 5-3 所示。进入后处理设置工作环境。

图 5-2 选择【后处理构造器】

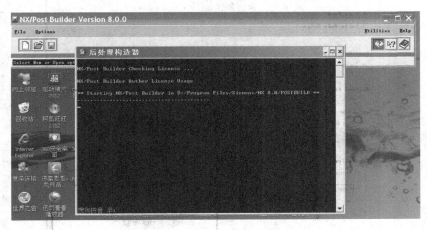

图 5-3 【后处理构造器】界面

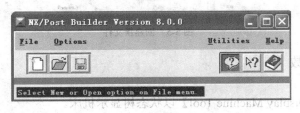

图 5-4 后处理界面

5.3.2 创建后处理文件

1. 建立新文件

在后处理界面，单击【New】按钮，弹出【Create New Post Processor】对话框。

（1）设置后处理名称。

在【Post Name】处输入文件名（英文）"new_post"。

（2）设置公英制。

在【Post Output Unit】区域进行英制单位【Inches】、公制【Millimeters】设定，设定为"公制"。

（3）选择机床类型。

在【Machine Tool】区域选择机床类型，选择铣床【MILL】。

（4）选择机床轴数。

【轴】选项中的【3-轴】、【4-轴】或【5 轴】，用来设置机床加工联动轴数。在此选择【3 轴】。

（5）设置机床控制系统。

在控制器【Controller】区域选择机床控制类型，【Generic】为通用的，【Library】为浏览自带机床，【User's】为用户自定义。

选择 fanuc_6M ，单击【OK】按钮进入下一步，如图 5-5 所示。

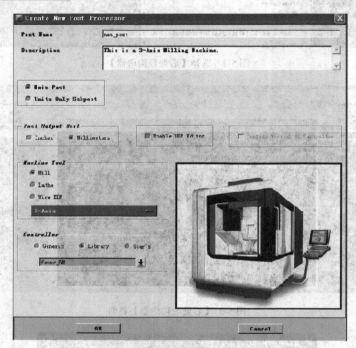

图 5-5   创建新文件

2．设置新建参数

（1）显示参数。

① 机床显示：【Display Machine Tool】以状态树显示机床。

② 后处理输出单位显示：【Post Output Unit：Metric】。

（2）设置参数。

① 输出圆形记录【Output Circular Record】：选择【Yes】。

② 机床线性行程限制【Linear Aris Travel Limits】：用来设置机床的工作行程，设置【X】为"1000"，【Y】为"1500"，【Z】为"1500"。

③ 回零位置【Home Position】：设置机床回零位置，设置【X】为"0"，【Y】为"0"，【Z】为"0"。

④ 线性运动分辨率【Linear Metion Reselution】：【Minimum】设为"0.001"。

⑤ 移刀进给率【Traversal Feed Rate】：【Maximum】设为"15000"。

其他参数为默认设置，如图 5-6 所示。

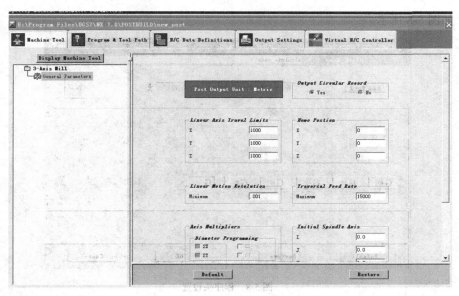

图 5-6 设置新建参数

3. 设置程序和刀轨格式

单击【Program & Tool Path】选项卡，进入程序和刀轨设置界面，如图 5-7 所示。

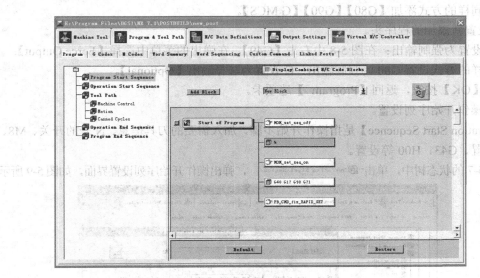

图 5-7 程序和刀轨设置界面

（1）程序开始序列设置。

【Program】选项卡进行程序开始程序头、程序尾、中间换刀程序衔接、刀具号、刀具属性的设置，如图 5-7 所示。

在【Start of Program】区右击 MOM_set_seq_on ，选择【Delete】。

① 程序头设置。

在【Start of Program】中单击 G40 G17 G90 G71 ，弹出【Start of Program-Block：absolute_mode】

对话框,如图 5-8 所示。

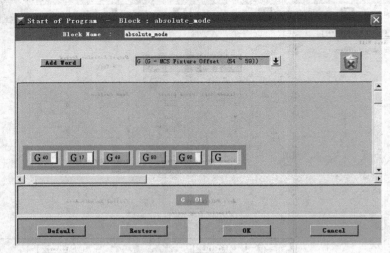

图 5-8　程序头设置

a．删除 G17：在该对话框中右击【G17】,在弹出的菜单中选择【Delete】。

b．添加 G49：单击 ± 按钮,在下拉菜单中选择【G_adjust】→【G49-C 安测量 Tool Len Adjust】,单击【Add Word】不放,拖动到【G90】的后面,此时添加成功,系统自动排序。

按照同样的方式添加【G80】【G90】【G_MCS】。

② 设置新添加的程序头。

G49 设置为强制输出：在图 5-8 中右击【G49】,在弹出的菜单中选择【Force Output】;

用同样的方式设置 G80 为强制输出; G 设置为选择输出【Optional】。

单击【OK】按钮,返回【Program 】选项卡。

(2) 操作开始序列设置。

【Operation Start Sequence】是指操作开始步骤,加入需要的刀具信息、N 号的开关、M8、M9 的开关设置、G43、H00 等设置。

在图 5-7 的状态树中,单击 Operation Start Sequence ,弹出操作开始序列设置界面,如图 5-9 所示。

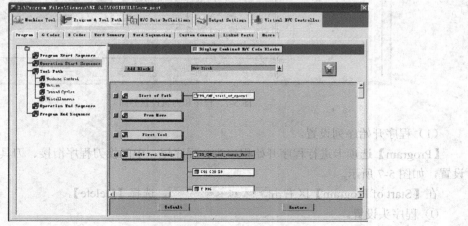

图 5-9　操作开始序列设置界面

a．删除原有的操作开始序列设置。

在【Start of Path】选项中右击 `FPB_CMD_start_of_operat.`，在弹出的菜单中选择【Delete】，如图 5-10 所示。

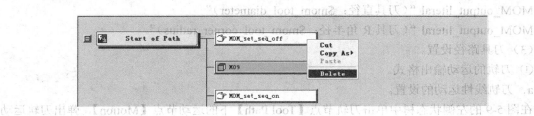

图 5-10　删除原有的操作开始序列设置

b．添加"运算程序消息"命令。

在如图 5-9 所示的界面中，单击 ⬇ 按钮，在弹出的下拉菜单中选择【Operator Message】，单击【Add Word】不放，拖动到【Start of Path】的后面，此时添加成功，系统自动显示【Operator Message】对话框，在此输入"$mom_operation_name, $mom_operation_type"，如图 5-11 所示。单击【OK】按钮，操作开始序列设置完毕。

c．换刀设置。

选择 `FB_CMD_tool_change_force_addresses --`，添加到 `T M06` 上面，添加 `MOM_set_seq_off -- (MOM Command)` ⬇ 在 `T M06` 下面，如图 5-12 所示。

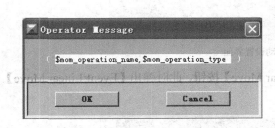

图 5-11　【Operator Message】对话框

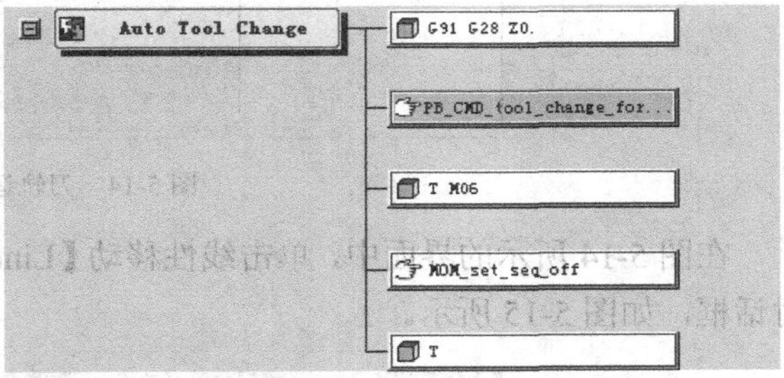

图 5-12　换刀设置

d．加入刀具信息。

在【Auto Tool Change】中添加 `Operator Message` ⬇，如图 5-13 所示。

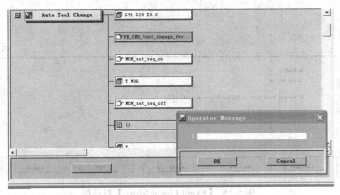

图 5-13　编辑刀具界面

输入命令：

MOM_output_literal "（刀具名称：$mom_tool_name）"

MOM_output_literal "（刀具直径：$mom_tool_diameter）"

MOM_output_literal "（刀具 R 角半径：$mom_tool_corner_radius）"。

（3）刀具路径设置。

① 刀轨的运动输出格式。

a．刀轨线性运动的设置。

在图 5-9 的左侧状态树中单击刀轨节点【Tool Path】下的运动节点【Motion】，弹出刀轨运动设置界面，如图 5-14 所示。

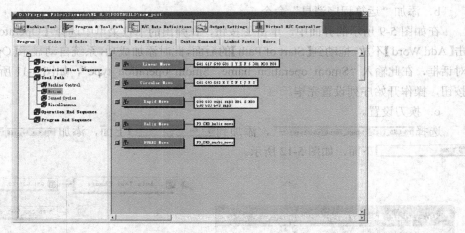

图 5-14　刀轨运动设置界面

在图 5-14 所示的界面中，单击线性移动【Linear Move】按钮，此时弹出【Event:Linear Move】对话框，如图 5-15 所示。

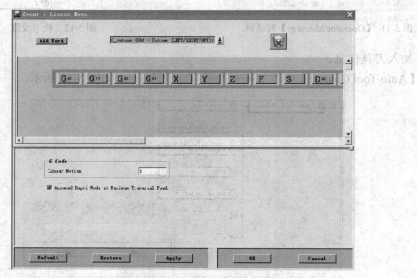

图 5-15　【Event:Linear Move】对话框

删除 G17、G90：右击，在弹出的菜单中选择【Delete】，操作方法与前述相同。单击【OK】按钮，完成线性运动的设置。

b．圆周运动的设置。

在图 5-14 所示的界面中，单击圆周移动【Circular Move】按钮，此时弹出【Event:Circular Move】对话框，如图 5-16 所示。

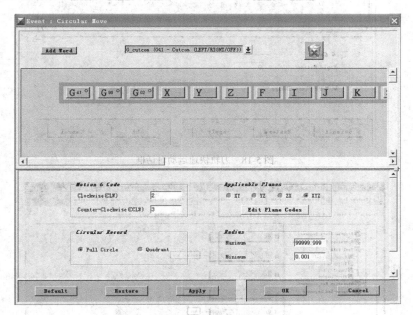

图 5-16　【Event:Circular Move】对话框

设置圆形记录方式：在圆形记录【Circular Record】区选择象限【Quadrant】，在【IJK Definition】区域设为【Vector-Arc Start to Center】，如图 5-17 所示。

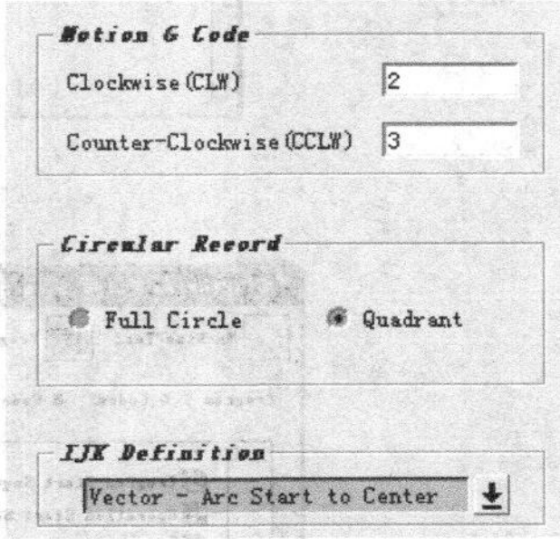

删除 G90、添加 G17：右击，在弹出的菜单中选择相应的选项，操作方法与前述相同。

单击【OK】按钮，返回刀轨运动设置界面，完成圆周运动的设置。

c．快速移动的设置。

在图 5-14 所示的界面中，单击快速移动【Rapid　Move】按钮，此时弹出【Event:Rapid Move】对话框，如图 5-18 所示。

删除【G90】：右击 G90、 G90，方法与前述相同。

单击【OK】按钮，返回刀轨运动设置界面，完成快速运动的设置。

② 机床控制。

图 5-17　刀轨圆形记录方式设置

在图 5-9 的左侧状态树中单击刀轨节点【Tool Path】下的运动节点【Machine Control】，弹出机床控制设置界面，如图 5-19 所示。在 G43 后加上 M8，完成此项设定。

（4）操作结束序列的设置。

在图 5-9 的左侧状态树中单击 Operation End Sequence，弹出操作结束序列设置界面，如图 5-20 所示。

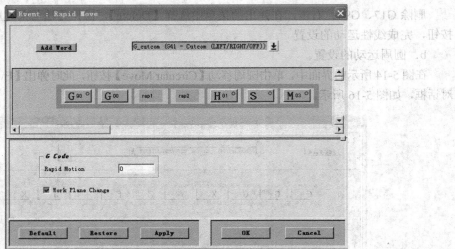

图 5-18 刀轨快速运动对话框

图 5-19 机床控制编辑界面

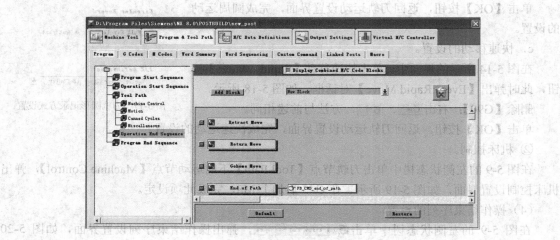

图 5-20 操作结束序列设置界面

① 添加切削液关闭命令。

在图 5-20 所示的界面中，添加【新块】，然后将其拖动到【刀轨结束】后面，弹出新块 1 对话框。在此对话框中添加【M09】辅助功能命令，如图 5-21 所示，单击【OK】按钮，完成"新块 1" M09 指令的设置。

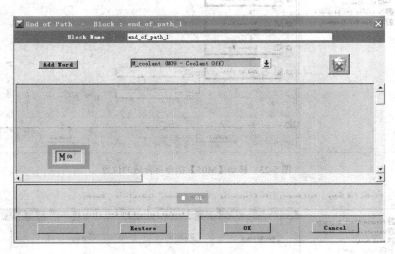

图 5-21　新块对话框

② 添加主轴停止指令。

操作方法与①相同，添加【M05】辅助功能命令，单击【OK】按钮，完成新块 2 的创建。操作结果如图 5-22 所示。

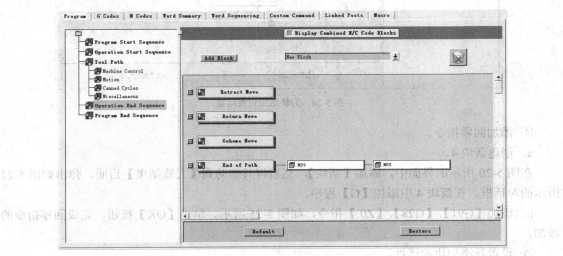

图 5-22　添加 M09、M05 辅助功能指令

移动【M05】至【M09】指令后面，如图 5-23 所示。

③ 添加【M01】指令。

与添加【M05】相同，移动到【M05】后面，如图 5-24 所示。

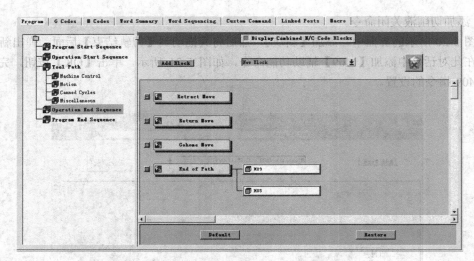

图 5-23　移动【M05】指令至合适的位置

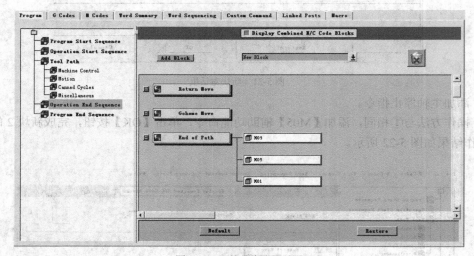

图 5-24　刀轨结束设置结果

④ 添加回零指令。

a. 创建新块 4。

在图 5-20 所示的界面中，添加【新块】，然后将其拖动到【刀轨结束】后面，弹出如图 5-21 所示的对话框。在新块 4 中添加【G】程序。

b. 添加【G91】、【G28】、【Z0.】指令，如图 5-25 所示。单击【OK】按钮，完成回零指令的添加。

⑤ 设置新添加块的属性。

a. 设置 M09 为强制输出。

在图 5-25 中右击 █ M09 ，弹出【强制输出一次】对话框，如图 5-26 所示。

在【强制输出一次】对话框中选中 ☑ █M09 复选框，单击【OK】按钮，完成【M09】属性设置。

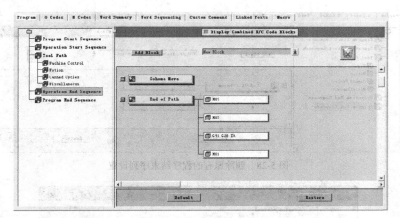

图 5-25 回零指令的添加

b. 用同样的方法设置【M05】、【M01】、【G91】、【G28】、【Z0.】为强制输出。

（5）程序结束序列设置。

在图 5-7 中单击左侧状态树中的程序结束序列 Program End Sequence，此时弹出程序结束序列设置界面，如图 5-27 所示。

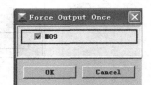

图 5-26 【强制输出一次】对话框

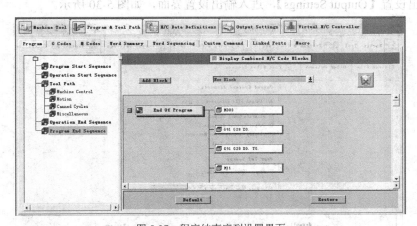

图 5-27 程序结束序列设置界面

① 删除原有的程序结束序列设置。

在图 5-26 中右击 MOM_set_seq_off，在弹出的菜单中选择【Delete】，如图 5-28 所示。

② 设置程序结束序列。

单击按钮，在下拉菜单中选择定制命令【Custom Command】，添加、显示定制命令节点，将其移动到【M02】的下方。

③ 输入代码。

在弹出的【Custom Command】对话框中输入 "global mom_machine_time

MOM_output literal "：（Total Operation Machine Time：[format "%.2f"

$mom_machine_time]min）"，结果如图 5-29 所示。单击【OK】按钮，系统返回程序结束序列选项卡。

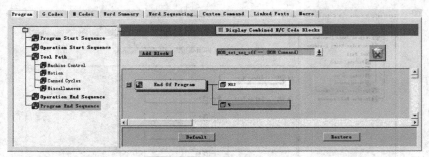

图 5-28 删除原有的程序结束序列设置

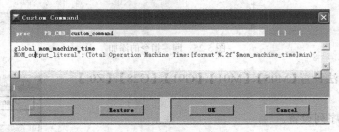

图 5-29 【Custom Command】对话框

4. 输出设置

选择输出设置【Output Settings】，进入输出设置界面，如图 5-30 所示。

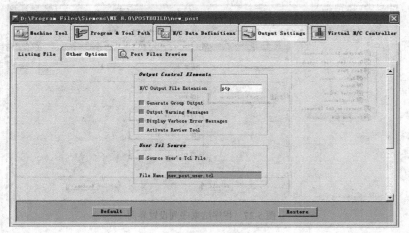

图 5-30 输出设置界面

设置文件扩展名：在图 5-30 中的【N/C Output File Extension】文本框中输入"NC"，如图 5-31 所示。

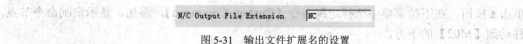

图 5-31 输出文件扩展名的设置

5.3.3 保存后处理文件

在如图 5-4 所示的后处理界面中，选择保存【Save】按钮，保存文件，完成后处理文件的保存。

第6章 数控多轴加工简例

6.1 多轴加工概述

在 UG NX 中，多轴加工主要是指可变轴曲面轮廓铣和顺序铣这两种加工方法。两者针对的待加工的复杂曲面具有不同点，加工方法类型有很大的区别。

可变轴曲面轮廓铣用于由轮廓曲面形成区域的精加工。它可以通过精确控制刀轴和投影矢量，使刀轨沿着非常复杂的曲面的复杂轮廓移动。可变轴曲面轮廓铣为4、5轴的加工中心提供了强大而有效的加工手段。

顺序铣用于连续加工一系列相接表面，并对面与面之间的交线进行清根加工，是一种空间曲线加工方法。它一般用于零件的精加工，可保证相接表面光顺过渡。顺序铣可以用于固定轴曲面轮廓铣，也可以用于可变轴曲面轮廓铣，可以在3、4或5轴机床上精加工零件。顺序铣操作运用刀具的"线性"运动来完成零件边沿的精加工。

多轴加工主要用于半精加工或精加工曲面轮廓铣削，其加工区域由选择的表面轮廓组成，并且提供了多种驱动方法和走刀方式。因此，多轴加工可以对不同的部件轮廓曲面选择最佳的切削路径和切削方法，进而满足各种复杂型面的加工要求。

6.2 多轴加工的特点

UGNX 多轴加工主要通过控制刀具轴矢量、投影方向和驱动方法来生成加工轨迹。加工关键就是通过控制刀具轴矢量在空间位置的不断变化，或使刀具轴的矢量与机床原始坐标系构成空间某个角度，利用铣刀的侧刃或底刃切削加工来完成。

多轴加工通过对刀轴的变化控制可以把许多复杂的问题简单化，因此多轴加工具有以下特点。

（1）减少零件的装夹次数，缩短辅助时间，提高定位精度；

（2）可以加工斜角和倒勾等3轴无法加工的区域；

（3）用更短的刀具从不同的方位去接近零件，增加刀具刚性；

（4）让刀具沿零件面法向倾斜，改善切削条件，避免球头切削；

（5）使用侧刃切削，获得较好的表面，提高加工效率；

（6）可用锥度刀代替圆柱刀，柱面铣刀代替球头刀加工。

在UGNX中，多轴加工主要有固定轴功能实行定位加工、可变轴曲面铣实行联动加工和顺序铣实行多轴联动清根这三种方式。固定轴功能实行定位加工是指机床的旋转轴先转到一个固定的方位后加工，转轴不与 X、Y、Z 联动，NX 各固定轴加工方式都可指定刀具轴实现多轴加工。可变轴曲面铣实行联动加工是指在实际切削过程中，至少有一个旋转轴同时参加 X、Y、Z 的运动，NX 具有强大的刀轴控制，多种走刀方式选择和刀路驱动满足不同的加工方式。顺序铣实行多轴联动清根是指适用于需要完全控制刀路生成过程的每一步骤的情况，支持 2～5 轴的铣削编程，交互地一段一段地生成刀路。

6.3　圆柱凸轮多轴加工实例零件图

根据凹槽凸轮的零件图，创建多轴加工程序，如图 6-1 所示。

图 6-1　凹槽凸轮零件图

6.4　加工工艺分析

圆柱凸轮零件自动编程准备清单如表 6-1 所示。

表 6-1　　　　　　　　　　　圆柱凸轮零件自动编程准备清单

工 序 名 称	加 工 设 备	刀 具	毛 坯
多轴加工	5 轴加工中心	φ20 mm 球头铣刀	直径为 180 mm、高度为 200 mm 的棒料

6.5　创建加工操作

（1）打开文件。

打开文件"cylindrical_cam.prt"。

（2）启动加工环境。

选择【开始】→【加工】命令，出现【加工环境】对话框。在【CAM 会话配置】中选择【cam_general】环境，在【要创建的 CAM 设置】中选择【mill_multi-axis】环境，如图 6-2 所示。单击【确定】

按钮，进入加工环境。

（3）创建程序。

单击【加工操作】工具条上的【创建程序】按钮，出现【创建程序】对话框。在【类型】
下拉列表中选取【mill_multi-axis】选项，在【名称】文本框中输入"CAM_1"。其余参数按系统
默认，单击【确定】按钮，出现【程序】对话框，如图6-3所示，单击【确定】按钮。

图6-2　启动加工环境

图6-3　创建程序

（4）创建刀具。

① 单击【加工操作】工具条上的【创建刀具】按钮，出现【创建刀具】对话框。在【类
型】下拉列表中选取【mill_multi-axis】选项，在【刀具子类型】选项组中选择【BALL_MILL】
按钮，在【名称】文本框中输入"BALL_D20"，如图6-4所示，单击【确定】按钮。

② 出现【铣刀-球头铣】对话框，在【球直径】文本框中输入"20"，如图6-5所示，单击【确
定】按钮。

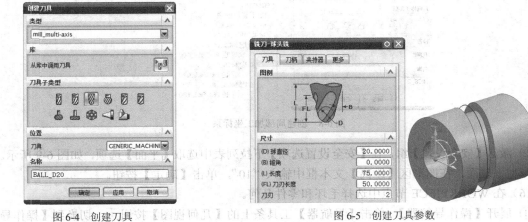

图6-4　创建刀具

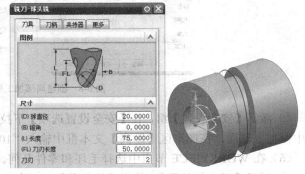

图6-5　创建刀具参数

（5）创建加工坐标系和安全距离。

① 展开【操作导航器】，单击【导航器】工具条上的【几何视图】按钮，切换到【操作导
航器-几何】，选中【MCS】，单击【MB3】，选择【编辑】命令，出现【Mill Orient】对话框。激
活【机床坐标系】组，单击【自动判断】按钮，选中模型左端中心，如图6-6所示，系统将自
动判断，将MCS坐标原点放置于模型上表面中心处，完成加工坐标系的设置。

图 6-6 创建加工坐标系

注意：在 NX 多轴加工中，旋转轴中心相对于加工坐标系可以用以下两种方式定义。

i 把加工坐标系 MCS 放置在旋转轴中心，即第 4 或 5 轴的旋转中心。在【Mill Orient】对话框中，在【细节】组中【特殊输出】下拉列表中选择【装夹偏置】选项，如图 6-7 所示。

ii 指定加工坐标系 MCS 为加工编程父节点组。加工坐标系由主加工坐标系和局部加工坐标系构成，可把相关的信息数据传给后处理。在【工序导航器-几何】视图中，单击【创建几何体】按钮，出现【创建几何体】对话框。在【几何体子类型】中选择【MCS】图标，在【几何体】下拉列表中选择【MCS】选项，单击【确定】按钮，创建局部加工坐标系，如图 6-8 所示。

图 6-7 设置【细节】选项

图 6-8 创建局部加工坐标系

② 激活【安全设置】组，在【安全设置选项】下拉列表中选取【平面】选项，如图 6-9 所示。选中模型上表面，在图形区【距离】文本框中输入"10"，单击【确定】按钮。

（6）在 WORKPIECE 节点中选择毛坯和零件几何。

① 展开【操作导航器】，单击【导航器】工具条上的【几何视图】按钮，切换到【操作导航器-几何】，选中【WORKPIECE】，单击【MB3】，选择【编辑】命令，出现【铣削几何体】对话框，如图 6-10 所示。

② 单击【指定部件】按钮，出现【部件几何体】对话框，单击【全选】按钮，如图 6-11 所示，单击【确定】按钮。

③ 单击【指定毛坯】按钮，打开【毛坯几何体】对话框，在【类型】下拉列表中选择【包

容圆柱体】选项，在【轴】选项中【方向】下拉列表中选择【指定矢量】选项，在图形区选择凸轮中心轴方向，如图6-12所示，单击【确定】按钮。

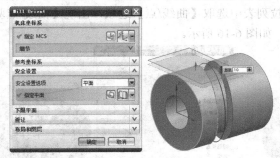

图 6-9　设置安全距离

图 6-10　【铣削几何体】对话框

图 6-11　指定部件

图 6-12　指定毛坯

（7）创建方法。

单击【加工操作】工具条上的【创建方法】按钮，出现【创建方法】对话框。在【类型】下拉列表中选取【mill_multi-axis】选项，激活【位置】组，在【方法】下拉列表中选取【METHOD】选项，在【名称】文本框中输入"MILL_METHOD"，单击【确定】按钮，出现【铣削方法】对话框，在【部件余量】文本框中输入"1"，如图6-13所示。

（8）创建工序。

① 单击【加工操作】工具条上的【创建工序】按钮，出现【创建工序】对话框，在【类型】下拉列表中选取【mill_multi-axis】选项，在【工序子类型】选项中单击【CAVITY_MILL】按钮，激活【位置】组，在【程序】下拉列表中选取【CAM_1】选项，在【刀具】下拉列表中选取【BALL_D20】选项，在【几何体】下拉列表中选取【WORKPIECE】选项，在【方法】下拉列表中选取【MILL_ROUGH】选项，在【名称】文本框中输入"VARIABLE_CONTOUR"，如图6-14所示。

图 6-13　创建方法

图 6-14　创建工序

② 单击【确定】按钮，出现【可变轮廓铣】操作对话框，激活【几何体】组，单击【指定切削区域】按钮，出现【切削区域】对话框，在图形区选择凸轮凹槽底面，如图 6-15 所示。

在【驱动方法】组中，在【方法】下拉列表中选取【曲线/点】选项，出现【曲线/点驱动方法】对话框，在图形区选择凹槽中的曲线，如图 6-16 所示。

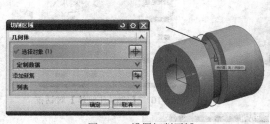

图 6-15 设置切削区域

图 6-16 设置曲线/点驱动方法

在【投影矢量】组中，在【矢量】下拉列表中选取【刀轴】选项；在【刀轴】组中，在【轴】下拉列表中选取【远离直线】选项。出现【远离直线】对话框，在图形区选择凸轮圆孔中心线，如图 6-17 所示。

设置完成后，如图 6-18 所示。

图 6-17 选择投影矢量

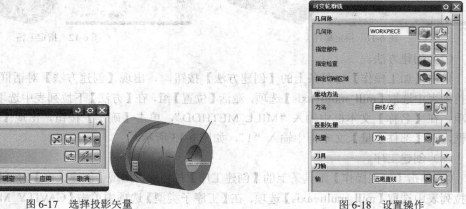

图 6-18 设置操作

（9）设置进刀参数。

单击【非切削移动】按钮，出现【非切削移动】对话框。选取【进刀】选项卡，在【进刀类型】下拉列表中选取【圆弧-平行于刀轴】选项，在【半径】文本框中输入"50"，在【圆弧角度】文本框中输入"90"，如图 6-19 所示。单击【确定】按钮，返回【可变轮廓铣】对话框。

（10）设置切削参数。

单击【切削参数】按钮，出现【切削参数】对话框。选取【多刀路】选项卡，在【部件余量偏置】文本框中输入"5"。选择【多重深度切削】复选框，在【步进方法】下拉列表中选取【刀路】选项，在【刀路数】文本框中输入 3，如图 6-20 所示。单击【确定】按钮，返回【可变轮廓铣】对话框。

（11）设置进给参数。

单击【进给率和速度】按钮，出现【进给率和速度】对话框。在【主轴速度】组中勾选【主轴速度】复选框，在【主轴速度】文本框中输入"1000"，单击该文本框后面的【基于此值计算进给率和速度】按钮，自动计算并填充【表面速度】和【每齿进给量】选项，如图 6-21 所示。单击【确定】按钮，返回【可变轮廓铣】对话框。

图 6-19 【非切削移动】对话框

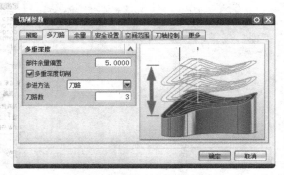

图 6-20 【切削参数】对话框

（12）生成操作。

单击【生成】按钮，系统开始计算刀轨，最终生成刀轨，如图 6-22 所示。

图 6-21 【进给率和速度】对话框

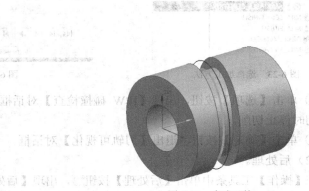

图 6-22 生成刀轨

（13）单击【确定】按钮，退出【可变轮廓铣】对话框。

6.6 后处理与集成仿真

刀具路径的集成仿真主要用于加工过程中进行切削仿真检查。UGNX 提供了重播、2D 动态和 3D 动态 3 种仿真方式。在进行刀具路径的集成仿真时，还可以对刀具在加工过程中是否存在过切进行检查。

（1）刀轨仿真验证。

① 在【工序导航器-加工方法】中，选择已经生成的【VARIABLE_CONTOUR】加工方法，如图 6-23 所示。

② 在【操作】工具条上，单击【确认刀轨】按钮，出现【刀轨可视化】对话框。选择【3D 动态】选项卡，单击【播放】按钮，如图 6-24 所示。

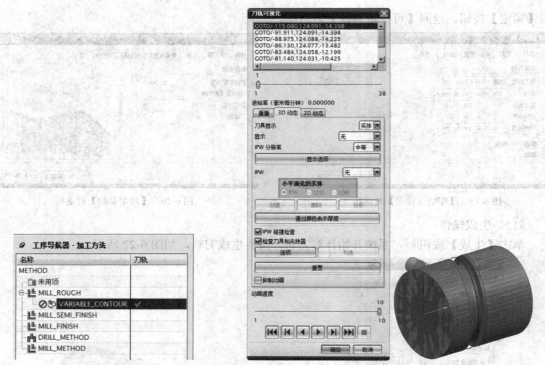

图 6-23　选择加工方法

图 6-24　3D 动态仿真验证加工

③ 单击【选项】按钮，出现【IPW 碰撞检查】对话框，勾选【碰撞时停止】复选框，即可在过切时停止切削。

④ 单击【确定】按钮，退出【刀轨可视化】对话框。

（2）后处理。

在【操作】工具条中单击【后处理】按钮，出现【后处理】对话框。在【后处理器】列表中选取【MILL_5_AXIS】处理器，其余参数按系统默认设置，如图 6-25 所示，单击【确定】按钮。

图 6-25　后处理

（3）车间文档输出。

在【操作】工具条中单击【车间文档】按钮 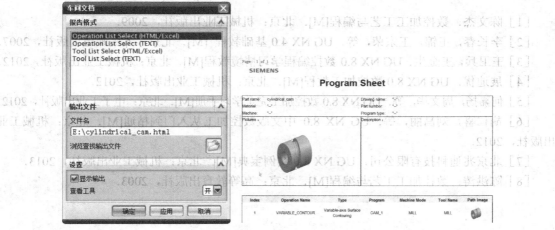，出现【车间文档】对话框。在【报告格式】列表中选取【Operation List Select（HTML/EXCEL）】格式，其余参数按系统默认设置，如图 6-26 所示，单击【确定】按钮。

图 6-26　车间文档输出

（4）保存文档，并关闭以上步骤中的对话框。

习题

1．根据螺旋轴零件图，创建多轴加工程序，如图 6-27 所示。
2．根据叶轮零件图，创建多轴加工程序，如图 6-28 所示。

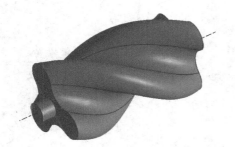

图 6-27　螺旋轴零件图

图 6-28　叶轮零件图

参 考 文 献

[1] 陈文杰. 数控加工工艺与编程[M]. 北京：机械工业出版社，2009.

[2] 李长春，王锦，王宗荣，等. UG NX 4.0 基础教程 [M]. 北京：人民邮电出版社，2007.

[3] 王卫兵，王金生. UG NX 8.0 数控编程学习情境教程[M]. 北京：机械工业出版社，2012.

[4] 展迪优. UG NX 8.0 数控加工教程[M]. 北京：机械工业出版社，2012.

[5] 何嘉扬，周文华，等. UG NX 8.0 数控加工完全学习手册[M]. 北京：电子工业出版社，2012.

[6] 胡仁喜，刘昌丽，等. UG NX 8.0 中文版数控加工从入门到精通[M]. 北京：机械工业出版社，2012.

[7] 北京兆迪科技有限公司. UG NX 8.0 实例宝典[M]. 北京：机械工业出版社，2013.

[8] 陈洪涛. 数控加工工艺与编程[M]. 北京：高等教育出版社，2003.